高等职业教育土建系列教材

“互联网+”立体化教材

建筑材料与检测

主　编　於　斌

副主编　李建沛　剧秀梅　李智慧

国防科技大学出版社

【内容简介】本书注重理论与工程实践的结合，突出职业能力和创新，体现了对新材料、新技术、新规范、新标准的应用，强调实用性和适用性。本书内容包括建筑材料的基本性质、气硬性胶凝材料、水泥、混凝土、砂浆、建筑钢材、墙体材料、建筑防水材料、合成高分子材料、环保节能材料、建筑材料检测。

本书可作为高等职业院校土建类相关专业的教材，也可作为建筑工程设计、施工、监理、管理等从业人员的参考用书。

图书在版编目(CIP)数据

建筑材料与检测/於斌主编. —长沙：国防科技大学出版社，2013.12(2023.7 重印)

ISBN 978-7-5673-0223-5

Ⅰ.①建… Ⅱ.①於… Ⅲ.①建筑材料—检测—高等职业教育—教材 Ⅳ.①TU502

中国版本图书馆 CIP 数据核字(2013)第 297468 号

出版发行：国防科技大学出版社
责任编辑：谷建湘
印 刷 者：三河市众誉天成印务有限公司
开　　本：787 mm×1 092 mm　1/16
印　　张：15
字　　数：365 千字
版　　次：2023 年 7 月第 1 版第 9 次印刷
定　　价：42.00 元

前　　言

建筑材料与检测是建筑工程技术专业的一门重要专业基础课，它全面系统地介绍了建筑施工中所涉及建筑材料的性质与应用的基本知识，通过对本书的学习可以基本掌握常用建筑材料的技术性能、质量要求、工程应用和相关的质量检测方法及试验实训操作技能，具备正确认识和合理选用各类建筑材料的能力，为后续专业课程的学习和今后从事工程实践奠定基础。

本书定位于培养高等技术应用型人才，重在突出职业技术教育特点，培养学生从事与建筑材料有关的检测、使用及管理方面的能力，展现现代的新理论、新技术、新方法、新工艺、新仪器和新材料，以体现创新性、推广性和实用性。

本书是按照高等职业教育发展和改革的需要，根据建筑工程类施工一线技术与管理人员所必需的应用知识，以施工现场必需的知识、技能为基础，从实用性、职业性、可塑性及一专多能性相结合的出发点，通过工学结合的方式进行编写的校企合作开发教材。为了方便教学及扩大知识面，提高实际应用能力，每个学习模块均设有学习目标和思考与练习。

本书内容包括绪论和11个学习模块，参考学时(推荐)如下表。

学习内容	学时分配
绪论	2
建筑材料的基本性质	2
气硬性胶凝材料	3
水泥	4
混凝土	6
砂浆	3
建筑钢材	4
墙体材料	3
建筑防水材料	3
合成高分子材料	2
环保节能材料	2
建筑材料检测	18
合计	52

本书由抚顺职业技术学院的於斌主编，河南质量工程职业学院的李建沛、吉林农业工程职业技术学院的剧秀梅、齐齐哈尔工程学院的李智慧任副主编，宁夏理工学院的谢芳和马蓉参与了编写工作。编写分工如下：绪论、模块1和模块2由李建沛编写；模块3

和模块 4 由谢芳编写；模块 5、模块 6 和模块 7 由剧秀梅编写；模块 8 和模块 9 由马蓉编写；模块 10 由於斌编写；模块 11 由李智慧编写。

本书在编写过程中参阅了相关的文献资料，未在书中一一注明出处，在此一并表示感谢。

由于编者水平有限，书中难免存在缺点和不足，敬请广大读者批评指正。

编 者

目　录

绪　　论

学习目标

◉ 掌握建筑材料的定义与分类。

◉ 了解建筑材料的发展状况和发展方向。

0.1　建筑材料的定义与分类

0.1.1　建筑材料的定义

建筑材料是构成建筑工程结构物的各种材料的总称，是建筑工程不可缺少的物质基础。从地基基础、承重构件（如梁、板、桩等），直到地面、墙体、屋面等所用的材料都属于建筑材料。常见的建筑材料有水泥、钢筋、木材、混凝土、砌墙砖、石灰、沥青、瓷砖等，实际上建筑材料远不止这些，其品种达数千种之多。

建筑材料的定义有广义与狭义两种。广义的建筑材料是指建造建筑物和构筑物的所有材料，包括使用的各种原材料、半成品、成品等的总称，如黏土、铁矿石、石灰石、生石膏等。狭义的建筑材料是指直接构成建筑物和构筑物实体的材料，如混凝土、水泥、石灰、钢筋、黏土砖、玻璃等。

建筑材料必须满足以下两个基本要求。

（1）满足建筑物和构筑物本身的技术性能要求，保证能正常使用。

（2）在其使用过程中，能抵御周围环境的影响与有害介质的侵蚀，保证建筑物和构筑物的合理使用寿命，同时不能对周围环境产生危害。

0.1.2　建筑材料的分类

1. 按建筑材料的化学组成分类

建筑材料按其化学组成可分为无机材料、有机材料和复合材料。

（1）无机材料。无机材料包括金属材料和非金属材料。金属材料指黑色金属材料（如钢、铁)和有色金属材料(如铝、铜、合金)。非金属材料指天然石材(如大理石、花岗石)、陶瓷和玻璃(如砖、瓦、卫生陶瓷、玻璃)、无机胶凝材料(如石灰、石膏、水玻璃)和水泥、砂浆、混凝土。

(2)有机材料。有机材料包括植物材料、合成高分子材料和沥青材料。

(3)复合材料。复合材料是由两种或两种以上不同性能的材料,经恰当组合成为一体的材料。复合材料可以克服单一材料的弱点,而发挥其综合的复合特性。通过复合手段,材料的各种性能都可以按照需要进行设计。复合材料已成为当今材料科学发展的趋势,包括无机材料基复合材料和有机材料基复合材料。

2.按建筑材料的使用功能分类

建筑材料按其使用功能可分为结构材料和功能材料。

(1)结构材料。结构材料是指用作承重构件的材料,如建筑物的基础、梁、板、柱等所用的材料。

(2)功能材料。功能材料是指具有某些特殊功能的材料,如起防水作用的材料(防水材料)、起装饰作用的材料(装饰材料)、起保温隔热作用的材料(绝热材料)等。

图片
建筑功能材料

3.按建筑物的部位分类

建筑材料按建筑物的部位可分为主体结构材料、屋面材料、地面材料、外面材料、内墙材料及吊顶材料。

0.2 建筑材料的发展状况和发展方向

0.2.1 建筑材料的发展状况

随着社会的进步,人们对建筑工程的要求越来越高,这种要求包括建筑材料的数量和建筑材料的质量两个方面,它们总是相互依赖和相互矛盾的,建筑材料的生产和使用就是在不断解决这个矛盾的过程中逐步向前发展的。

早在新石器时代之前,人类就已开始利用土、石、木、竹等天然材料从事建筑活动。据考证,我国在4500年前就已经有木架建筑和木骨泥墙建筑。随着生产力的发展,人类能够对天然原料进行简单的加工,出现了人造建筑材料,使人类突破了仅使用天然材料的限制,开始大量修建房屋、寺塔、陵墓和防御工程。我国早在公元前5世纪的东周时期已有烧制的瓦,公元前4世纪的战国时期有了烧制的砖,始建于春秋时期的长城就大量应用了砖、石灰等人造建筑材料。2000年前的古罗马用石灰、火山灰、砂和砾石配制混凝土,建造了著名的万神庙、斗兽场的巨大墙体。

17世纪工业革命后,随着资本主义国家工业化的发展,建筑、桥梁、铁路和水利工程大量兴建,对建筑材料的性能有了较高的要求。17世纪70年代在工程中开始使用生铁,19世纪初开始用熟铁建造桥梁和房屋,出现了钢结构的雏形。自19世纪中叶开始,冶炼并轧制出强度高、延性好、质地均匀的建筑钢材,随后又生产出高强钢丝和钢索,钢结构得到了迅速发展,使建筑物的跨度从砖石结构、木结构的几米、几十米发展到百米、几百米乃至现代建筑的上千米。

19 世纪 20 年代,英国瓦匠约瑟夫·阿斯普丁发明了波特兰水泥,出现了现代意义上的水泥混凝土。19 世纪 40 年代,出现了钢筋混凝土结构,其利用混凝土受压、钢筋受拉,可以充分发挥两种材料各自的优点,从而使钢筋混凝土结构广泛应用于工程建设的各个领域。为克服钢筋混凝土结构抗裂性能差、刚度低的缺点,20 世纪 30 年代又发明了预应力混凝土结构,使土木工程跨入了飞速发展的新阶段。

新中国成立后,特别是改革开放以来,建筑材料工业发展迅速。例如,喷射混凝土、防水混凝土在地下工程的施工中得到推广应用;碾压混凝土已成为坝工建设的热门材料,有取代传统塑性混凝土的趋势。近年来,各种新型建筑材料层出不穷,如新型玻璃、陶瓷、卫生洁具、塑料、铝合金、铜合金等。此外,大量性能优异、品质良好的功能材料(如绝热、吸声、防水、耐火材料等)也应运而生。

0.2.2　建筑材料的发展方向

随着现代高新技术的不断发展,新材料作为高新技术的基础和先导,其应用方位极其广泛。新材料技术同信息技术、生物技术一起成为 21 世纪最重要、最具发展潜力的领域。而建筑材料作为材料科学的一个分支,必将得到飞速发展。

1.传统建筑材料的性能向轻质、高强、多功能等方向发展

借助现代高科技手段,运用先进的仪器设备和测试技术,从宏观和微观两方面,对材料的组成、形成、结构与材料的性能之间的关系、规律性和影响因素进行研究,可以对传统的建筑材料按照要求进行处理,或者按指定性能配制出某些高性能的材料。例如,大规模生产新型干法水泥,研制出轻质高强的混凝土,新型墙体材料等。

2.化学建材将大规模应用于建筑工程中

化学建材主要包括建筑材料、建筑涂料、建筑防水材料、密封材料、绝热材料、隔声材料、特种陶瓷和建筑胶黏剂等。化学建材有很多优点,可以部分代替钢材、木材,且具有较好的装饰性。在现代建筑中,应用塑料门窗、塑料管道等代替了部分钢材和木材;利用纳米技术生产出的高档墙体涂料、新型防水材料将逐渐在工程中推广应用。

3.绿色建筑材料将大量生产和使用

绿色材料是在人类认识到生态环境保护的重要战略意义下提出来的,是国内外材料科学与工程研究发展的必然趋势。绿色建材主要以现在以下几个方面。

(1)原材料尽可能少用天然资源,尽量使用工业废料、废渣、废液。

(2)生产采用低能耗、无污染的制造工艺和技术。

(3)在原材料配制和生产过程中,不使用有害和有毒物质。

(4)材料在使用结束或废弃后,在生产利用率高或者在自然界中能够自然降解,不形成对环境有害的物质。

绿色建筑材料的特点是消耗的资源和能源少,对生态和环境污染小,再生利用率高,而且材料制造、使用、废弃直到再生循环利用的整个寿命过程,都与生态环境相协调。目前,绿色建材的研究热点和发展方向包括再生聚合物(塑料)的设计、材料环境协调性评价的理论体系、降低材料环境负荷的新工艺、新技术和新方法等。

0.3 建筑材料的技术标准

标准是指对重复性事物和概念所做的统一规定,它以科学、技术和实践的综合成果为基础,经有关方面协调一致,由主管部门批准发布,作为共同遵守的准则和依据。建筑材料的技术标准是针对原材料和产品的质量、规格、检验方法、评定方法、应用技术等作出的技术规定。它是产品生产、工程建设、科学研究以及商品流通领域所需要共同遵守的技术法规。

与建筑材料的生产和选用有关的标准主要有产品标准和工程建设类标准两类。产品标准是为保证建筑材料产品的适用性,对产品必须达到的某些或全部要求所制定的标准,包括品种、规格、技术性能、试验方法、检验规则、包装、运输等内容。工程建设类标准是对工程建设中的勘察、规划、设计、施工、安装、验收等需要协调统一的事项所制定的标准。在结构设计规范、施工及验收规范中有与建筑材料的选用相关的内容。

标准的表示方法是由标准名称、部门代号、编号和批准年份等组成。例如,《通用硅酸盐水泥》(GB 175—2007)中,“通用硅酸盐水泥”为标准名称,“GB”为国家标准的代号,“175”为标准编号,“2007”为标准批准年份。各种标准规范的代号见“建筑材料技术标准的代号”表。

建筑材料技术标准的代号

标准种类	代号	表示顺序	示例
国家标准	GB 国家强制性标准 GBJ 建筑工程国家标准 GB/T 国家推荐性标准	代号、标准编号、批准年份	《通用硅酸盐水泥》 GB 175—2007
行业标准(部分)	JG 建筑行业强制性标准 JT 交通行业强制性标准 YB 黑色冶金行业强制性标准 JC 建材行业强制性标准	代号、标准编号、批准年份	《普通混凝土用砂、石质量及检验方法标准》 JGJ 52—2006
地方标准	DB 地方强制性标准 DB/T 地方推荐性标准	代号、行政区号、标准编号、批准年份	《火灾自动报警系统检验规程》 DB21/T 1204—2003
企业标准	QB 企业标准	代号、顺序号、批准年份	《预应力钢丝和钢绞线用优质钢热轧盘条》 Q/ASB 136—2004

很多国家有自己的国家标准,如“ASTM”代表美国国家标准,“JIS”代表日本国家标准,“BS”代表英国国家标准,“DIN”代表德国国家标准等。另外,在世界范围内统一执行的标准称为国际标准,其代号为“ISO”。我国是国际标准化协会成员国,为了便于与世界各国进行科学技术交流,我国各项技术标准都正在向国际标准靠拢。

0.4 本课程的性质、内容要求和学习方法

0.4.1 本课程的性质

对高职高专院校建筑工程技术专业的学生而言，本课程是一门非常重要的专业基础课。通过该课程的学习，旨在使学生基本掌握常用建筑材料的品种与生产方法、技术性质、工程应用及相关的检验检测方法，以便在工程实践中能正确合理地选用、检验和管理建筑材料。同时为学习后续专业课程和提高学生自身专业素养奠定基础。与其他课程相比，建筑材料课程存在下述特点：范围广，品类繁；综合性强，逻辑性差；实践性强，系统性差；入门易，学好难。为了学好这门课程，应在全盘把握本课程主要内容的基础上，针对不同内容选择合理的学习方法对症下药，尽力做到学生寓学于乐，教师寓教于乐的理想教学效果。

0.4.2 本课程的内容要求

建筑材料的品种繁多，而且其发展日新月异，也许课程还没学完，很多新的材料就涌现并应用于工程中了。似乎我们学习的步伐永远赶不上建筑材料发展的步伐，那么是不是意味着没有办法学好这门课程呢？事实并非如此，任何事物在个性背后都有共性，把握共性和本质，求同存异，便能做到处变不惊和立于不败之地。正是顺着这个思路，作者选择建筑材料的典型代表作为介绍对象，通过对它们的原材料、生产工艺、技术性质和技术要求、质量等级、适用范围等内容的介绍，以理论和实践相结合的方法论把握建筑材料的共性和本质。然后将这些通过学习具体建筑材料所归纳和抽象出来的共性与本质，用于分析陌生的、全新的建筑材料，从而达到举一反三、触类旁通的效果。

根据建筑材料教学的总体要求及课程的特点，对学习本课程提出以下要求。

(1)了解材料的组成，掌握材料的性质及技术要求。

(2)了解材料的组成及结构对材料性质的影响。

(3)了解外界因素对材料性质和应用的影响。

(4)理解材料各主要性质间的相互关系。

(5)掌握常用建筑材料的试验方法，理解材料试验结果的影响因素。

(6)掌握常用建筑材料的选用要点和检验标准。

(7)理解混凝土的配合比设计的基本理论，掌握普通混凝土的配合比设计。

(8)掌握常用建筑材料的国家标准或行业标准。

0.4.3 本课程的学习方法

本课程是进入专业课学习的重要先修课程，其学习方法也不同于数学、物理等基础课，其理论推导和复杂的计算很少，而用物理和化学的概念与方法进行分析较多。建筑材料课

程内容繁杂,因此掌握正确的学习方法是至关重要的。在学习过程中要注意以下几点。

(1)点线面结合,突出重点。围绕如何合理地选择材料、正确地使用材料、准确地鉴定材料这个核心,以材料的组成、结构、性能与应用为主线进行学习,重点掌握各种材料的性能与应用,对材料的生产只作一般性的了解。在本课程的学习过程中,应结合现行的技术标准规范,以建筑材料的性能及合理选用为中心,注意事物的本质和内在联系。通过对常用的、有代表性的建筑材料的学习,为在今后工作中了解和应用其他建筑材料打下基础。

(2)对比法。不同种类的材料具有不同的性质,同类材料的不同品种既存在共性又存在各自的特性,要抓住代表性材料的一般性质,运用对比的方法掌握其他品种建筑材料的特性。学习中应善于运用对比法找出材料间的共性和各自的特性,对各材料应注意比较其异同点,包括两种材料的对比及一种材料与多种材料的对比。

(3)理论联系实际。本课程是一门实践性很强的课程,除学习基本理论、基本知识和基本技能外,应注意结合工程实际进行学习。在学习过程中要多观察身边建筑工程材料的应用情况,了解常用材料的品种、规格、使用情况,验证和补充书本知识。

(4)建筑材料试验是本课程的重要教学环节。通过试验可以验证所学的基础理论,熟悉材料的检测方法,掌握一定的试验技能,对培养分析和判断问题的能力、试验工作的能力以及严谨的科学态度十分有益,也为后续专业课程的学习以及今后从事建筑类工作打下良好的基础。

思考与练习

1. 什么是建筑材料？建筑材料需要满足什么要求？
2. 简述建筑材料的发展方向。
3. 试举出五种以上住宅中用到的建筑材料及其使用部位。
4. 结合个人情况谈谈怎么学好这门课程。

模块1 建筑材料的基本性质

学习目标

- ◉ 了解建筑材料的组成和结构。
- ◉ 掌握建筑材料的基本物理性质、力学性质和耐久性。
- ◉ 掌握建筑材料的实际密度、表观密度、堆积密度、孔隙率和密实度的计算方法。

材料是具有使用功能的物质。建筑材料的使用功能在于构建具备特定功能的建筑物。建筑物的功能可否实现与所选用的材料的特性密切相关。例如建造一座影剧院,必须充分考虑到它的声光效果。因此,影剧院的墙体必须具有良好的隔声、漫射效果,进而要求构成墙体的材料必须具有吸声、多孔的特性。

建筑物所处的环境多样多变,因此构成建筑物实体的建筑材料必须适应这些复杂多变的环境而不发生破坏、损失、变质等不良现象。例如,长期暴露在大气中的材料,要求能经受风吹、日晒、雨淋、冰冻而引起的温度变化、湿度变化及反复冻融等的破坏作用。为了保证建筑物的耐久性,要求在工程设计与施工中正确地选择和合理地使用材料,因此,必须熟悉和掌握各种材料的基本性质。

材料的性质是由其结构和构造决定的。例如置于潮湿空气中的普通钢钉容易生锈,而不锈钢钉即使放置的时间再长也不生锈。究其原因,不锈钢中所含铬、镍等微量合金元素改善了普通钢材的微观结构,从而使其在潮湿空气中不易发生氧化。因此,为了更深入地把握和诠释材料所表现的性质,有必要先了解材料的微观结构和宏观构造。

1.1 建筑材料的组成和结构

1.1.1 材料的组成

材料的组成是决定材料性质的内在因素之一。材料的组成包括材料的化学组成、矿物组成和相组成,它和结构是决定材料性质的本质因素。

1. 化学组成

化学组成即化学成分,是指构成材料的化学元素及化合物的种类和数量。无机非金属材料常用组成它的各氧化物的含量来表示;金属材料常用组成它的各化学元素的含量来表示;有机材料则常用组成它的各化合物含量来表示。化学组成是决定材料化学性质、物理性质、力学性质的主要因素。

2.矿物组成

矿物是地壳中存在的自然化合物或单质,具有相对固定的化学成分和性质。矿物大部分是固态的,如铁矿石,也有液态的或气态的。无机非金属材料是由各种矿物组成的。材料的化学组成不同,其矿物组成不同;相同的化学组成,也可组成多种不同的矿物。矿物组成不同的材料,其性质也不同。

3.相组成

人们把一种或一组从周围环境中被想象地孤立起来的物质称为系统或物系。而把系统中一切具有相同组成、相同物理性质和化学性质的均匀部分的总和称为相。相与相之间恒有一定的界面。材料内部,特别是固体相(即组成材料的矿物)和结构特征(即组成矿物的颗粒大小、形状、排列及颗粒间的联结等)直接关系到材料的工程性质,决定材料的物理力学性能。因此,仅仅研究材料的化学成分是不够的,必须把化学组成、矿物组成、相组成结合起来,才能理解有些材料化学成分相同,但是性能差异很大的原因。

1.1.2 材料的结构

材料的性质与材料内部的结构有着密切的关系。材料的结构是指材料的内部组织情况,可分为宏观结构、显微结构和微观结构。

1.宏观结构

材料的宏观结构是指用肉眼或放大镜能够分辨的粗大组织,其尺寸在 10^{-3} m(毫米级)以上,如木材的纹理、岩石的层理、混凝土中的裂缝和孔空隙等。材料的宏观结构可按其特征分为致密结构(钢材、玻璃等)、多孔结构(泡沫塑料、加气混凝土等)、纤维结构(竹材、纤维板等)和层状结构(胶合板等)。

2.显微结构

材料的显微结构是指用光学显微镜所能观察到的材料的组成及结构,可分辨的范围在 10^{-3}～10^{-6} m(微米级)。如金属材料的金相组织、混凝土材料的相组成(水泥基相、集料相、界面相及孔隙)以及木材的木纤维、导管、髓线等组织。材料显微特征、数量、分布和界面性质对材料性能有重要影响。

3.微观结构

材料的微观结构是原子分子层次的结构,可用电子显微镜或X射线衍射仪来分析研究该层次的结构特征,其尺寸范围在 10^{-6}～10^{-10} m。材料的许多物理性质,如强度、硬度、熔点、导热、导电性等都是由微观结构决定的。材料在微观结构层次上可分为晶体和非晶体。

具有相同组成和微观结构的材料,可以制成宏观结构不同的材料,其性质和用途随宏观结构的不同差别很大,如玻璃与泡沫玻璃、塑料与泡沫塑料、混凝土与加气混凝土;而宏观构造相似的材料,即便其组成和微观结构不同,也具有某些相同或相似的性能和用途,例如,泡沫塑料、泡沫玻璃、加气混凝土都具有保温隔热的功能。工程上经常采用改变材料的密实度和孔隙结构及应用复合材料等方法改善材料的性能，以满足不同的需要。

1.2 建筑材料的物理性质

1.2.1 材料的体积构成及含水状态

1. 材料的体积构成

块体材料在自然状态下的体积是由固体物质体积及其内部孔隙体积组成的。材料内部的孔隙按孔隙特征又分为闭口孔隙（或封闭孔隙）和开口孔隙。闭口孔隙不吸进水，开口孔隙与材料周围的介质相通，材料在浸水时易吸水饱和，如图 1-1 所示。

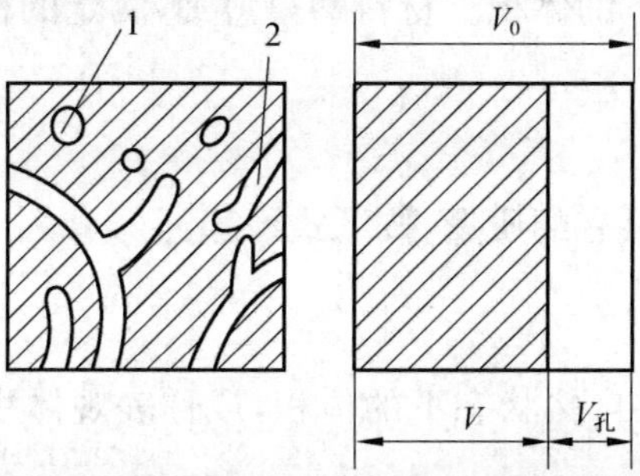

图 1-1 块状材料体积构成示意
1—闭口孔隙；2—开口孔隙

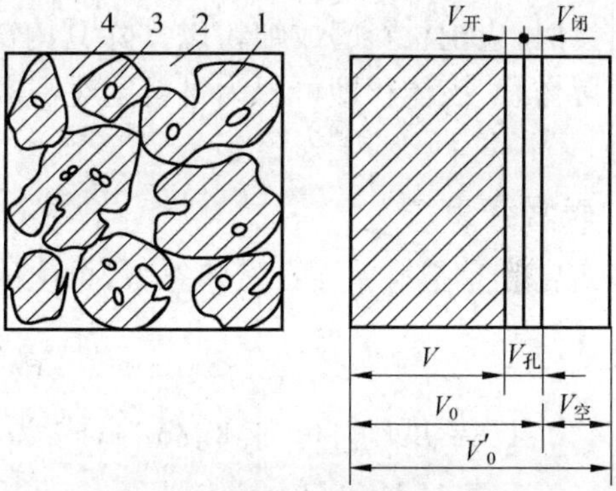

图 1-2 散粒材料体积构成示意
1—颗粒中固体物质；2—颗粒的开口孔隙；
3—颗粒的闭口孔隙；4—颗粒间的空隙

散粒材料是指具有一定粒径的材料的堆积体，如工程中常用的砂、石子等。其体积构成包括团体物质体积、颗粒内部孔隙体积及固体颗粒之间的空隙体积，如图 1-2 所示。

2. 材料的含水状态

材料在大气中或水中会吸附一定的水分，根据材料吸附水分的情况，将材料的含水状态分为干燥状态、气干状态、饱和面干状态及湿润状态 4 种，如图 1-3 所示。材料的含水状态会对材料的多种性质产生影响。

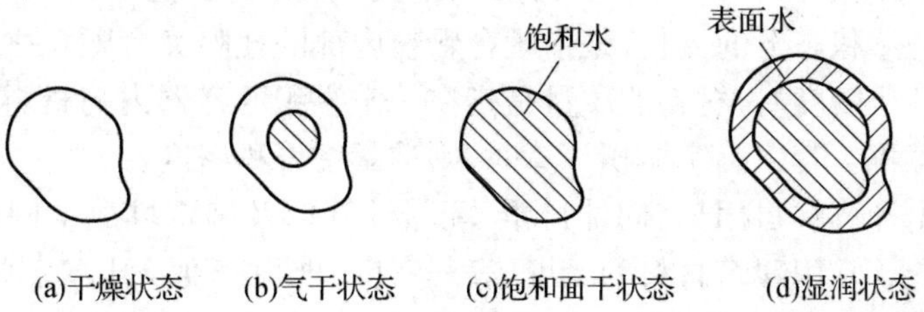

(a)干燥状态 (b)气干状态 (c)饱和面干状态 (d)湿润状态

图 1-3 材料的含水状态

1.2.2 材料的实际密度、表观密度与堆积密度

密度是指物质单位体积的质量，单位为 g/cm^3 或 kg/m^3。由于材料所处的体积状况不同，故有实际密度(密度)、表观密度和堆积密度之分。

1. 实际密度

实际密度简称密度(density)，是指材料在绝对密实状态下，单位体积所具有的质量，按下式计算：

$$\rho=\frac{m}{V} \tag{1-1}$$

式中，ρ 为实际密度(g/cm^3)；m 为材料在干燥状态下的质量(g)；V 为材料在绝对密实状态下的体积(cm^3)。

绝对密实状态下的体积是指不包括孔隙在内的体积。除了钢材、玻璃等少数接近于绝对密实的材料外，绝大多数材料都存在一些孔隙，如砖、石材等块状材料。在测定有孔隙的材料密度时，应把材料磨成细粉以排除其内部孔隙，经干燥至恒重后，用密度瓶(李氏瓶)测定其实际体积，该体积即可视为材料绝对密实状态下的体积。材料磨得愈细，测定的密度值愈精确。

2. 表观密度

表观密度是指材料在自然状态下，单位体积所具有的质量，按下式计算：

$$\rho_0=\frac{m}{V_0} \tag{1-2}$$

式中，ρ_0 为表观密度(g/cm^3 或 kg/m^3)；V_0 为材料在自然状态下的体积，或称表观体积(cm^3 或 m^3)。

材料在自然状态下的体积是指材料的实体积与材料内所含全部孔隙体积之和。对于外形规则的材料，其测定很简便，只要测得材料的质量和体积，即可算得表观密度。对于不规则材料的体积要采用排水法求得，但应先在材料表面涂上蜡，以防因水分渗入材料内部而影响测定的准确度。

3. 堆积密度

堆积密度是指散粒材料在自然堆积状态下单位体积的质量，按下式计算：

$$\rho_0'=\frac{m}{V_0'} \tag{1-3}$$

式中，ρ_0' 为堆积密度(kg/m^3)；V_0' 为材料的堆积体积(m^3)。

散粒材料在自然状态下的体积，是指既含颗粒内部的孔隙又含颗粒之间空隙的总体积。测定散粒材料的堆积密度时，材料的质量是指在一定容积的容器内的材料质量，其堆积体积是指所用容器的容积。若以捣实体积计算时，则称紧密堆积密度。

在土木工程中计算材料用量、构件自重、配料计算以及确定堆放空间时，均需要用到材料的上述状态参数。常用建筑材料的密度、表观密度、堆积密度及孔隙率见表 1-1。

表 1-1 常用建筑材料的密度、表观密度、堆积密度及孔隙率

材料名称	密度/(g/cm³)	表观密度/(kg/m³)	堆积密度/(kg/m³)	孔隙率/%
建筑钢材	7.8～7.9	7 850	—	0
普通混凝土	—	2 300～2 500	—	3～20
花岗石	2.7～2.9	2 500～2 800	—	0.5～1.0
石灰岩	2.4～2.6	1 800～2 600	1 400～1 700(碎石)	—
砂	2.5～2.6	—	1 500～1 700	—
黏土	2.5～2.7	—	1 600～1 800	—
水泥	2.8～3.1	—	1 200～1 300	—
烧结普通砖	2.6～2.7	1 600～1 900	—	20～40
烧结空心砖	2.5～2.7	1 000～1 480	—	—
木材	1.55～1.60	400～800	—	55～75

从表 1-1 可以看出，堆积密度要比表观密度小，表观密度要比实际密度小。

1.2.3 材料的密实度与孔隙率

1. 密实度

密实度是指材料体积内被固体物质所充实的程度，即固体物质部分的体积占总体积的比例，以 D 表示，反映了材料的致密程度，按下式计算：

$$D=\frac{V}{V_0}\times100\%=\frac{\rho_0}{\rho}\times100\% \tag{1-4}$$

式中，D 为材料的密实度(%)；V 为材料在绝对密实状态下的体积(cm^3)；V_0 为材料在自然状态下的体积(cm^3)；ρ 为材料的密度(g/cm^3)；ρ_0 为材料的表观密度(g/cm^3)。

2. 孔隙率

孔隙率是指块状材料中孔隙体积占材料在自然状态下总体积的百分比。可用下式计算：

$$P=\frac{V_{孔}}{V_0}=\frac{V_0-V}{V_0}\times100\%=\left(1-\frac{\rho_0}{\rho}\right)\times100\% \tag{1-5}$$

式中，P 为材料的孔隙率(%)。

孔隙率与密实度的关系为：

$$P+D=1 \tag{1-6}$$

式(1-6)表明，材料的总体积是由该材料的固体物质与其包含的孔隙组成的。

材料的孔隙按特征可分为开口孔隙和闭口孔隙两种，二者的孔隙率之和等于材料的总孔隙率；按孔隙的尺寸大小又可分为微孔、细孔及大孔三种。不同的孔隙对材料的性能影响各不相同。一般而言，孔隙率较小，且连通孔较少的材料，其吸水性较小、强度较高、抗冻性和抗渗性较好。对于工程中需要保温隔热的建筑物或部位，要求其所用材料的孔隙率要较

大。相反，对要求高强或不透水的建筑物或部位，则其所用材料的孔隙率应很小。

1.2.4 材料的填充率与空隙率

对于松散颗粒状材料（如砂、石子等），可用填充率和空隙率表示互相填充的疏松致密程度。

1. 填充率

填充率是指散粒状材料在堆积体积内被颗粒所填充的程度，以 D' 表示，用下式计算：

$$D'=\frac{V_0}{V_0'}\times 100\%=\frac{\rho_0'}{\rho_0}\times 100\% \tag{1-7}$$

式中，D' 为散粒状材料在堆积状态下的填充率（%）。

2. 空隙率

散粒状材料的空隙率是指散粒状材料颗粒之间的空隙体积 V_a 占材料堆积状态下总体积的百分比，以 P' 表示。因 $V_a=V_0'-V$，则 P' 值可用下式计算：

$$P'=\frac{V_0'-V}{V_0'}\times 100\%=(1-\frac{\rho_0'}{\rho})\times 100\% \tag{1-8}$$

散粒状材料的空隙率与填充率的关系为

$$P'+D'=1 \tag{1-9}$$

空隙率与填充率也是相互关联的两个性质，空隙率的大小可直接反映散粒状材料颗粒之间相互填充的程度。散粒状材料空隙率越大，则填充率越小。

1.2.5 材料与水有关的性质

在建筑物的使用过程中，不同部位的材料会与水或空气中的水汽接触，水介质会对材料形成侵蚀，严重时还会降低建筑物的使用功能。因此，了解建筑材料与水有关的性质是十分必要的。

1. 亲水性与憎水性

固体材料在空气中与水接触时，根据材料表面能否被水润湿可分为亲水性材料与憎水性材料两种。

亲水性是材料能被水润湿的性质。亲水性材料有砖、混凝土等。材料产生亲水性的原因是因其与水接触时，材料与水分子之间的亲和力大于水分子之间的内聚力。当材料与水接触，材料与水分子之间的亲和力小于水分子之间的内聚力时，材料则表现为憎水性。憎水性材料有沥青、石油等。

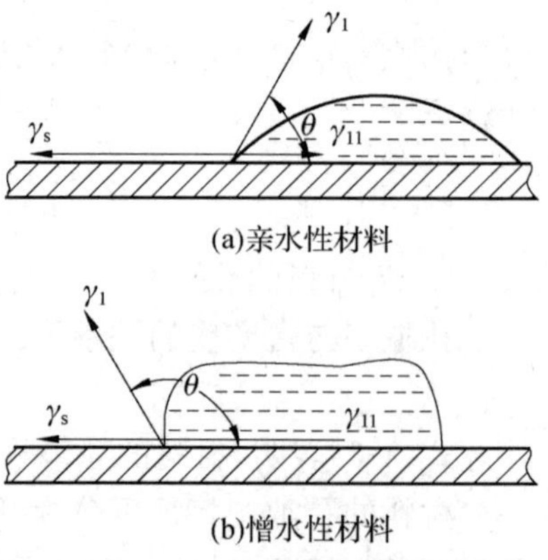

图 1-4 材料的润湿示意图

材料被水润湿的情况可用润湿边角 θ 来表示。当材料与水接触时，在材料、水、空气三相的交界点处沿水滴表面作切线，此切线与材料和水接触面的夹角 θ，称为润湿边角，如图 1-4 所示。

θ 角愈小，表明材料愈易被水润湿。当 $\theta<90°$ 时，材料表面吸附水，材料能被水润湿而表现出亲水性，这种材料称为亲水性材料。当 $\theta>90°$ 时，材料表面不吸附水，称为憎水性材料。当 $\theta=0°$ 时，表明材料完全被水润湿。

上述概念也适用于其他液体对固体的润湿情况，相应称为亲液材料和憎液材料。

2. 吸水性与吸湿性

1）吸水性

材料在水中能吸收水分的性质称为吸水性。材料吸水性的大小用吸水率表示，吸水率有质量吸水率与体积吸水率两种表示方法。

（1）质量吸水率。质量吸水率是指材料在吸水饱和时，内部所吸水分的质量占材料干燥质量的百分率，按下式计算：

$$W_{质}=\frac{m_{湿}-m_{干}}{m_{干}}\times 100\% \tag{1-10}$$

式中，$W_{质}$ 为材料的质量吸水率（%）；$m_{湿}$ 为材料在吸水饱和状态下的质量（g）；$m_{干}$ 为材料在干燥状态下的质量（g）。

（2）体积吸水率。体积吸水率是指材料在吸水饱和时，其内部所吸水分的体积占干燥材料自然体积的百分率，按下式计算：

$$W_{体}=\frac{V_{水}}{V_0}\times 100\%=\frac{m_{湿}-m_{干}}{V_0}\times\frac{1}{\rho_w}\times 100\% \tag{1-11}$$

式中，$W_{体}$ 为材料的体积吸水率（%）；V_0 为干燥材料在自然状态下的体积（cm^3）；ρ_w 为水的密度（g/cm^3）。

2）吸湿性

材料在潮湿空气中吸收水分的性质称为吸湿性。潮湿材料在干燥的空气中也会放出水分，称为还湿性。材料的吸湿性用含水率表示。含水率是指材料内部所含水的质量占材料干燥质量的百分率，按下式计算：

$$W_{含}=\frac{m_{含}-m_{干}}{m_{干}}\times 100\% \tag{1-12}$$

式中，$W_{含}$ 为材料的含水率（%）；$m_{含}$ 为材料含水时的质量（g）。

3. 耐水性

材料长期在水作用下不破坏，强度也不显著降低的性质称为耐水性。材料的耐水性用软化系数表示，按下式计算：

$$K_s=\frac{f_w}{f} \tag{1-13}$$

式中，K_s 为材料的软化系数；f_w 为材料在饱水状态下的抗压强度（MPa）；f 为材料在干燥状态下的抗压强度（MPa）。

软化系数的范围为 0～1。软化系数的大小反映材料浸水后强度降低的程度。在选择受水作用的结构材料时，K_s 值是一项重要指标。工程中通常把 $K_s>0.85$ 的材料认为是耐水材料。

4. 抗渗性

材料抵抗压力水渗透的性质称为抗渗性，或称不透水性。材料的抗渗性通常用渗透系数 K 表示。渗透系数的物理意义是：在一定水压力下，一定厚度的材料在单位时间内透过单位面积的水量。用公式表示为：

$$K=\frac{Wd}{Ath} \tag{1-14}$$

式中，K 为材料的渗透系数(cm/s)；W 为透过材料试件的水量(cm^3)；d 为试件厚度(cm)；t 为透水时间(s)；A 为透水面积(cm^2)；h 为静水压力水头(cm)。

K 值愈大，表示材料渗透的水量愈多，即抗渗性愈差。

混凝土的抗渗性用抗渗等级表示。抗渗等级是以规定的试件，在标准试验方法下所能承受的最大静水压力来确定，以符号 P 加上该材料所能承受的最大水压力的 10 倍的 MPa 数表示，如 P4、P6、P8、P10、P12 等，分别表示材料能承受 0.4 MPa、0.6 MPa、0.8 MPa、1.0 MPa、1.2 MPa 的水压而不渗水。材料的抗渗性与其孔隙率和孔隙特征有关。

5. 抗冻性

抗冻性是指材料在水饱和状态下，能经受多次冻融循环作用而不被破坏，也不严重降低强度的性质。

材料的抗冻性用抗冻等级表示。抗冻等级是以规定的试件，在规定试验条件下，测得其强度降低不超过 25%，且质量损失不超过 5%时所能承受的最多的循环次数来表示。

抗冻等级用符号 F 加上最大冻融循环次数表示，如 F50 表示经过 50 次冻融循环，测得其强度损失不超过 25%，且质量损失不超过 5%。材料抗冻标号的选择是根据结构物的种类、使用条件、气候条件等来决定的。

1.2.6 材料与热有关的性质

为了保证建筑物具有良好的室内环境，同时降低建筑物的使用能耗，必须要求建筑物的围护结构材料具有一定的热工性质。建筑材料常用的热工性质有导热性、热容量、耐火性等。

1. 导热性

热量由材料的一面传至另一面的性质，称为导热性。导热性是材料的一个非常重要的热物理指标，它是材料传递热量的一种能力。材料导热能力用导热系数 λ 来表示。导热系数的物理意义是：单位厚度(1 m)的材料，当两面温差为 1 K 时，在单位时间(1 s)内，通过单位面积(1 m^2)的热量。导热系数用下式计算：

$$\lambda=\frac{Qa}{AZ(t_2-t_1)} \tag{1-15}$$

式中，λ 为导热系数[W/(m·K)]；Q 为传导热量(J)；a 为材料厚度(m)；A 为传热面积(m^2)；Z 为传热时间(s)；t_2-t_1 为材料传热时两面的温度差(K)。

材料的导热系数对建筑物的保温隔热有重要意义。在大体积混凝土温度控制计算中，混凝土的导热系数是一个重要的指标。材料的导热系数越小，热阻值越大，材料的导热性能越差，保温隔热性能越好。

由于气候、施工水分和使用的影响，都会使建筑材料具有一定的湿度，湿度对导热系数有着极其重要的影响。材料受潮后，在材料的空隙中有水分（包括水蒸气和液态水），而水的导热系数比静态空气的导热系数大 20 倍，所以使材料导热系数增大。如果孔隙中的水分冻结成冰，而冰的导热系数约是水的 4 倍，则材料的导热系数将更大，因而材料受潮或受冻都将严重影响其保温效果。所以在工程中使用保温材料时应特别注意防潮防冻。

2. 热容量

热容量是指材料加热时吸收热量，冷却时放出热量的能力。热容量大小用比热表示。用公式表示如下：

$$C=\frac{Q}{m(t_2-t_1)} \tag{1-16}$$

式中，C 为比热容[J/(g·K)]；Q 为材料吸收或放出的热量(J)；m 为材料的质量(g)；t_2-t_1 为材料受热或冷却后的温差(K)。

比热容是反映材料的吸热或放热能力大小的物理量。不同材料的比热不同，它对保持建筑物内部温度稳定有很大的意义，比热容大的材料，能在热流变动或采暖设备供热不均匀时，缓和室内的温度波动，屋面材料也宜选用热容量值大的材料。

几种常见材料的比热容见表 1-2。

表 1-2　几种常见材料的导热系数及比热容

材料	导热系数 /[W/(m·K)]	比热容 /[J/(g·K)]	材料	导热系数 /[W/(m·K)]	比热容 /[J/(g·K)]
铜	370	0.38	绝热纤维板	0.05	1.46
钢	55	0.46	玻璃棉板	0.04	0.88
花岗岩	2.9	0.80	泡沫塑料	0.03	1.30
普通混凝土	1.8	0.88	冰	2.20	2.05
普通黏土砖	0.55	0.84	水	0.58	4.19
松木(顺纹)	0.15	1.63	密闭空气	0.025	1.00

3. 耐火性

耐火性指材料在高热或火的作用下，保持其原来性质而不损伤的性能，用耐火度表示。根据材料耐火度的不同，可分为三大类。

(1)耐火材料。耐火度不低于 1 580 ℃的材料，如各类耐火砖等。

(2)难熔材料。耐火度为 1 350 ℃～1 580 ℃的材料，如难熔黏土砖、耐火混凝土等。

(3)易熔材料。耐火度低于 1 350 ℃的材料，如普通黏土砖、玻璃等。

工程中应根据建筑物的耐火等级和使用部位选用材料，用于高温环境的材料和热工设备等都要使用耐火材料。

测试
材料的物理性质

1.3 建筑材料的力学性质

材料的力学性能主要是指材料在外力(荷载)作用下,有关抵抗破坏和变形的能力的性质。

1.3.1 材料的强度和比强度

1.强度

材料在外力作用下抵抗破坏的能力称为强度。当材料承受外力作用时,在材料内部相应地产生应力,且应力随着外力的增大而相应增大,直至材料内部质点间的结合力不足以抵抗所作用的外力时,材料即发生破坏。材料破坏时,应力达到极限值,这个极限应力值就是材料的强度,也称极限强度。强度的大小是通过试件的破坏试验而测得的,根据外力作用方式的不同,材料强度有抗压强度、抗拉强度、抗弯强度等。

材料抗拉、抗压、抗剪强度按下式计算:

$$f=\frac{F}{A} \tag{1-17}$$

式中,f 为抗拉、抗压、抗剪强度(MPa);F 为材料受拉、压、剪破坏时的荷载(N);A 为材料的受力面积(mm^2)。

抗弯(折)强度与试件的几何外形及荷载方式有关,对于矩形截面的条形试件,当其两支点间的跨中作用于一集中荷载时,其抗弯强度按下式计算

$$f_m=\frac{3F_{max}L}{2bh^2} \tag{1-18}$$

式中,f_m 为材料的抗弯强度(MPa);F_{max} 为弯曲破坏时的最大荷载(N);L 为两支点间的距离(mm);b、h 分别为试件横截面的宽度和高度(mm)。

在检测材料的强度时,试件的尺寸、施力速度、受力面状态、含水状态和环境温度等因素的影响,都会使检测值产生偏差。为了使试验结果比较准确,且具有可比性,国家标准规定了各种材料强度的标准检验方法,在测定材料强度时必须严格按照规定进行。

2.比强度

比强度是按单位体积质量计算的材料强度,即材料的强度与其表观密度之比,是衡量材料轻质高强的一项重要指标。如木材强度值虽比混凝土低,但其比强度却高于混凝土,这说明木材与混凝土相比较是典型的轻质高强材料。常见的几种典型材料的强度比较见表1-3。

表1-3 常见的几种典型材料的强度比较

材料	体积密度/(kg/m^3)	强度/MPa	比强度
低碳钢	7 850	400	0.051
普通混凝土	1 400	40	0.017
松木	500	100	0.200
玻璃钢	2 000	450	0.225

比强度高的材料具有轻质高强的特性，可用作高层、大跨度的结构材料。

1.3.2 材料的弹性和塑性

材料在外力作用下产生变形，当外力取消后，材料变形即可消失并能完全恢复原来形状的性质称为弹性，这种可恢复的变形称为弹性变形。

材料在外力作用下产生变形，但不破坏，当外力取消后材料不能自动恢复到原来形状的性质称为塑性，这种不可恢复的变形称为塑性变形。塑性变形属于永久性变形。

工程实际中，完全的弹性材料或完全的塑性材料是不存在的，一些材料在受力不大时只产生弹性变形，而当外力达到一定限度后，即产生塑性变形，如低碳钢，其变形曲线如图 1-5(a)所示。大多数材料在受力时，既有弹性变形，也有塑性变形，如普通混凝土，其变形曲线如图 1-5(b)所示。

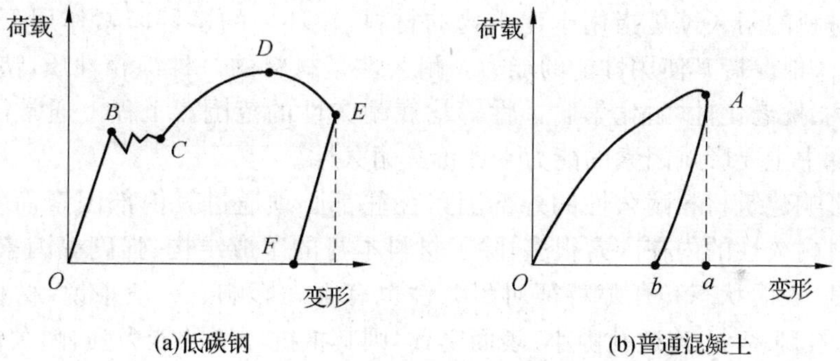

图 1-5 弹性材料的变形曲线

1.3.3 材料的脆性和韧性

材料在外力作用下达到一定限度产生突然破坏，破坏时无明显塑性变形的性质称为脆性。具有脆性的材料称为脆性材料。脆性材料的抗压强度远大于其抗拉强度，因此其抵抗冲击荷载或振动荷载作用的能力很差。建筑材料中大部分无机非金属材料均为脆性材料，如混凝土、玻璃、天然岩石、石膏、生铁、砖瓦、陶瓷等。

材料在冲击、振动荷载作用下抵抗破坏的性能，称为冲击韧性。根据荷载作用的方式不同，分冲击抗压、冲击抗拉、冲击抗弯等。冲击韧性以材料冲击破坏时消耗的能量表示。有些材料在破坏前有显著的塑性变形，如低碳钢、有色金属、木材等。这类材料在冲击、振动荷载作用下，能吸收较大的能量，有较高的韧性。

在建筑工程中，对于要求承受冲击荷载和有抗震要求的结构，如吊车梁、桥梁、路面等所用材料，均应具有较高的韧性。

1.3.4 材料的硬度与耐磨性

材料表面抵抗其他物体压入或刻划的性能，称为硬度。不同材料硬度的测定方法不同，金属材料的硬度常用压入法测定，如布氏硬度法，是以单位压痕面积上所受的压力来表示。陶瓷等材料常用刻划法测定。一般情况下，硬度大的材料具有强度高、耐磨性较强的特点，但不宜加工。

耐磨性是指材料表面抵抗磨损的能力，材料的耐磨性用磨损率来表示。材料的磨损率越低，表明材料的耐磨性越好。耐磨性与材料的组成结构及强度、硬度有关，一般硬度较高的材料，耐磨性也较好。对于楼地面、楼梯、路面等经常受到磨损作用的部位，在选择材料时应该考虑其耐磨性。

1.4 建筑材料的耐久性

1. 耐久性的定义

图文
混凝土耐久性实例分析

材料的耐久性是指用于建筑物的材料，在环境的多种因素作用下不变质、不破坏，长久地保持其使用性能的能力。耐久性是材料的一种综合性质，诸如抗冻性、抗风化性、抗老化性、耐化学腐蚀性等均属耐久性的范围。工程上通常用材料抵抗使用环境中主要影响因素的能力来评价其耐久性。

影响建筑材料耐久性的外部因素往往都必须通过其内部因素而发挥作用。影响材料耐久性的内在因素很多，除了材料本身的组成结构、强度等因素外，材料的致密程度、表面状态和孔隙特征对耐久性也有很大影响。一般来说，材料的内在结构密实、强度高、孔隙率小、连通孔隙小、表面密致，则其抵抗环境的能力强，耐久性好。工程上常用提高密实度、改善表面状态和孔隙结构的方法来提高材料的耐久性。此外，材料的强度、抗渗性、耐磨性等也与材料的耐久性有密切关系。

2. 环境影响因素

材料在建筑物使用过程中长期受到周围环境和各种自然因素的破坏作用，一般可分为物理作用、化学作用、机械作用、生物作用等。不同材料受到的环境作用及程度也不相同。

(1)物理作用包括环境温度、湿度的交替变化，即冷热、干湿、冻融等循环作用。材料在经受这些作用后，将出现膨胀、收缩现象，产生内应力。长期的反复作用，将使材料渐遭破坏。

(2)化学作用包括大气和环境水中的酸、碱、盐等溶液或其他有害物质对材料的侵蚀作用，以及日光等对材料的作用，使材料产生本质的变化而破坏。

(3)机械作用包括荷载的持续作用或交变荷载引起材料的疲劳、冲击、磨损等。

(4)生物作用包括菌类、昆虫等的侵害作用，导致材料发生腐朽、蛀蚀等破坏。

各种材料耐久性的具体内容，因其组成和结构不同而不同。例如，钢材易氧化而锈蚀，无机非金属材料常因氧化、风化、碳化、溶蚀、冻融、热应力、干湿交替作用等而破坏，有机材料多因腐烂、虫蛀、老化而变质等。

3. 材料耐久性的测定

对材料耐久性最可靠的判断，是对其在使用条件下进行长期的观察和测定，但这需要很长时间。近年来多采用快速检验法。快速检验法是模拟实际使用条件，在实验室对材料进行有关的快速试验，根据试验结果对材料的耐久性作出判定，主要项目有干湿循环、冻融循环、碳化、加湿与紫外线干燥循环、盐溶液浸渍与干燥循环、化学介质浸渍等。

4.提高耐久性的措施

提高材料的耐久性，对保证建筑物的正常使用，减少使用期间的维修费用，延长建筑物的使用寿命等起着非常重要的作用。对于不同种类的建筑材料，考虑其耐久性的方面应有所侧重。结构材料主要要求材料强度不能显著降低，而装饰材料则主要要求颜色、光泽等不发生显著的变化。金属材料主要易受电化学腐蚀。硅酸盐类材料主要由于氧化、热应力、干湿交替作用等破坏。所以要根据材料自身的特点和所处环境的具体条件，采取相应的措施，确保达到工程所需要的耐久性。

常用的提高材料耐久性的措施有：设法减轻大气或周围介质对材料的破坏作用(如降低湿度、尽可能避免侵蚀性物质)；提高材料本身对外界作用的抵抗或免于破坏的能力(如提高材料的密实度、改善材料的组成)；对材料进行憎水或防腐处理；在材料表面设置保护层。

在设计选用土木工程材料时，必须考虑材料的耐久性问题。采用耐久性良好的土木工程材料，对节约材料、保证建筑物长期正常使用、减少维修费用、延长建筑物使用寿命等，均具有十分重要的意义。

思考与练习

1.什么是材料的实际密度、表观密度和堆积密度？如何进行计算？

2.材料的吸水性、吸湿性、耐水性、抗渗性和抗冻性各用什么指标表示？

3.建筑材料的亲水性和憎水性在工程中有什么实际意义？

4.材料的孔隙率与孔隙特征对材料的表观密度、吸水性、吸湿性、抗渗性、抗冻性、强度及保温隔热等性能有何影响？

5.什么是材料的弹性变形与塑性变形？

6.什么是材料的耐久性？提高材料耐久性的措施有哪些？

7.某一块状材料的全干质量为 112 g，自然状态体积为 43 cm^3，绝对密实状态下的体积为 35 cm^3，试计算其实际密度、表观密度、密实度和孔隙率。

模块 2 气硬性胶凝材料

学习目标

- ◉ 了解各种气硬性胶凝材料的分类和生产。
- ◉ 掌握各种气硬性胶凝材料的性质和技术指标。
- ◉ 了解各种气硬性胶凝材料的特性及其应用。

胶凝材料，又称胶黏料，是指经过自身的物理、化学作用，或与其他物质(如水等)混合后经过一系列物理、化学作用后，在由浆体变成坚硬固体的过程中，能将散粒材料(如砂、石等)或块、片状材料(如砖、石块等)胶黏成整体的材料。

胶凝材料分有机胶凝材料和无机胶凝材料两大类。有机胶凝材料主要包括沥青、树脂、橡胶，无机胶凝材料按凝结硬化条件不同又可分为气硬性胶凝材料和水硬性胶凝材料两种。气硬性胶凝材料只能在空气中硬化，并保持或继续提高其强度，属于这类材料的有石灰、石膏、水玻璃及镁质胶凝材料等。水硬性胶凝材料不仅能在空气中而且能更好地在水中硬化，保持并继续提高其强度，属于这类材料的有各种水泥。

气硬性胶凝材料只能用于地面以上处于干燥环境的建筑物，水硬性胶凝材料既可以用于地面上的建筑物，也可以用于地下或水中的建筑物。

2.1 石　　灰

石灰(如图 2-1 所示)是一种以氧化钙为主要成分的气硬性胶凝材料，是由石灰石、白云石、白垩、贝壳等碳酸钙含量高的原料，经 900 ℃～1 100 ℃煅烧而成。石灰是人类最早应用的胶凝材料。

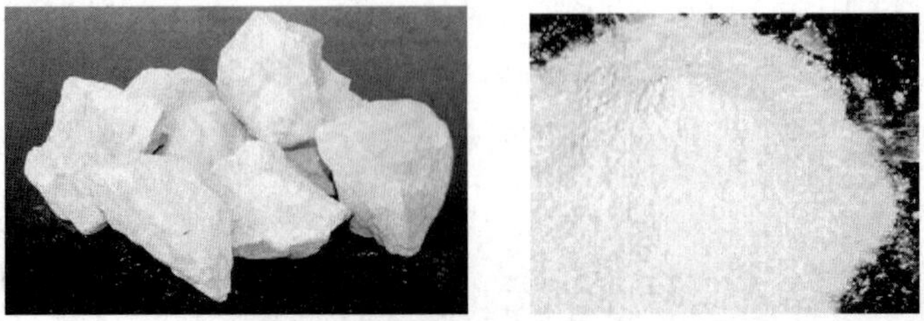

图 2-1　石灰

石灰主要用于砌筑砂浆、装修抹灰砂浆、三合土地基、公路基层和底基层的石灰稳定土、石灰粉煤灰稳定土。

2.1.1 石灰的生产与分类

1.石灰的生产

原始的石灰生产工艺是将石灰石与燃料(木材)分层铺放,引火煅烧一周即得。现代则采用机械化、半机械化立窑以及回转窑、沸腾炉等设备进行生产。煅烧时间也相应缩短,用回转窑生产石灰仅需 2～4 h,比用立窑生产可提高生产效率 5 倍以上。近年来,又出现了横流式、双斜坡式及烧油环行立窑和带预热器的短回转窑等节能效果显著的工艺和设备,燃料也扩大为煤、焦炭、重油或液化气等。

凡是以碳酸钙($CaCO_3$)为主要成分的天然岩石,如石灰岩、白垩、白云质石灰岩等,都可用来生产石灰。将主要成分为 $CaCO_3$ 的天然岩石在适当温度下煅烧,排除分解出的二氧化碳(CO_2)后,所得到的以氧化钙(CaO)为主要成分的产品即为石灰,又称生石灰。在实际生产中,为加快分解,煅烧温度常提高到 1 000 ℃～1 100 ℃。由于石灰石原料的尺寸较大或煅烧时窑中温度分布不匀等原因,石灰中常含有欠火石灰和过火石灰。欠火石灰中的 $CaCO_3$ 未完全分解,使用时缺乏黏结力。过火石灰结构密实,表面常包覆一层熔融物,熟化很慢。

2.石灰的分类

1)按石灰的加工方法分类

生石灰呈白色或灰色块状,为便于使用,块状生石灰常需加工成生石灰粉、消石灰粉或石灰膏。块状生石灰是由原料煅烧而成的原产品,主要成分是 CaO;生石灰粉是由块状生石灰磨细而得到的细粉,其主要成分是 CaO;消石灰粉是块状生石灰用适量水熟化而得到的粉末,又称熟石灰,其主要成分是 $Ca(OH)_2$;石灰膏是块状生石灰用较多的水(为生石灰体积的 3～4 倍)熟化而得到的膏状物,也称石灰浆,其主要成分是 $Ca(OH)_2$ 和 H_2O。

2)按石灰中氧化镁的含量多少分类

由于生产原料中常含有碳酸镁($MgCO_3$),因此生石灰中还含有次要成分氧化镁(MgO),根据 MgO 含量的多少,生石灰分为钙质生石灰和镁质生石灰,具体参数值见表 2-1。

表 2-1　钙质石灰、镁质石灰成分参数值

石灰种类	生 石 灰	生石灰粉	消石灰粉
钙质石灰	≤5%	≤5%	<4%
镁质石灰	>5%	>5%	≥4%

2.1.2 石灰的熟化与硬化

1.石灰的熟化

石灰在使用前,一般要加水进行熟化,经过熟化的石灰,其主要成分是 $Ca(OH)_2$。石灰

熟化的反应式为

$$MgO+H_2O \longrightarrow Mg(OH)_2$$

$$CaO+H_2O \longrightarrow Ca(OH)_2+64.83\ kJ$$

视频
生石灰的熟化

石灰在熟化过程中，放出大量的热，体积膨胀 1.5～2.5 倍。根据熟化时加水量的不同，熟石灰可呈粉状或浆状。

生石灰熟化成消石灰粉的理论加水量仅为 CaO 质量的 32%，但由于一部分水分随放热过程而蒸发，故实际加水量为 70%左右。消石灰粉的密度约为 2.1 g/cm^3，松散状态下的堆积密度为 400～450 kg/cm^3。消石灰粉的生产多在工厂中进行。

在建筑工地上，多用石灰槽或石灰坑将石灰熟化成石灰浆使用，通常加水量为石灰量的 2.5～3.0 倍或更多。熟化时经充分搅拌使之生成稀薄的石灰乳，再注入石灰坑内，澄清后形成约含 50%水分的石灰浆（石灰膏），其堆积密度为 1 300～1 400 kg/m^3。

欠火石灰的中心部分仍是碳酸钙硬块，不能熟化，形成渣子。过火石灰结构紧密，且表面有一层深褐色的玻璃状硬壳故熟化很慢，当用于建筑物上后，可能继续熟化产生体积膨胀，从而引起裂缝或局部脱落现象。为了消除过火石灰的这种危害，石灰在熟化后，还应“陈伏”15 d 以上。在“陈伏”期间，石灰浆表面应覆盖一层水膜，以免石灰碳化。

2. 石灰的硬化

石灰浆在空气中逐渐硬化，其硬化包括两个同时进行的过程。

（1）石灰浆中的水分逐渐蒸发，或被周围砌体所吸收，氢氧化钙从饱和溶液中析出结晶，即结晶过程。

（2）氢氧化钙吸收空气中的二氧化碳，生成碳酸钙并放出水分，即碳化过程，其反应如下

$$CaO + CO_2 + nH_2O \longrightarrow CaCO_3 + nH_2O$$

碳化作用主要发生在与空气接触的表面，当表层生成致密的碳酸钙薄壳后，不但阻碍二氧化碳继续往深处渗透，同时也影响水分的蒸发，故在砌体的深处，氢氧化钙不能充分碳化，而是进行结晶。因此，石灰浆的硬化是一个较缓慢的过程。

由于石灰浆的硬化是由碳化作用及水分的蒸发而引起的，故必须在空气中进行。又由于氢氧化钙能溶于水，故石灰不能用于与水接触或潮湿环境下的建筑物。

纯石灰浆在硬化时收缩较大，易发生收缩裂缝，所以在工程上常配成石灰砂浆使用。掺入砂子除能构成坚同的骨架，以减少收缩并节约石灰外，还能形成一定的孔隙，使内部水分易于蒸发，二氧化碳易于透入，有利于硬化过程的进行。

2.1.3 石灰的技术指标

1. 建筑生石灰

建筑生石灰有钙质生石灰（$MgO \leqslant 5\%$）和镁质生石灰（$MgO > 5\%$）两种，按建材标准《建筑生石灰》（JC/T 479—2013）可分为优等品、一等品和合格品三个等级，技术指标见表 2-2。

表 2-2 建筑生石灰的技术指标

项目	钙质生石灰			镁质生石灰		
	优等品	一等品	合格品	优等品	一等品	合格品
(CaO+MgO)含量/%≥	90	85	80	85	80	75
CO_2 含量/%≤	5	7	9	6	8	10
未消化残渣含量/%(5 mm圆孔筛余)≤	5	10	15	5	10	15
产浆量/(L/kg)≥	2.8	2.3	2.0	2.8	2.3	2.0

2.建筑生石灰粉

建筑生石灰粉有钙质生石灰粉(MgO≤5%)和镁质生石灰粉(MgO>5%)两种,按现行建材标准《建筑生石灰粉》(JC/T 480—1992)可分为优等品、一等品和合格品三个等级,技术指标见表 2-3。

表 2-3 建筑生石灰粉的技术指标

项目		钙质生石灰粉			镁质生石灰粉		
		优等品	一等品	合格品	优等品	一等品	合格品
(CaO+MgO)含量/%≥		85	80	75	80	75	70
CO_2 含量/%≤		7	9	11	8	10	12
细度	0.90 mm筛的筛余/%≤	0.2	0.5	1.5	0.2	0.5	1.5
	0.125 mm筛的筛余/%≤	7.0	12.0	18.0	7.0	12.0	18.0

3.建筑消石灰粉

建筑消石灰粉有钙质消石灰粉(MgO<4%)、镁质消石灰粉(4%≤MgO<24%)和白云消石灰粉(24%≤MgO<30%)三种。按建材标准《建筑消石灰粉》(JC/T 481—1992)可分为优等品、一等品和合格品三个等级,技术指标见表 2-4。

表 2-4 建筑消石灰粉的技术指标

项目		钙质消石灰粉			镁质消石灰粉			白云消石灰粉		
		优等品	一等品	合格品	优等品	一等品	合格品	优等品	一等品	合格品
(CaO+MgO)含量/%≥		70	65	60	65	60	55	65	60	55
游离水/%		0.4~2								
体积安定性		合格	合格	—	合格	合格	—	合格	合格	—
细度	0.90 mm筛的筛余/%≤	0	0	0.5	0	0	0.5	0	0	0.5
	0.125 mm筛的筛余/%≤	3	10	15	3	10	15	3	10	15

2.1.4 石灰的技术特性

1.良好的保水性

熟化生成的$Ca(OH)_2$颗粒极其细小，比表面积（材料的总表面积与其质量的比值）很大，使得呈胶体分散状态的$Ca(OH)_2$表面吸附一层较厚的水膜，即石灰的保水性。

2.凝结硬化慢、强度低

由于碳化作用主要发生在与空气接触的表面，且生成的$CaCO_3$膜层较致密，阻碍了空气中CO_2的渗入，也阻碍了内部水分向外蒸发，因此硬化缓慢。凝结时会形成$CaCO_3$和$Ca(OH)_2$结晶体。因为石灰消化时实际用水量比理论用水量大得多，多余的水在硬化后蒸发，留下空隙，所以硬化后强度变低。

3.耐水性差

石灰遇水后形成$Ca(OH)_2$结晶体，而$Ca(OH)_2$结晶体易溶于水，故其耐水性较差。水化时放热大，体积增大。

4.硬化时体积收缩大

硬化时大量水蒸发，导致毛细管失水收缩，石灰浆体出现干缩裂纹。除调成石灰乳作薄层粉刷外，纯的石灰浆不能单独使用。

5.吸湿性强

由于石灰具有很强的吸湿性，因此被用来作传统的干燥剂。

2.1.5 石灰的应用与储存

1.石灰的应用

（1）制作石灰乳涂料。石灰膏加入多量的水可稀释成石灰乳，可直接用作室内墙壁和天棚的涂料，价格低廉、颜色洁白、施工方便。加入各种耐碱颜料，可使色彩丰富。加入聚乙烯醇、干酪素、明矾或氯化钙等可减少涂层粉化现象。

（2）配制石灰砂浆。石灰膏与砂和水拌制成的砂浆既可用作砌筑砂浆又可用作抹面。而石灰膏与纤维和水拌制成的砂浆多用于抹面。

（3）拌制灰土和三合土。将石灰与黏土拌和可生成灰土，若再加入砂石或炉渣、碎砖等即可生成三合土。灰土和三合土硬化时，除$Ca(OH)_2$发生结晶和碳化作用外，$Ca(OH)_2$还能与黏土中少量活性SiO_2及Al_2O_3作用而生成具有水硬性的水化硅酸钙及水化铝酸钙，使颗粒间的黏结力不断增强，灰土和三合土的强度及耐水性能也不断提高。因此，灰土和三合土在一些建筑物的基础和地面垫层及公路路面的基层被广泛应用。

（4）制作无熟料水泥和硅酸盐制品。石灰与活性混合材料（如粉煤灰、煤矸石、高炉矿渣等）混合，并掺入适量石膏等，磨细后可制成无熟料水泥。磨细的生石灰或消石灰与砂、粉煤灰、炉渣等硅质材料加水拌和，必要时加入少量石膏，经成型蒸养或蒸压处理等工序制得的建筑材料，通称为硅酸盐制品。如灰砂砖、粉煤灰砖、粉煤灰砌块等。

其反应式如下：

$$Ca(OH)_2 + SiO_2 + aq = CaO \cdot SiO_2 \cdot aq$$

硅酸盐混凝土制品有灰砂砖、灰砂构件、加气混凝土等。

(5)制作碳化石灰板。碳化石灰板是将磨细石灰、纤维状填料(如玻璃纤维)或轻质骨料搅拌成型,然后用二氧化碳进行人工碳化而制成的一种轻质板材。为了减轻容量和提高碳化效果,多制成空心板。人工碳化的简易方法是用塑料布将胚体盖严,通以石灰窑的废气。

2. 石灰的储存

生石灰在运输和储存时,应避免受潮,以防止生石灰吸收空气中的水分而自行熟化。生石灰不能与易燃易爆物及液体物质混运混存,以免引起火灾。生石灰的储存时间不宜超过1个月,熟石灰在使用前必须陈伏15 d以上,以防止过火石灰对建筑物产生危害。

2.2 建筑石膏

石膏是一种传统的胶凝材料,用做建筑材料具有悠久的历史。我国石膏资源丰富,建筑石膏生产工艺简单。由于建筑石膏及其制品具有质轻、高强、耐火、隔声、绝热等一系列优良的使用性能,而且生产工艺简单、使用方便,因此石膏是一种理想的环保节能型建筑材料。

2.2.1 石膏的生产和品种

1. 石膏的生产

石膏的品种很多,且各种石膏在建筑工业中均有应用,但由于建筑石膏的性能最优、生产方便、成本低廉,因此用量最多、用途最广。

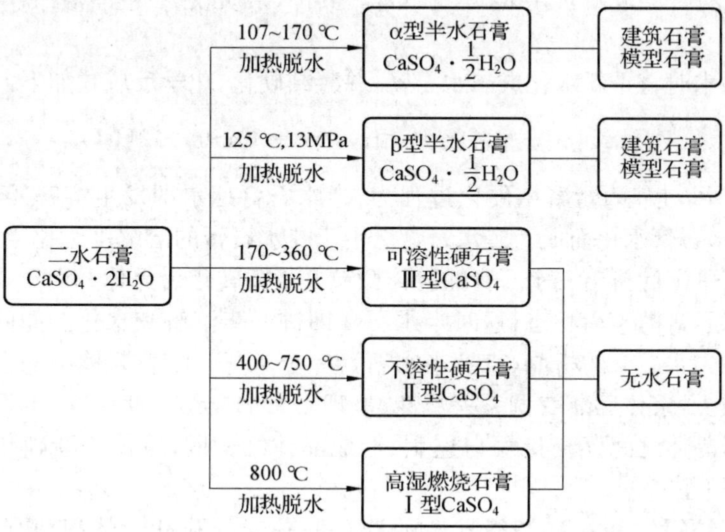

图2-2 不同煅烧条件下得到的石膏产品

建筑工程中常用的石膏胶凝材料，主要原料有天然二水石膏（$CaSO_4 \cdot 2H_2O$，又名软石膏）和天然无水石膏（$CaSO_4$，又名硬石膏）。将二水石膏置于不同的温度和压强下煅烧，经部分或全部脱水得到结构、构造、性质和用途均不相同的石膏产品，如图 2-2 所示。

2. 石膏的品种

石膏有 5 种形态、7 个变种：①二水石膏（$CaSO_4 \cdot 2H_2O$）；②α 型与 β 型半水石膏（$\alpha\text{-}CaSO_4 \cdot \frac{1}{2}H_2O$、$\beta\text{-}CaSO_4 \cdot \frac{1}{2}H_2O$）；③Ⅲ型硬石膏（$CaSO_4$ Ⅲ）；④Ⅱ型硬膏石（$CaSO_4$ Ⅱ）；⑤Ⅰ型硬石膏（$CaSO_4$ Ⅰ），只在 1 180 ℃以上才存在。其中，又可将石膏概括为建筑石膏和高强石膏两种类型。

1）建筑石膏

建筑石膏的化学式为 $\beta\text{-}CaSO_4 \cdot \frac{1}{2}H_2O$，又称熟石膏，是由二水石膏在较低温度下（107 ℃～170 ℃）常压煅烧，发生部分脱水后经磨细得到。β 型半水石膏的晶体较细，所以调制成一定稠度的浆体时，需水量也比 α 型半水石膏的需水量大，导致建筑石膏的孔隙率也较大，因而强度较低。在实际生产与工程中，建筑石膏的应用更广泛一些。

2）高强石膏

高强石膏的化学式为 $\alpha\text{-}CaSO_4 \cdot \frac{1}{2}H_2O$，其晶体组织大，比表面积小，调成可塑性浆体时的需水量只是建筑石膏的 1/2，因此硬化后具有较高的密实度和强度。高强石膏可以用于室内抹灰，制作装饰制品和石膏板；若掺入防水剂可制成高强度防水石膏，在潮湿环境中使用。

2.2.2 石膏的凝结硬化

将 β 型半水石膏磨成细粉，既得建筑石膏。其中，杂质较少、色泽洁白、磨得较细的产品成为模型石膏。

建筑石膏遇水时将重新水化成二水石膏，并凝结硬化，化学反应式如下：

$$CaSO_4 \cdot \frac{1}{2}H_2O + 1\frac{1}{2}H_2O = CaSO_4 \cdot 2H_2O$$

如图 2-3 所示，建筑石膏凝结硬化过程为：半水石膏遇水即发生溶解，溶解很快达到饱和，溶液中的半水石膏水化而成为二水石膏。由于二水石膏的溶解度远比半水石膏小，所以很快从饱和溶液中沉淀析出二水石膏的胶体微粒并不断转化为晶体。由于二水石膏的析出破坏了原有半水石膏的平衡状态，这时半水石膏即进一步溶解和水化。如此不断地进行半水石膏的溶解和二水石膏的析晶，直到半水石膏完全水化。随着浆体中的自由水分因水化和蒸发而逐渐减少，浆体逐渐变稠失去塑性，呈现石膏的凝结。此后，二水石膏的晶体继续大量形成、长大，晶体之间互相接触与连生，形成晶体结构网，浆体逐渐硬化成为坚硬的块体，并具有一定的强度。

建筑石膏凝结硬化很快，一般终凝时间不超过 0.5 h。硬化后体积稍有膨胀（膨胀量为 0.5%～1%），故能填满模型，形成平滑饱满的表面，干燥时也不开裂。所以，石膏可不加填充料而单独使用。

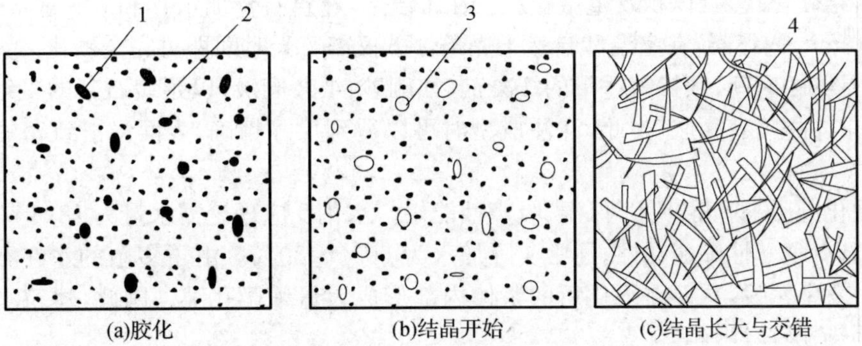

图 2-3 石膏硬化过程

1—半水石膏；2—二水石膏；3—二水石膏晶体；4—交错的晶体

2.2.3 建筑石膏的性质与技术指标

1. 技术性质

建筑石膏颜色为白色，密度为 2.5～2.8 g/cm^3，其紧密堆积密度为 1 000～1 200 kg/cm^3，孔隙率一般为 50%～60%。

建筑石膏的凝结时间一般只需数分钟至二三十分钟。在室内自然干燥的条件下，约需一星期。建筑石膏水化反应的理论需水量仅为建筑石膏质量的 18.6%，但使用时，为使石膏浆具有必要的可塑性，通常须加水 60%～80%。多余水分蒸发后留下大量孔隙，故硬化后石膏具有多孔性，表观密度较小，导热性较低，强度也较低。

建筑石膏具有良好的防火性能，硬化后的石膏为二水石膏，当其遇火时，二水石膏吸收大量的热而蒸发脱水，在制品表面形成水蒸气隔层，使其具有良好的防火性能。

2. 技术指标

根据《建筑石膏》(GB/T 9776—2008)可将建筑石膏分为优等品、一等品和合格品，具体技术指标见表 2-5。

表 2-5 建筑石膏的技术指标

技术指标		等级		
		优等品	一等品	合格品
抗折强度/MPa	≥	2.5	2.1	1.8
抗压强度/MPa	≥	4.9	3.9	2.9
细度(0.2 mm 方孔筛筛余)/%	≤	5.0	10.0	15.0
凝结时间		初凝时间不少于 6 min，终凝时间不超过 30 min		

2.2.4 建筑石膏的特性

同为气硬性胶凝材料，与石灰相比，建筑石膏及其制品的特性主要体现为以下几方面。

(1)凝结硬化快，且体积发生微膨胀。在常温下，建筑石膏加水拌和后一般 3～5 min 即可初凝，30 min 内终凝，在室温和自然干燥条件下仅需 7 天时间即可完全硬化。为了给施工操作留有足够的时间，须掺入适量的缓凝剂(如硼砂、纸浆废液)以延缓石膏的凝结。石膏在硬化过程中体积略有膨胀，因此，浇注成型时可以得到尺寸精确、表面光滑致密的构件或装饰图案。

(2)硬化制品的孔隙率大，保温、吸声性能好。水化反应理论需水量为 18.6%，但为了使石膏浆体具有可塑性和流动性，通常实际加水为 60%～80%。由于多余的水在石膏浆体凝结、硬化时发生蒸发，从而在硬化后的浆体内部形成大量细微孔隙。因此，建筑石膏制品具有质轻、隔热、吸声性好等优点。

(3)具有一定的调温调湿功能。由于多孔性的特点，石膏制品的热容量大、吸湿性强。由于石膏制品的“呼吸”作用，建筑物室内的温、湿度可得到有效调节。

(4)耐水性、抗冻性差。石膏属于气硬性胶凝材料，软化系数为 0.3～0.5，若长期处于潮湿环境或浸泡于水中，则其晶体微粒间的结合力会削弱，甚至溶解。因此，硬化石膏不耐水、抗冻性差，不宜用于室外。

(5)具有较好的防火性。建筑石膏硬化后的主要成分为 $CaSO_4 \cdot 2H_2O$，遇火时，其中的结晶水脱出能吸收热量，而且生成的无水石膏是良好的热绝缘体。

2.2.5 建筑石膏的应用与储存

图片
建筑石膏的应用

1. 建筑石膏的应用

1)室内抹灰及粉刷

建筑石膏特别适用于混凝土顶板、加气混凝土墙面等各种保温材料的表面抹灰，可分为面层粉刷石膏、底层粉刷石膏和保温层粉刷石膏。与普通水泥砂浆比较，粉刷石膏具有以下特点。

(1)黏结力强、不易脱落，克服了传统的水泥砂浆经常出现的空鼓、开裂现象。

(2)具有呼吸功能，可调节室内空气湿度。

(3)无毒无味，其配料注重健康环保。

(4)凝结速度快、自重轻，减轻了楼层质量。

(5)为新型的绿色生态建材，防火性能良好。

(6)施工工序简便，落地灰少，操作快捷。

2)制作建筑石膏制品

常见的建筑石膏制品有石膏板、纸面石膏板、纤维石膏板、空心石膏条板和装饰石膏板等。

(1)石膏板。石膏板具有质轻、绝热、吸声、不燃和可钉可锯等性能，原料来源广泛，加工设备简单，燃料消耗低，生产周期短。

我国石膏资源丰富，化工副产品日益增多，石膏板在我国有着广阔的发展前途，是当前着重发展的新型轻质板材之一，多作平顶和内墙面装饰，可直接粘贴在墙上，或钉在木龙骨两边作成隔墙。

(2)纸面石膏板。加入适量的轻质填料、纤维、发泡剂、缓凝剂等，加水拌成料浆，浇注在重磅纸上，成形后覆以上层面纸，经过凝固、切断、烘干而成。其尺寸为宽 600～1 220 mm，厚 6.4～25.4 mm，长 1 800～4 900 mm。

纸面石膏板不宜用于高湿度环境下，因为纸的纤维受潮会膨胀，使得纸与芯板之间的黏结力削弱，导致纸的隆起和剥离。用于厨房、浴室等处时，必须进行可靠的防潮处理。

(3)纤维石膏板。纤维石膏板是将玻璃纤维、纸浆或矿棉等纤维在水中“松解”，在离心机中与石膏混合制成料浆后，在长网型机上经铺浆、脱水制得的无纸面石膏板。它的抗弯强度和弹性模量都高于纸面石膏板，除用于建筑外，还可代替木材作家具。

(4)空心石膏条板。空心石膏条板的生产方法与普通混凝土空心板类似，尺寸范围为宽 450～600 mm，厚 60～100 mm，长 2 500～3 000 mm，孔数 0～9。孔洞率为 30%～40%。空心石膏条板常加入纤维材料和轻质填料，以提高板的抗折强度和减轻质量。

这种板不用纸和黏结剂，也不用龙骨，施工方便，是发展较快的一种轻板。

(5)装饰石膏板。装饰石膏板是在建筑石膏中加入占石膏质量 0.5%～2%的纤维材料和少量胶料，加水搅拌、成形、修边制得的各种形状的板，边长可为 300～900 mm，有平板、多孔板、花纹板、浮雕板等。

3)石膏装饰制品

将调配好的石膏浆体(可掺入颜料等着色成分)注入专用模器中，待石膏硬化后可以制得色彩、花样、形状各异的石膏装饰制品，如平板、多孔板、花纹板、浮雕板、角线等。石膏装饰制品因具有色彩鲜艳、造型美观、施工方便等优点而被广泛应用于顶棚、隔墙的装饰装修(如图 2-4 所示)。

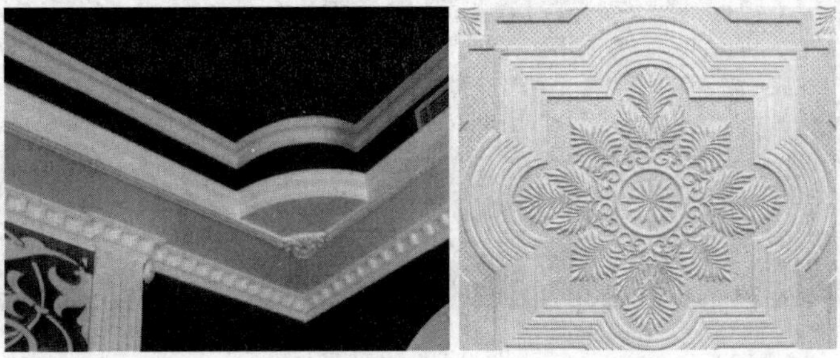

图 2-4　石膏用于室内装饰

2. 建筑石膏的储存

建筑石膏的包装、标志、运输、储存要满足以下要求。

(1)建筑石膏一般采用袋装，可用具有防潮功能的及不易破损的纸袋或其他复合袋包装。

(2)包装袋上应清楚标明产品标记、制造厂名、生产批号和出厂日期、质量等级、商标和防潮标志。

(3)建筑石膏在运输与储存时不得受潮和混入杂物。不同等级的建筑石膏应分别储运，不得混杂。

(4)建筑石膏自生产之日算起，储存期为三个月。三个月后应重新进行质量检验，以确定其等级。

2.3 水 玻 璃

2.3.1 水玻璃的生产与组成

水玻璃俗称泡花碱，是一种能溶于水的硅酸盐，由碱金属氧化物和二氧化硅结合而成，其化学式为 $R_2O \cdot nSiO_2$。

水玻璃中，二氧化硅和碱金属氧化物的摩尔比 n 称为水玻璃的模数，一般为 2.6～3.0。n 为 1 时能溶解于常温的水中；n 加大，则只能在热水中溶解；当 n 大于 3 时，要在 0.4 MPa 以上的蒸汽中才能溶解。低模数水玻璃黏结能力较差，模数提高时，胶组分相对增多，黏结能力随之增大。相同模数的液态水玻璃，其密度较大者黏性较大，黏结性能较好。工程中常用的水玻璃密度为 1.3～1.5 g/cm^3。

常见的水玻璃为硅酸钠，硅酸钠的生产方法分干法（固相法）和湿法（液相法）两种。

干法生产是将石英砂和纯碱按一定比例混合后在反射炉中加热到 1 400 ℃左右，生成熔融状硅酸钠；湿法生产是将烧碱水溶液和石英粉在高压釜内共热直接生成水玻璃，经过滤浓缩得成品水玻璃，如图 2-5 所示。

图 2-5 水玻璃

其化学反应式为：

$$Na_2CO_3 + nSiO_2 = Na_2O \cdot nSiO_2 + CO_2 \uparrow$$

2.3.2 水玻璃的性质

(1)水玻璃具有良好的黏结能力，硬化后有较高的黏结强度。但水玻璃自身质量、配合料性能及施工养护对强度有显著影响。

(2)水玻璃硬化后形成的二氧化硅网状骨架，在高温下强度下降得很小，当采用耐热耐火骨料配制水玻璃砂浆和混凝土时，耐热度可达 1 000 ℃。因此，也可以理解为水玻璃混凝土的耐热度主要取决于骨料的耐热度。

(3)水玻璃能抵抗大多数无机酸和有机酸的作用。这是由于硬化后水玻璃的主要成分为 SiO_2，它在氧化性酸中具有较高的化学稳定性。

(4)水玻璃的耐碱性和耐水性差。因混合后均易溶于碱，故水玻璃不能在碱性环境中使用。同样由于 NaF、Na_2CO_3 均溶于水而不耐水，故可采用中等浓度的酸对已硬化水玻璃进行酸洗处理，提高其耐水性。

2.3.3 水玻璃的凝结硬化

水玻璃在空气中的凝结硬化与石灰的凝结硬化非常相似，主要通过碳化和脱水结晶固结两个过程来实现。

随着碳化反应的进行，硅胶含量增加，接着自由水分蒸发和硅胶脱水成固体而凝结硬化，但其速度慢、体积收缩、强度低。

为加速水玻璃的凝结硬化速度和提高强度，水玻璃使用时一般要求加入固化剂氟硅酸钠(Na_2SiF_6)。其反应式如下：

$$Na_2O \cdot nSiO_2 + Na_2SiF_6 + mH_2O = 6NaF + (2n+1)SiO_2 \cdot mH_2O$$

氟硅酸钠的掺量一般为12%～15%。掺量少，凝结硬化慢，且强度低；掺量太多，则凝结硬化过快，不便施工操作，而且硬化后的早期强度虽高，但后期强度明显降低。因此，使用时应严格控制固化剂掺量，并根据气温、湿度、水玻璃的模数、密度在上述范围内适当调整。即气温高、模数大、密度小时选下限，反之亦然。

2.3.4 水玻璃的应用

1.涂刷材料表面，提高抗风化能力

水玻璃溶液涂刷或浸渍材料后，能渗入缝隙和孔隙中，固化的硅凝胶能堵塞毛细孔通道，提高材料的密度和强度，从而提高材料的抗风化能力。但水玻璃不得用来涂刷或浸渍石膏制品。因为水玻璃与石膏反应生成硫酸钠(Na_2SiO_4)，结晶时体积膨胀，使石膏制品开裂破坏。

2.加固土壤

将水玻璃溶液与氯化钙溶液交替地注入基础中，两种溶液迅速反应生成硅胶和硅酸钙凝胶，起到胶黏作用，能包裹土粒并填充其孔隙，不仅能使土壤的强度和承载能力提高，还能增强不透水性。常用于粉土、砂土和填土的地基加固，称为双液注浆。

3.配制速凝防水剂

水玻璃可与多种矾配制成速凝防水剂，用于堵漏、填缝等局部抢修。这种多矾防水剂的凝结速度很快，一般为几分钟，其中四矾防水剂不超过 1 min，故工地上使用时必须做到即配即用。

多矾防水剂常用胆矾(五水硫酸铜)、红矾(重铬酸钾)、明矾(也称白矾，十二水合硫酸铝钾)、紫矾(十二水合硫酸铬钾)四种矾。

4.配制耐酸胶凝、耐酸砂浆和耐酸混凝土

耐酸胶凝是用水玻璃和耐酸粉料(常用石英粉)配制而成，与耐酸砂浆和混凝土一样，主要用于有耐酸要求的工程，如硫酸池等。

5. 配制耐热胶凝、耐热砂浆和耐热混凝土

水玻璃胶凝主要用于耐火材料的砌筑和修补。水玻璃耐热砂浆和混凝土主要用于高炉基础和其他有耐热要求的结构部位。

6. 防腐工程应用

改性水玻璃耐酸泥是耐酸腐蚀的重要材料，主要特性是耐酸、耐高温、密实抗渗、价格低廉、使用方便，可拌和成耐酸胶泥、耐酸砂浆和耐酸混凝土，适用于化工、冶金、电力、煤炭、纺织等行业各种结构的防腐蚀工程，是贮酸池、耐酸地坪，以及耐酸表面砌筑的理想材料。

思考与练习

1. 简述石灰的水化硬化过程。
2. 什么是石灰的熟化与陈伏？
3. 建筑石膏凝结硬化有什么特点？
4. 建筑石膏在储存和运输过程中需要注意什么？
5. 为什么建筑石膏制品一般不适用于室外？
6. 水玻璃的硬化有什么特点？其在工程中有何用途？

模块3 水　　泥

学习目标

- ◉ 了解水泥的定义和品种。
- ◉ 掌握建筑中常见的各种水泥的技术指标、特性和应用。
- ◉ 了解水泥石的腐蚀原因及防护方法。
- ◉ 了解水泥的验收与保管方法。

水泥是一种粉状水硬性无机胶凝材料，加水搅拌后成浆体，能在空气中硬化或者在水中更好的硬化，并能把砂、石等材料牢固地胶黏在一起。水泥是重要的建筑材料，用水泥制成的砂浆或混凝土坚固耐久，广泛应用于国民经济建设的各个领域，如土木建筑、水利、交通、国防等基本建设。

3.1　水泥的定义与品种

凡能与水混合形成塑性浆体，经一系列复杂的物理、化学作用而凝结、硬化成坚硬石状体，并能将砂、石子等颗粒材料或砖、砌块等块体材料胶黏成整体的水硬性胶凝材料通称为水泥。由这一定义所界定的水泥品种繁多，按其产生水硬性作用的成分不同可大致划分为硅酸盐类水泥、铝酸盐类水泥、硫铝酸盐类水泥、铁铝酸盐类水泥等系列。

硅酸盐类水泥是指由以硅酸钙($CaSiO_3$)为主要成分的水泥熟料、必要的混合材料(如粉煤灰、火山灰质材料、石灰石)和适量的石膏共同磨细制成的水硬性胶凝材料。按其性能和用途的不同，又可分为通用水泥、专用水泥和特性水泥三大类，每大类可再细分为具体品种。例如，通用硅酸盐类水泥可细分为硅酸盐水泥、普通硅酸盐水泥、矿渣硅酸盐水泥、火山灰质硅酸盐水泥、粉煤灰硅酸盐水泥和复合硅酸盐水泥六大品种，即六大通用水泥。其中后五个品种可视为以硅酸盐水泥为基础，通过掺入较多的混合材料(超过5%的质量分数)而得到，故也常被称为掺混合材料的硅酸盐水泥。硅酸盐类水泥的分类详如图3-1所示。

虽然水泥品种繁多，分类方法各异，但我国水泥产量的90%左右属于以硅酸盐为主要水硬性矿物的硅酸盐水泥。本章在讨论水泥的性质和应用时，以硅酸盐水泥为基础。

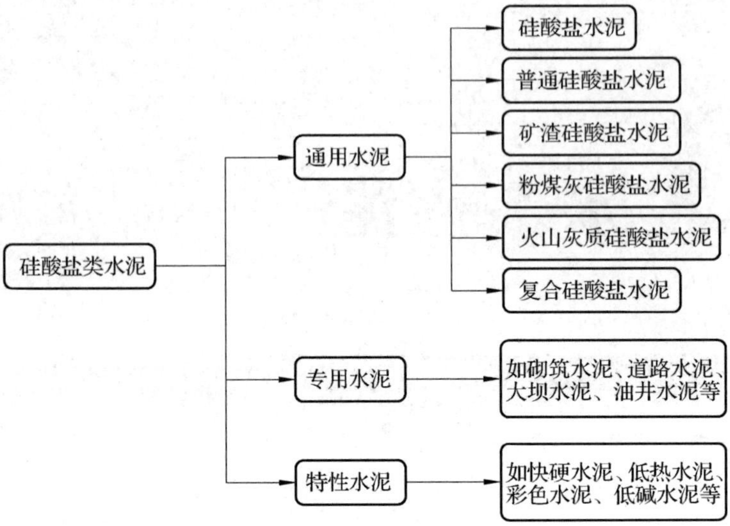

图 3-1　硅酸盐类水泥的分类

3.2　硅酸盐水泥

通用硅酸盐水泥是由硅酸盐水泥熟料和适量的石膏及规定的混合材料制成的水硬性胶凝材料。

通用硅酸盐水泥按混合材料的品种和掺量分为硅酸盐水泥(代号 P・Ⅰ、P・Ⅱ)、普通硅酸盐水泥(代号 P・O)、矿渣硅酸盐水泥(代号 P・S)、火山灰质硅酸盐水泥(代号 P・P)、粉煤灰硅酸盐水泥(代号 P・F)和复合硅酸盐水泥(代号 P・C)。

3.2.1　硅酸盐水泥的生产与矿物组成

1.硅酸盐水泥的生产

生产硅酸盐水泥的原料主要是石灰质原料(如石灰石,主要成分为 CaO)、黏土质原料(如黏土、页岩,主要成分为 SiO_2、FeO)。为调整化学成分、控制焙烧温度,还需加入少量辅助原料(又称校正原料)。例如,用铁矿粉等铁质原料补充氧化铁的含量;以砂岩等硅质原料增加氧化硅的成分等。此外,为了改善煅烧条件,提高熟料质量,还常加入少量矿化剂,如氟石、石膏等。

硅酸盐水泥的生产过程分为破碎及预均化、制备生料、煅烧生料、粉磨熟料等几个阶段。硅酸盐水泥生产的简要过程如图 3-2 所示。

1)破碎及预均化

水泥在生产过程中,大部分原料要进行破碎,如石灰石、黏土、铁矿石及煤等。石灰石是生产水泥时用量最大的原料,其开采后的粒度较大、硬度较高,因此石灰石的破碎在水泥机械的物料破碎中占有比较重要的地位。原料预均化技术就是在原料的存、取过程中,运用科学的堆取料技术，实现原料的初步均化，使原料堆场同时具备贮存与均化的功能。

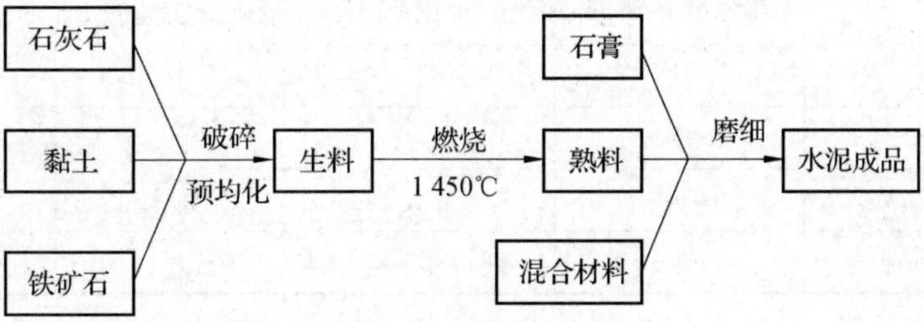

图 3-2　硅酸盐水泥生产的简要过程

2)制备生料

在水泥的生产过程中，每生产 1 t 硅酸盐水泥，设备至少要粉磨 3 t 的物料(包括各种原料、燃料、熟料、混合料、石膏)。据统计，干法水泥生产线粉磨作业需要消耗的动力约占全厂动力的 60%以上，其中生料粉磨占 30%以上，煤磨约占 3%，水泥粉磨约占 40%。因此，合理地选择粉磨设备和工艺流程，正确操作，控制作业制度，对保证产品质量、降低能耗具有重大意义。在新型干法水泥生产过程中，稳定入窑生料成分是稳定熟料烧成的前提，生料均化系统起着稳定入窑生料成分的最后一道把关作用。

3)煅烧生料

生料在旋风预热器中完成预热和预分解后，下一道工序是进入回转窑中进行熟料的烧成。在回转窑中碳酸盐进一步迅速分解并发生一系列的固相反应，生成水泥熟料中的矿物。熟料烧成后，温度开始降低，最后由水泥熟料冷却机将回转窑卸出的高温熟料冷却到下游输送、贮存库和水泥机械所能承受的温度。

4)粉磨熟料

水泥粉磨是水泥制造的最后工序，也是耗电最多的工序。其主要功能在于将水泥熟料及胶凝剂、性能调节材料等粉磨至适宜的粒度(以细度、比表面积等表示)，形成一定的颗粒级配，增大其水化面积，加速水化速度，以满足水泥浆体凝结、硬化的要求。概括地讲，水泥生产主要工艺就是“两磨”(磨细生料，磨细熟料)、“一烧”(生料煅烧成熟料)。

2.硅酸盐水泥的矿物组成

硅酸盐水泥熟料的矿物组成非常复杂，其主要矿物和含量见表 3-1。

表 3-1　硅酸盐水泥熟料的主要矿物组成

矿物名称	分子式	含量范围
硅酸三钙	$3CaO \cdot SiO_2$，简写为 C_3S	37%～60%
硅酸二钙	$2CaO \cdot SiO_2$，简写为 C_2S	15%～37%
铝酸三钙	$3CaO \cdot Al_2O_3$，简写为 C_3A	7%～15%
铁铝酸四钙	$4CaO \cdot Al_2O_3 \cdot Fe_2O_3$，简写为 C_4AF	10%～18%

各种矿物单独与水作用时所表现出的特性见表 3-2。

表 3-2 各矿物与水作用所表现出的特性

矿物名称	凝结硬化速度	水化热	耐化学腐蚀能力	强度
$3CaO \cdot SiO_2$	快	大	中	高
$2CaO \cdot SiO_2$	慢	小	最大	早期低、后期高
$3CaO \cdot Al_2O_3$	最快	最大	小	低
$4CaO \cdot Al_2O_3 \cdot Fe_2O_3$	中	中	大	低

表 3-2 中所列各种矿物的强度是指最终强度，表中的水化放热量是指单位质量矿物水化放出的热量。C_3S 在最初 4 周内强度发展迅速，硅酸盐水泥 4 周内的强度实际上就是由它决定的。C_2S 大约从第 4 周起才发挥其强度作用，约半年才能达到 C_3S 4 周的强度。C_3A 强度发展很快，但强度低，它对硅酸盐水泥 1～3 d 的强度起一定的作用。C_4AF 的强度发展也较快，但强度较低，对硅酸盐水泥的强度贡献小。

3.2.2 硅酸盐水泥的水化与凝结硬化

1. 硅酸盐水泥的水化

当水泥与适量的水调和时，开始形成的是一种可塑性的浆体，具有可加工性。随着时间的推移，浆体逐渐失去了可塑性，变成不能流动的紧密的状态，此后浆体的强度逐渐增加，直到最后能变成具有相当强度的石状固体。这整个过程叫做水泥的凝结和硬化。

水泥的凝结和硬化是连续进行的、复杂的物理化学过程，此过程决定了水泥石具有一系列性能。凝结是硬化的基础，硬化是凝结的继续。

水泥熟料矿物的结构不稳定，遇水后会发生水解或水化反应而变成水化物，由这些水化物按照一定的方式靠多种引力相互搭接和联结形成水泥石的结构，导致强度产生。水泥熟料中主要矿物的水化过程及产物如下。

(1)硅酸三钙的水化。在水泥矿物中，硅酸三钙含量最高，它与水作用时，反应较快，水化放热量大，生成水化硅酸钙及氢氧化钙。

$$2(3CaO \cdot SiO_2) + 6H_2O = 3CaO \cdot 2SiO_2 \cdot 3H_2O + 3Ca(OH)_2$$

(2)硅酸二钙的水化。硅酸二钙的水化产物与硅酸三钙相同，但数量不同。其水化反应较慢，水化放热量小。

$$2(2CaO \cdot SiO_2) + 4H_2O = 3CaO \cdot 2SiO_2 \cdot 3H_2O + Ca(OH)_2$$

(3)铝酸三钙的水化。铝酸三钙水化迅速，放热量很大，其水化产物组成和结构受液相 CaO 浓度和温度的影响很大，先生成介稳状态的水化铝酸三钙。水化铝酸三钙为晶体，易溶于水，它在石灰饱和溶液中能与氢氧化钙进一步反应，生成水化铝酸四钙。

$$3CaO \cdot Al_2O_3 + 6H_2O = 3CaO \cdot Al_2O_3 \cdot 6H_2O$$

(4)铁铝酸四钙的水化。铁铝酸四钙的水化速率比 C_3A 略慢，水化热较低，即使单独水化也不会引起快凝。其水化反应产物为水化铝酸三钙及水化铁酸钙凝胶。

$$4CaO \cdot Al_2O_3 \cdot Fe_2O_3 + 7H_2O = 3CaO \cdot Al_2O_3 \cdot 6H_2O + CaO \cdot Fe_2O_3 \cdot H_2O$$

为调节凝结时间而掺入的适量石膏，与水化铝酸三钙反应生成高硫型水化硫铝酸钙(钙矾石)和单硫水化硫铝酸钙。

$$3CaO \cdot Al_2O_3 \cdot 6H_2O + 3(CaSO_4 \cdot 2H_2O) + 19H_2O = 3CaO \cdot Al_2O_3 \cdot 3CaSO_4 \cdot 31H_2O$$

$$3CaO \cdot Al_2O_3 \cdot 6H_2O + CaSO_4 \cdot 2H_2O + 4H_2O = 3CaO \cdot Al_2O_3 \cdot 3CaSO_4 \cdot 12H_2O$$

水化硫铝酸钙是难溶于水的针状晶体，它生成后即沉淀在熟料颗粒的周围，阻碍水化的进行，起到缓凝的作用。

综上所述，如果忽略一些次要的和少量的成分，则硅酸盐水泥与水作用后，生成的主要产物有：水化硅酸钙和水化铁酸钙凝胶、氢氧化钙、水化铝酸钙和水化硫铝酸钙晶体。水泥完全水化后，水化硅酸钙约占50%，氢氧化钙约占25%，水化硫铝酸钙约占7%。

2.硅酸盐水泥的凝结硬化

硅酸盐水泥的凝结硬化过程，按水化反应速度和水泥浆体结构的变化特征可分为四个阶段，如图3-3所示。

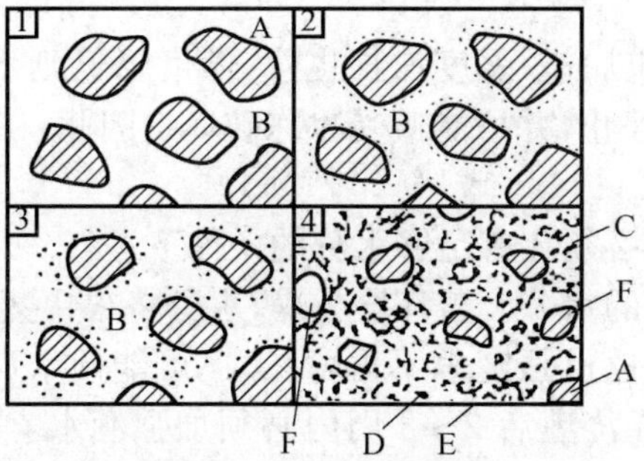

图3-3　水泥浆体结构

A—水泥颗粒；B—自由水；C—凝胶C-S-H；D—晶体[$Ca(OH)_2$等]；E—毛细孔；F—气孔

1)初始反应期

水泥加水拌和成水泥浆的同时，水泥颗粒表面上的熟料矿物立即溶于水，并与水发生水化反应，或者固态的熟料矿物直接与水发生水化反应。这时伴有放热反应，此即初始反应期。该阶段时间很短，仅5～10 min。这时由于水化物生成的速度很快，来不及扩散，因此便附着在水泥颗粒表面，形成膜层。膜层是以水化硅酸钙凝胶为主体，其中分布着氢氧化钙等晶体，所以，通常称之为凝胶体膜层。凝胶体膜层的形成，会妨碍水泥的水化。

2)潜伏期

初始反应以后，由于凝胶体膜层的形成，水化反应和放热速度变慢。在一段时间(30～60 min)内，水泥颗粒仍是分散的，水泥浆的流动性基本保持不变。

3)凝结期

经过1～6 h，放热速度加快，并达到最大值，说明水泥继续加速水化。原因是凝胶体膜层虽然妨碍水分的渗入，使水化速度减慢，但因为它是半透膜，水分向膜层内渗透的速度大于膜层内水化物向外扩散的速度，所以产生渗透压，导致膜层破裂，使水泥颗粒得以继续水化。

由于水化物的增多和凝胶体膜层的增厚，被膜层包裹的水泥颗粒逐渐接近，以致在接触点互相黏结，形成网状结构，水泥浆体变稠，失去可塑性，这就是凝结过程。

4)硬化期

由于水泥颗粒之间的空隙逐渐缩小为毛细孔，水化生成物进一步填充毛细孔，毛细孔越来越少，使水泥浆体结构更加紧密，逐渐产生强度。在适宜的温度和湿度条件下，水泥强度可继续增长，此即硬化阶段。

水泥浆体硬化后的石状物称为水泥石。水泥石是由胶凝体、未水化的水泥颗粒内核和毛细孔等组成的非均质体。

3.影响水泥石强度发展的因素

1)水灰比

拌和水泥浆时,水与水泥的质量比,称为水灰比。水灰比越大,水泥浆越稀,凝结硬化和强度发展越慢,且硬化后的水泥石中毛细孔含量越多,强度越低;反之,凝结硬化和强度发展越快,强度越高。因此,在保证成型质量的前提下,应降低水灰比,以提高水泥石的硬化速度和强度。

2)养护时间

随着养护时间的延长,水泥的水化程度增加,凝胶体数量增加,毛细孔减少,强度不断增长。

3)温度和湿度

温度升高,水泥水化反应加速,强度增长也快;温度降低则水化减慢,强度增长也趋缓,当温度为 0 ℃以下时,水化停止,并可能遭受冰冻破坏。因此,在冬季施工时,需要采取保温等措施。

水泥的水化及凝结硬化必须在有足够水分的条件下进行。环境湿度大,水分蒸发慢,水泥浆体可保持水泥水化所需的水分。若环境干燥,水分将很快蒸发,水泥浆体中缺乏水泥所需的水分,使水化不能正常进行,强度也不再增长,还可能使水泥石或水泥制品表面产生干缩裂纹。所以,混凝土工程在浇灌后 2～3 周内必须加强洒水养护,以保证水化时所必需的水分,使水泥得到充分水化。

3.2.3 硅酸盐水泥的技术指标

1.实际密度、堆积密度、细度

硅酸盐水泥实际密度为 3.10～3.20 g/cm^3。在进行混凝土配合比计算时,通常采用 3.1 g/cm^3。

硅酸盐水泥的堆积密度,疏松堆积时为 1 000～1 100 kg/m^3,紧密堆积时可达 1 600 kg/m^3。在进行混凝土配合比计算时,通常采用 1 300 kg/m^3。

2.标准稠度及其用水量

水泥净浆标准稠度用水量是指拌制水泥净浆时为达到标准稠度所需的加水量,它是测定水泥的凝结时间、体积安定性等性能的依据。它以水与水泥质量之比的百分数表示,用标准稠度与凝结时间测定仪,按《水泥标准稠度用水量、凝结时间、安定性检验方法》(GB/T 1346—2001)测定。硅酸盐水泥的标准稠度用水量一般为 24%～30%。

3.体积安定性

水泥体积安定性是指水泥浆体硬化后体积变化的稳定性。体积安定性不良的水泥,在浆体硬化过程中或硬化后产生不均匀的体积膨胀,引起水泥石开裂,应用在工程中,可使结构构件产生膨胀性裂缝而引起严重质量事故。

水泥安定性不良的原因是由于其熟料矿物组成中含有过多的游离氧化钙或游离氧化镁,以及水泥粉磨时所掺石膏超量等所致。熟料中所含的游离氧化钙或游离氧化镁都是在高温下生成的,属过烧氧化物,水化很慢,它要在水泥凝结硬化后才慢慢开始水化,水化的化学反应式如下：

$$CaO+H_2O=Ca(OH)_2 \qquad MgO+H_2O=Mg(OH)_2$$

水化时体积膨胀，从而引起不均匀的体积变化，破坏已经硬化的水泥石结构，引起龟裂、弯曲、崩溃等。当水泥中石膏掺量过多时，在水泥硬化后，硫酸根离子还会继续与固态的水化铝酸钙反应生成高硫型水化硫铝酸钙，造成体积膨胀，引起水泥石开裂。

国家标准规定，水泥熟料中游离氧化镁含量不得超过5.0%，三氧化硫含量不得超过3.5%。检测标准有《水泥压蒸安定性试验方法》(GB/T 750—1992)、《水泥标准稠度用水量、凝结时间、安定性检验方法》(GB/T 1346—2011)。

在建筑工程中，常定性研究其含量是否超标的检测方法有：游离的氧化钙用沸煮法，游离的氧化镁用压蒸法，三氧化硫用浸水法。

4. 不溶物、烧失量

不溶物是指水泥中含有的不能被一定浓度的酸和碱溶解的物质。烧失量是指水泥在一定的温度和灼烧时间内失去的质量和原有质量的比值。不溶物和烧失量可以间接地衡量水泥的质量，是评定水泥是否掺假的重要指标。

国家标准规定：Ⅰ型硅酸盐水泥中不溶物含量不超过0.75%，Ⅱ型硅酸盐水泥中不溶物含量不超过1.5%；Ⅰ型硅酸盐水泥烧失量不超过3.0%，Ⅱ型硅酸盐水泥烧失量不超过3.5%。其检测方法按《水泥化学分析方法》(GB/T 176—2017)进行试验。

5. 细度

水泥细度是指水泥颗粒粗细的程度，它是影响水泥性能的重要指标。水泥颗粒越细，与水反应的表面积越大，水化反应的速度越快，水泥石的早期强度越高。若颗粒过细，研磨时的耗能高且硬化时收缩也大，易产生裂缝。因此，水泥细度应适当。

根据国家标准规定，硅酸盐水泥比表面积应大于300 m^2/kg。水泥的比表面积是指水泥的面积，用水泥比表面积仪按《水泥比表面积测定方法 勃氏法》(GB/T 8074—2008)进行试验测定。

6. 凝结时间

水泥的凝结时间分初凝和终凝。自水泥开始加水拌和至水泥浆开始失去可塑性所需的时间称为初凝时间；自水泥开始加水拌和至水泥浆完全失去可塑性，并开始产生强度所需的时间称为终凝时间。

水泥的凝结时间在施工中具有重要作用。初凝时间不宜过短，以便有足够的时间在初凝之前对混凝土进行搅拌、运输和浇筑。当浇筑完毕，则要求混凝土尽快凝结硬化，产生强度，以利于下道工序的进行，为此终凝时间不宜过迟。

国家标准规定：硅酸盐水泥的初凝时间不得早于45 min，终凝时间不得迟于390 min (6.5 h)。

7. 强度等级

国家标准《水泥胶砂强度检验方法(ISO法)》(GB/T 17671—1999)规定，水泥强度必须按该标准的规定制作试件(试件尺寸40 mm×40 mm×160 mm)，在标准养护条件[(20±1)℃的水中]下，养护至3 d和28 d，测定各龄期的抗折强度和抗压强度。该值是评定水泥等级的依据。

硅酸盐水泥的强度主要取决于水泥熟料矿物的相对含量、水泥细度、水灰比大小、水化龄期和环境温度等，可分为 42.5、42.5R、52.5，52.5R、62.5 和 62.5R 六个等级。水泥强度等级按规定龄期的抗折强度和抗压强度来划分，各强度等级硅酸盐水泥各龄期的强度值不得低于表 3-3 中的数值，否则视为不合格品。

表 3-3　不同品种各强度等级水泥各龄期的强度值　　单位：MPa

品　　种	强度等级	抗压强度		抗折强度	
		3 d	28 d	3 d	28 d
硅酸盐水泥	42.5	≥17.0	≥42.5	≥3.5	≥6.5
	42.5R	≥22.0		≥4.0	
	52.5	≥23.0	≥52.5	≥4.0	≥7.0
	52.5R	≥27.0		≥5.0	
	62.5	≥28.0	≥62.5	≥5.0	≥8.0
	62.5R	≥32.0		≥5.5	
普通硅酸盐水泥	42.5	≥17.0	≥42.5	≥3.5	≥6.5
	42.5R	≥22.0		≥4.0	
	52.5	≥23.0	≥52.5	≥4.0	≥7.0
	52.5R	≥27.0		≥5.0	
矿渣硅酸盐水泥 火山灰质硅酸盐水泥 粉煤灰硅酸盐水泥 复合硅酸盐水泥	32.5	≥10.0	≥32.5	≥2.5	≥5.5
	32.5R	≥15.0		≥3.5	
	42.5	≥15.0	≥42.5	≥3.5	≥6.5
	42.5R	≥19.0		≥4.0	
	52.5	≥21.0	≥52.5	≥4.0	≥7.0
	52.5R	≥23.0		≥4.5	

3.2.4　硅酸盐水泥的特性与应用

图文
通用水泥特性记忆口诀

(1)凝结硬化快，水化热大。由于硅酸盐水泥中 C_3S、C_3A 的含量高，因此水化放热速率快、放热量大，凝结硬化迅速。这些特性使得硅酸盐水泥特别适用于冬期施工的水泥混凝土工程，但不适于用大体积混凝土工程（如水库大坝、深基础底板等）。

(2)早期强度和长期强度高。硅酸盐水泥因其 C_3S 含量高，强度等级较高，适用于地上、地下和水中重要结构的高强度混凝土和预应力混凝土工程。这种水泥凝结硬化较快，还适用于要求早期强度高和冬期施工的混凝土工程。

(3)抗冻性好，干燥收缩小。硅酸盐水泥的这两项特性均与其硬化后的内部结构致密有关。由于 C_3S 的含量较高，硅酸盐水泥水化生成的 C-S-H 凝胶体较多，因此水泥石中的大多数孔隙都可由该凝胶体填充。另外硅酸盐水泥的保水性也较好，这使得拌合水不易因向浆体外部泌出而形成内外连通的毛细孔道。这两项特性使得硅酸盐水泥适用于寒冷地区和干燥环境中的工程结构。

(4)碱性强，抗碳化能力好。水泥石中的 $Ca(OH)_2$ 与空气中 CO_2 发生碳化作用。碳化使水泥石的碱度(即 pH 值)降低,引起水泥石收缩和钢筋锈蚀。硅酸盐水泥石中含有较多的 $Ca(OH)_2$,碳化时碱度不易降低。用这种水泥制成的混凝土抗碳化性好,适用于空气中 CO_2 浓度较高的环境,如翻砂、铸造车间。

(5)耐热性差。硅酸盐水泥使用期间若遭遇较高温度(超过 250 ℃)作用,则水泥石中的水化产物因脱水分解而变得疏松脆弱。当温度超过 700 ℃,硅酸盐水泥石将完全丧失强度甚至崩落。因此硅酸盐水泥不宜单独用于耐热混凝土工程(如高炉内衬、工业厂房内的高温设施)。

(6)耐腐蚀能力差。外部使用环境中侵蚀性介质的大量存在(如各种酸、碱、盐类);水泥石内部存在易被腐蚀的具有活性的水化产物[主要指 $Ca(OH)_2$ 和水化铝酸钙]、水泥石自身不密实,存在较多的与外界连通的毛细孔道。这三个因素综合作用即导致水泥石被腐蚀,而且其实际腐蚀过程往往表现为多种侵蚀性介质同时作用、相互影响。硅酸盐水泥由于熟料含量高,使得水化产物中 $Ca(OH)_2$ 和水化铝酸钙的含量高,因此易受腐蚀而不宜用于侵蚀性介质多的使用环境中(如海水、盐碱地区的道路)。

3.2.5 水泥石的腐蚀与防止

1. 水泥石的腐蚀

由于本身成分和构造上的原因,在某些腐蚀性介质作用下,水泥石的结构会逐渐遭到破坏,强度逐渐降低以致全部溃裂,这种现象称为水泥石的腐蚀。水泥石的腐蚀作用主要有以下三种类型。

(1)软水腐蚀(溶出性侵蚀)。当水泥石长期与软水(暂时硬度低的水,如工业冷凝水、蒸馏水、天然雨水、天然雪水以及含重碳酸盐少的河水及湖水)接触时,由于水泥石中的氢氧化钙等成分溶解于水中,在静水或无水压的情况下,水泥石中的水被已溶解的氢氧化钙所饱和而使水泥石的溶出逐渐停止,软水的侵蚀作用仅限于表面,影响不大。但是,若水泥石在流动的水中或有压力的水中,溶出的氢氧化钙不断被冲走,侵蚀作用不断深入内部,使水泥石孔隙增大,强度下降,以致全部溃裂。

(2)盐类腐蚀。

①硫酸盐腐蚀。硫酸盐腐蚀实际上是膨胀性化学腐蚀。当水泥石受到侵蚀性介质作用后生成新的化合物,由于新生成物的体积膨胀而使水泥石破坏的现象,称为膨胀性化学腐蚀。

②镁盐腐蚀。在海水及地下水中常含有大量镁盐,主要成分是硫酸镁和氯化镁。它们与水泥石中的氢氧化钙反应,生成的氢氧化镁松软而无胶凝能力,氯化钙易溶解于水,生成的硫酸钙又将产生硫酸盐腐蚀。因此,镁盐腐蚀属于双重腐蚀,腐蚀特别严重。

(3)酸类腐蚀。

①碳酸腐蚀。工业污水、地下水中常溶解有较多的二氧化碳。水中的二氧化碳与水泥石中的氢氧化钙反应生成的碳酸钙如继续与含碳酸的水作用,则变成易溶于水的碳酸氢钙。由于碳酸氢钙的溶失以及水泥石中其他产物的分解,而使水泥石结构破坏。

②一般酸的腐蚀。工业废水、地下水中常含无机酸和有机酸;工业窑炉中烟气常含有二氧化硫,遇水后即生成亚硫酸。各种酸类对水泥石有不同程度的腐蚀作用。它们与水泥石

中氢氧化钙作用后生成的化合物，或者易溶于水，或者体积膨胀而导致水泥石破坏。对水泥石腐蚀作用最快的是无机酸中的盐酸、氢氟酸、硫酸和有机酸中的醋酸、蚁酸、乳酸。

2.腐蚀的防止

水泥石发生腐蚀的基本原因是：水泥石中存在着易受腐蚀的氢氧化钙和水化铝酸钙；水泥石本身不密实而使侵蚀性介质易进入其内部；外界因素的影响，如腐蚀介质的存在，环境温度、湿度、介质浓度的影响等。

根据以上腐蚀原因的分析，可采取下列防止腐蚀的措施。

(1)根据侵蚀环境特点，合理选用水泥品种。例如，选用水化物中氢氧化钙含量少的水泥，可以提高对软水等侵蚀作用的抵抗能力；为了抵抗硫酸盐腐蚀，可使用铝酸三钙含量低于5%的抗硫酸盐水泥等。

(2)提高水泥石的密实度。水泥石越密实，抗渗能力越强，侵蚀介质越难渗入内部，水泥石的抗侵蚀能力也越强。为了提高水泥混凝土的密实度，应该合理设计混凝土的配合比，尽可能采用低水灰比，并且选择最优施工方法。

(3)表面加做保护层。当侵蚀作用比较强烈时，需在水泥制品表面加做保护层。保护层的材料常采用耐酸石料(石英岩、辉绿岩)、耐酸陶瓷、玻璃、塑料、沥青等。

3.3 掺混合材料的硅酸盐水泥

掺混合材料的硅酸盐水泥是由硅酸盐水泥熟料，掺入适量的混合材料及石膏共同磨细制成的水硬性胶凝材料。掺混合材料的硅酸盐水泥可分为普通硅酸盐水泥、矿渣硅酸盐水泥、火山灰质硅酸盐水泥、粉煤灰硅酸盐水泥、复合硅酸盐水泥等。

1.普通硅酸盐水泥

普通硅酸盐水泥中掺入少量混合材料的主要作用是扩大强度等级范围，以利于合理选用。由于混合材料掺量较少，其矿物组成的比例仍在硅酸盐水泥的范围内，因此其性能、应用范围与同强度等级的硅酸盐水泥相近。

与硅酸盐水泥比较，普通硅酸盐水泥早期硬化速度稍慢、强度略低，抗冻性、耐磨性及抗碳化性稍差，耐腐蚀性稍好，水化热略有降低。

2.矿渣水泥、火山灰水泥和粉煤灰水泥

这三种水泥的组成及所用混合材料的活性来源基本相同，所以这三种水泥在性质和应用上有许多相同点，在许多情况下可以替代使用。但由于混合材料的活性来源和物理性质(如致密程度、需水量大小等)存在着某些差别，故这三种水泥又各有其特性。

1)三种水泥的性能与应用的相同点

(1)早期强度低，后期强度增进率大。与硅酸盐水泥及普通水泥比较，其熟料含量较少(即快硬的矿物 C_3S 和 C_3A 较少)，而且二次反应很慢，所以早期强度低。后期，由于二次反应不断进行和水泥熟料的水化产物不断增多，使得水泥强度的增进率加大，后期强度可赶上甚至超过同强度等级的硅酸盐水泥。因此，这三种水泥不宜用于早期强度要求高的混凝土，如现浇混凝土、冬期施工混凝土等。

(2)硬化时对湿热敏感性强，强度发展受温度影响较大。这三种水泥强度的发展受温度的影响较硅酸盐水泥或普通水泥更为敏感。这三种水泥在低温下的水化明显减慢，强度较低。采用高温养护时，加大二次反应的速度，可提高早期强度，且不影响常温下后期强度的发展。硅酸盐水泥或普通水泥采用高温养护也可提高早期强度，但其后期强度较一直在常温下养护的强度低。因此，这三种水泥不宜用于有早期强度要求的现浇混凝土，适用于蒸汽养护的构件。

(3)水化热少。由于熟料含量少，水化时发热量高的 C_3S、C_3A 含量相对减少，因而水化放热量少，适用于大体积混凝土工程。

(4)耐腐蚀性好，具有较强的抗溶出性侵蚀及抗硫酸盐侵蚀的能力。这三种水泥中熟料数量相对较少，水化生成的 $Ca(OH)_2$ 数量也较少，而且还要与活性混合材料进行二次反应，使水泥石中易受腐蚀的 $Ca(OH)_2$ 含量大为降低。同时，由于熟料数量较少，使水泥石中易受硫酸盐腐蚀的水化铝酸三钙含量也相对降低，因而它们的耐腐蚀性较好。但当采用含活性 Al_2O_3 含量较多的混合材料(如烧新土)时，水化生成较多的水化铝酸钙，因而耐硫酸盐腐蚀性较差。因此，这三种水泥适用于受溶出性侵蚀以及硫酸盐、镁盐腐蚀的水工建筑工程、海港工程、地下工程。

(5)抗冻性及耐磨性较差。因为水泥石的密实性不及硅酸盐水泥和普通水泥，所以抗冻性和抗磨性较差，不宜用于严寒地区水位升降范围内的混凝土工程，也不宜用于受高速夹砂水流冲刷或其他具有耐磨要求的混凝土工程。

(6)抗碳化能力较差。由于水泥石中 $Ca(OH)_2$ 含量少，因此抵抗碳化的能力差，表层的碳化作用进行得较快，碳化深度也较大，这对钢筋混凝土极为不利，故不适用于 CO_2 浓度高的环境(如铸造、翻砂车间)中的混凝土工程。

2)矿渣水泥的性能与应用

(1)泌水性和干缩性较大。由于粒化高炉矿渣是玻璃体，对水的吸附能力差(即保水性差)，成型时易泌水而形成毛细通路及粗大的水隙，降低混凝土的密实性及均匀性，同时，增加水分的蒸发，因此其干缩较大，易使混凝土表面产生很多微细裂缝，从而降低混凝土的力学性能和耐久性。矿渣混凝土不宜用于要求抗渗的混凝土工程和受冻融干湿交替作用的混凝土工程。

(2)耐热性好。由于矿渣水泥硬化后 $Ca(OH)_2$ 的含量低，矿渣本身又是耐火掺料，当受高温(不高于 200 ℃)作用时，强度不致显著降低，因此矿渣水泥适用于受热的混凝土工程，若掺入耐火砖粉等材料可制成耐更高温度的混凝土。在这三种水泥中矿渣水泥的活性混合材料的含量最多，耐腐蚀性最好、最稳定。

3)火山灰水泥的性能与应用

(1)抗渗性高。由于水泥中含有大量较细的火山灰，泌水性小，当在潮湿环境下或水中养护时，会生成较多的水化硅酸钙凝胶，使水泥石结构致密，因而具有较高的抗渗性，适用于要求抗渗的水中混凝土工程。

(2)干缩大，易起粉。火山灰水泥在硬化过程中的干缩现象较矿渣水泥更显著。若处在干燥的空气中，水泥石中的水化硅酸钙会逐渐干燥，产生干缩裂缝。在水泥石表面，由于空气中 CO_2 的作用，可使水化硅酸钙分解成 $CaCO_3$ 和 SiO_2 的粉状混合物，使已硬化的水泥石表面产生“起粉”现象。为此，施工时应加强养护，较长时间保持潮湿，以免产生干缩裂缝和起粉。所以,火山灰水泥不宜用于干燥或干湿交替环境下的混凝土工程,以及有耐磨要求的混凝土工程。

4)粉煤灰水泥的性能与应用

(1)早期强度低。由于粉煤灰呈球形颗粒,表面致密,不易水化,因此粉煤灰活性的发挥主要在后期,这种水泥早期强度的增进率比矿渣水泥和火山灰水泥更低,但后期可以赶上。

(2)干缩小,抗裂性高。由于粉煤灰的吸水能力弱,拌和时需水量较小,因而干缩小、抗裂性高。但球形颗粒保水性差、泌水较快,若养护不当易引起混凝土产生失水裂缝。

另外,复合水泥由于掺入了两种以上的混合材料,改善了上述矿渣水泥等三种水泥的性质。其性质接近于普通水泥,并且水化热低,耐腐蚀性、抗渗性及抗冻性较好。

3.4 特性水泥和专用水泥

3.4.1 白色硅酸盐水泥

凡以适当成分的生料烧至部分熔融,所得以 $CaSiO_3$ 为主要成分、Fe_2O_3 含量很少的白色硅酸盐水泥熟料,再加入适量石膏,共同磨细制成的水硬性胶凝材料,称为白色硅酸盐水泥,简称白水泥。

白水泥与硅酸盐水泥的区别在于水泥熟料中 Fe_2O_3 的含量限制在 0.5%以下,其他着色氧化物(MnO、TiO_2 等)含量降至极微。为此,应精选原料,生产应在无着色物污染的条件下进行,严格控制水泥中的含铁量。白水泥比普通的硅酸盐水泥凝固得快。其主要特点是矿渣微粉的用量为 85%~90%,碱性添加物的用量不超过 5%。混制出的白水泥的白度和强度不低于原料白水泥,而且早期强度还有明显的提高。白水泥的白度分为特级、一级、二级和三级,其各等级白度不得低于表 3-4 中规定的数值。

表 3-4 白水泥白度等级

等级	特级	一级	二级	三级
白度/%	86	84	80	75

白水泥多为装饰性用,而且它的制造工艺比普通水泥要好很多,主要用来勾白瓷片的缝隙,但由于其强度不高,故一般不用于墙面。

3.4.2 快硬高强水泥

快硬水泥是初期强度增加速率较快的水硬性胶凝材料,其 C_3S 和 C_3A 的含量高于普通水泥,具有硬化快、初期强度高等特性。快硬水泥初凝不得早于 45 min,终凝不得迟于 10 h,主要用于紧急抢修工程、军事工程、预应力钢筋混凝土构件、配制干硬性混凝土等。高强、早强混凝土在土木工程中的应用日益增加,高早强水泥的品种与产量也随之增多。目前,我国快硬、高强水泥已有很多个品种,是世界上少有的品种齐全的国家之一。

1. 快硬硅酸盐水泥

凡以 $CaSiO_3$ 为主要成分的水泥熟料，加入适量石膏，经磨细制成的具有早期强度增进率较快的水硬性胶凝材料，称为快硬硅酸盐水泥，简称为快硬水泥。

快硬硅酸盐水泥的原料和生产过程与硅酸盐水泥基本相同，只是为了快硬和早强，生产时适当提高了熟料中 C_3S 和 C_3A 的含量，其中 C_3S 的含量达 50%～60%，C_3A 为 8%～14%，两者总量应不少于 60%～65%，同时适当增加石膏的掺量，并提高水泥的粉磨细度（通常比表面积达 450 m^2/kg）。

快硬硅酸盐水泥的早期、后期强度均较高，抗渗性和抗冻性也较好，水化热大，耐腐蚀性差，适用于早强、高强混凝土工程，以及紧急抢修工程和冬期施工等工程。快硬硅酸盐水泥不得用于大体积混凝土工程和与腐蚀介质接触的混凝土工程。由于快硬硅酸盐水泥易吸收空气中的水蒸气，因此存放时应特别注意防潮，且存放期一般不得超过一个月。

2. 快硬硫铝酸盐水泥

以适当成分的生料，烧成以无水硫铝酸钙[$3(CaO \cdot Al_2O_3) \cdot CaSO_4$]和 β 型 C_2S 为主要矿物成分的熟料，加入适量石膏磨细制成的水硬性胶凝材料，称为快硬硫铝酸盐水泥。

快硬硫铝酸盐水泥按 3 d 的强度划分为 425、525、625、725 四个标号。这是一种早期强度很高的水泥，其 12 h 强度即可达 3 d 强度的 60%～70%。

快硬硫铝酸盐水泥具有快凝、早强、不收缩的特点，可用于配制早强、抗渗和抗硫酸盐侵蚀的混凝土，适用于负温施工（冬期施工），浆锚、喷锚支护，抢修、堵漏，水泥制品及一般建筑工程。但使用时需注意以下问题。

(1)硫铝酸盐系列水泥不能与其他品种水泥混合使用。

(2)硫铝酸盐系列水泥泌水性大，黏聚性差，应避免用水量大。

(3)硫铝酸盐水泥的水化产物钙矾石在 150 ℃以上时会脱水，强度会大幅度下降，故其耐热性较差，一般应在常温下使用。

(4)硫铝酸盐水泥制品的碱度较低，对钢筋的保护作用较弱，混凝土保护层薄时则钢筋锈蚀加重，因此在潮湿环境中使用时，必须采取相应措施。

由于这种水泥的碱度较低，因此用于玻璃纤维增强水泥制品可防止玻璃纤维腐蚀。

3.4.3　膨胀水泥

一般硅酸盐类水泥在空气中硬化时，通常都表现为收缩，常导致混凝土内部产生微裂缝，降低了混凝土的耐久性。在浇筑构件的节点、堵塞孔洞、修补缝隙时，由于水泥石存在干缩，也不能达到预期的效果。膨胀水泥在硬化过程中能产生一定体积的膨胀，因此采用膨胀水泥配制混凝土，能克服或改善一般水泥的上述缺点，解决由于收缩带来的不利后果。

膨胀水泥按膨胀值的不同，分为膨胀水泥和自应力水泥。膨胀水泥的线膨胀系数一般在 1%以下，相当或稍大于一般水泥的收缩率，可以补偿收缩，所以又称为补偿收缩水泥或无收缩水泥。自应力水泥的线膨胀系数一般为 1%～3%，膨胀值较大，在限制的条件（如配有钢筋）下，使混凝土受到压应力，这种压应力能避免混凝土内部产生微裂缝，还能抵消一部分因外界因素（如水泥混凝土管道中输送的压力水或压力气体）所产生的拉应力，从而有效地改善混凝土抗拉强度低的缺陷。

1.膨胀水泥的分类

膨胀水泥按其强度组分的类型可分为如下几种。

(1)硅酸盐膨胀水泥。硅酸盐膨胀水泥是以硅酸盐水泥为主要组分，外加高铝水泥和石膏配制而成的。其膨胀作用是由于高铝水泥中的铝酸盐矿物和石膏遇水后生成具有膨胀性的钙矾石晶体，膨胀值的大小可通过改变高铝水泥和石膏的含量来调节。

(2)铝酸盐膨胀水泥。由高铝水泥和二水石膏混合后磨细或分别磨细后混合而成。

(3)硫铝酸盐膨胀水泥。以含有适量无水硫铝酸钙的熟料，加入较多石膏磨细而成。

2.在工程中的应用

膨胀水泥适用于补偿混凝土收缩的结构工程，作防渗层或防渗混凝土，填灌构件的接缝及管道接头，加固与修补结构，固结机器底座及地脚螺栓等。自应力水泥适用于制作自应力钢筋混凝土压力管及其配件。

3.4.4 低热硅酸盐水泥

低热硅酸盐水泥是以适当成分的硅酸盐水泥熟料加入适量石膏，经磨细制成的具有低水化热的水硬性胶凝材料，简称低热水泥，又称高贝利特水泥，代号为 P·LH。

低热硅酸盐水泥是一种以 C_2S 为主导矿物，C_3A 含量较低的水泥。其 C_2S 的含量应不小于 40%，C_3A 的含量应不超过 6%，游离氧化钙的含量应不超过 1.0%。生产该品种水泥具有耗能低、有害气体排放少、生产成本低的特点。经大量研究和实验证实，该品种水泥具有良好的工作性、水化热低、后期强度高、耐久性强、耐侵蚀性强等通用硅酸盐水泥无可比拟的优点。

低热硅酸盐水泥 3 d、7 d 水化热比中热水泥低 15%～20%，而且水化放热平缓，峰值温度低。其早期强度较低，但后期强度增进率大，28 d 强度与硅酸盐水泥相当，3～6 个月龄期强度高于硅酸盐水泥 10～20 MPa，特别适用于水工大体积混凝土、高强高性能混凝土工程。

3.4.5 低碱水泥

低碱水泥是指碱金属氧化物(K_2O 和 Na_2O)含量低的水泥。总碱含量以当量氧化钠($Na_2O+0.658K_2O$)计算，低碱水泥要求总碱含量(当量氧化钠)低于 0.6%。

低碱水泥可以是硅酸盐系列水泥的任何品种。只要含碱量低于 0.6%就是低碱水泥。生产低碱水泥，需要使用低碱熟料、低碱石膏和低碱矿物掺合料。低碱熟料又必须是用低碱石灰石和其他低碱原材料生产。

低碱水泥主要用来防止混凝土发生碱集料反应，以影响混凝土的耐久性。由于碱集料反应一般是在混凝土成型若干年后逐渐发生的，其结果造成混凝土的耐久性下降，严重时还会使混凝土丧失使用价值，且由于反应是发生在整个混凝土中的，因此，这种反应造成的破坏既难以预防又难以阻止，更不易修补和挽救，故被称为混凝土的“癌症”。目前，许多工程为了保证混凝土的质量及耐久性，都要求采用低碱水泥。

3.4.6 道路水泥

道路硅酸盐水泥简称道路水泥，是由道路硅酸盐水泥熟料、0～10%活性混合材料和适量石膏，经磨细制成的水硬性胶凝材料。

道路硅酸盐水泥熟料含有较多的铁铝酸钙。该熟料中铝酸三钙的含量不得大于5.0%，铁铝酸四钙的含量不得小于16.0%。水泥中氧化镁含量不得超过5.0%，三氧化硫含量不得超过3.5%。水泥的初凝不得早于1 h，终凝不得迟于10 h。在80 μm方孔筛上的筛余不得超过10%，安定性用沸煮法检验必须合格。28 d的干缩率不得大于0.1%。耐磨性以磨损量表示，不得大于3.60 kg/m²。道路水泥分为42.5、52.5和62.5三个强度等级。各龄期的强度值见表3-5。

道路水泥早期强度较高，干缩值小，耐磨性好。其适用于修筑道路路面和飞机场地面，也可用于一般土建工程。

表3-5　道路水泥各龄期强度值

强度等级	抗压强度/MPa		抗折强度/MPa	
	3 d	28 d	3 d	28 d
42.5	22.0	42.5	4.0	7.0
52.5	27.0	52.5	5.0	7.5
62.5	32.0	62.5	5.5	8.5

3.4.7 油井水泥

油井水泥又称堵塞水泥或固井水泥，是专用于油井、气井的固井工程的水泥。油井水泥具有合适的密度和凝结时间、较低的稠度，用其配制的预拌油井混凝土具有良好的抗沉降性和可泵性。将其注入预定(温度、压力)的井段，能迅速凝结硬化并产生一定的机械度。混凝土固化后具有良好的抗渗性、稳定性和耐腐蚀性。油井水泥属特种水泥，是由以水硬性硅酸钙为主要成分的硅酸盐水泥熟料，加入适量石膏和助磨剂磨细制成的。油井水泥有普通型、中抗硫酸盐型和高抗硫酸盐型三大类，分为A～H八个等级，分别用做常温、常压、中温、中压、高温、高压、超高温、超高压等不同条件和不同井深的油井水泥。因注入油井的条件不同，油井水泥还有与促凝剂或缓凝剂一起使用的。

3.5 铝酸盐水泥

铝酸盐水泥是以铝矾土和石灰石为原料，经煅烧制得的以铝酸钙为主要成分、氧化铝含量约50%的熟料，再磨制成的水硬性胶凝材料。铝酸盐水泥常为黄或褐色，也有呈灰色的，是一种快硬、早强、耐腐蚀、耐热的水泥。铝酸盐水泥按照生产用原料、水泥的纯度分为高铝水泥和纯铝酸钙水泥。纯铝酸钙水泥和高铝水泥由于原料的不同导致了杂质含量的差异，这也是纯铝酸钙水泥耐高温性能和抗腐蚀性能更好的原因。按照生产工艺来区分，则可以分为烧结法和熔融法。我国的铝酸盐水泥产品以烧结法为主。

3.5.1 铝酸盐水泥的矿物组成

铝酸盐水泥的主要矿物组成是铝酸一钙（$CaO \cdot Al_2O_3$，简写为 CA）和其他铝酸盐矿物以及少量的硅酸二钙（$2CaO \cdot SiO_2$）。CA 具有很高的水化活性，其凝结正常，但硬化迅速，是铝酸盐水泥的强度来源。

CA 的水化反应因温度不同而异，温度低于 20 ℃时，水化产物为水化铝酸一钙（$CaO \cdot Al_2O_3 \cdot 10H_2O$）；温度在 20 ℃～30 ℃时，水化产物为水化铝酸二钙（$2CaO \cdot Al_2O_3 \cdot 8H_2O$）；温度高于 30 ℃时，水化产物为水化铝酸三钙（$3CaO \cdot Al_2O_3 \cdot 6H_2O$）。在上述后两种水化物生成的同时有氢氧化铝凝胶（$Al_2O_3 \cdot 3H_2O$）生成。

水化铝酸一钙和水化铝酸二钙为强度高的片状或针状的结晶连生体，而氢氧化铝凝胶填充于结晶连生体骨架中，形成致密的结构。经 3～5 d 后水化产物的数量就很少增加，强度趋于稳定。

水化铝酸一钙和水化铝酸二钙属亚稳定的晶体，随时间的推移将逐渐转化为稳定的铝酸三钙，其转化过程随温度增高而加剧。晶型转化的结果是使水泥石的孔隙率增大，耐腐蚀性变差，强度大为降低。一般浇筑 5 年以上的铝酸盐水泥混凝土，其强度仅为早期的 1/2，甚至更低。因此，在配制混凝土时，必须充分考虑这一因素。

3.5.2 铝酸盐水泥的技术要求

根据《铝酸盐水泥》(GB 201—2015)的规定，铝酸盐水泥按 Al_2O_3 的含量百分数分为 4 类：CA-50（$50\% \leqslant Al_2O_3 < 60\%$）、CA-60（$60\% \leqslant Al_2O_3 < 68\%$）、CA-70（$68\% \leqslant Al_2O_3 < 77\%$）、CA-80（$Al_2O_3 \geqslant 77\%$）。其细度要求为比表面积不小于 300 m^2/kg 或 0.045 mm，孔筛筛余不大于 20%，水泥胶砂强度和凝结时间见表 3-6 和表 3-7。

表 3-6　铝酸盐水泥胶砂强度

水泥类型	抗压强度/MPa				抗折强度/MPa			
	6 h	1 d	2 d	28 d	6 h	1 d	2 d	28 d
CA-50	20①	40	50	—	3.0①	5.5	6.5	—
CA-60	—	20	45	85	—	2.5	5.0	10.0
CA-70	—	30	40	—	—	5.0	6.0	—
CA-80	—	25	30	—	—	4.0	5.0	—

注：①当用户需要时，生产厂应提供结果。

表 3-7　铝酸盐水泥凝结时间

水泥类型	初凝时间不得早于/min	终凝时间不得迟于/h
CA-50、CA-70、CA-80	30	6
CA-60	60	18

3.5.3　铝酸盐水泥的性质及应用

铝酸盐水泥与硅酸盐水泥比较有如下特点。

(1)早期强度增长快,属快硬型水泥。铝酸盐水泥适用于紧急抢修工程和早期强度要求高的特殊工程,但必须考虑其后期强度的降低。使用铝酸盐水泥应严格控制其养护温度,一般不得超过 25 ℃,宜为 15 ℃左右。

(2)水化热大。水化热放热量大而且集中,因此不宜用于大体积混凝土工程。

(3)抗硫酸盐腐蚀性强。由于水化时不生成 $Ca(OH)_2$,且水泥石结构致密,因此具有较好的抗硫酸盐及镁盐腐蚀的作用。铝酸盐水泥对碱的腐蚀无抵抗能力。

(4)耐热性高。铝酸盐水泥在高温下仍能保持较高的强度,甚至在高达 1 300 ℃时尚有 50%的强度,因此可作为耐热混凝土的胶黏材料。铝酸盐水泥在使用时应避免与硅酸盐类水泥混杂使用,以免降低强度和缩短凝结时间。

3.6　水泥的验收与保管

水泥出厂时,其各项技术指标及包装质量符合要求时方可出厂。检验报告内容应包括出厂检验项目、细度、混合材料品种和掺加量、石膏和助磨剂的品种及掺加量、属旋窑或立窑生产及合同约定的其他技术要求。当用户需要时,生产者应在水泥发出之日起 7 天寄发除 28 d 强度外的各项检验结果,32 天内补报 28 d 强度的检验结果。

1. 包装

水泥可以散装或袋装,袋装水泥每袋净含量为 50 kg,且应不少于标志质量的 99%;随机抽取 20 袋总质量(含包装袋)应不少于 1 000 kg。其他包装形式由供需双方协商确定,但有关袋装质量要求,应符合上述规定。水泥包装袋应符合《水泥包装袋》(GB 9774—2010)的规定。

2. 标志

水泥包装袋上应清楚标明:执行标准,水泥品种、代号、强度等级,生产者名称,生产许可证标志(QS)及编号,出厂编号,包装日期,净含量,如图 3-5 所示。包装袋两侧应根据水泥的品种采用不同的颜色印刷水泥名称和强度等级,硅酸盐水泥和普通硅酸盐水泥采用红色,矿渣硅酸盐水泥采用绿色,火山灰质

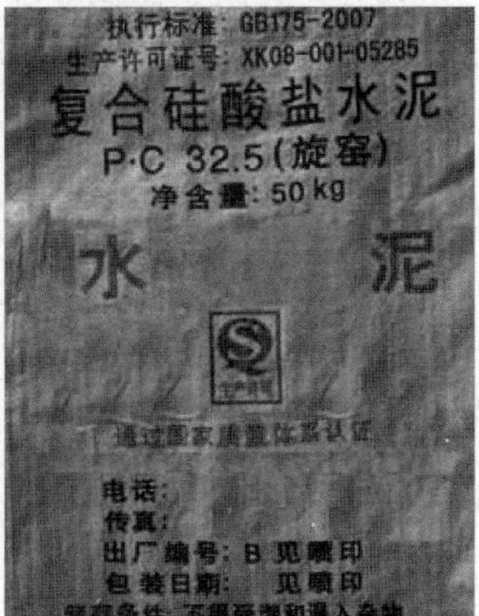

图 3-5　袋装水泥包装标志

硅酸盐水泥、粉煤灰硅酸盐水泥和复合硅酸盐水泥采用黑色或蓝色。

3.运输与储存

水泥在运输和储存时不得受潮和混入杂物，不同品种和强度等级的水泥在储运中应避免混杂。散装水泥应分库存放。袋装水泥堆放时应考虑防水防潮，堆置高度一般不超过10袋，使用时应考虑先存先用的原则。存放期一般不应超过3个月，超过6个月的水泥必须经过试验才能使用。一般存放3个月以上的水泥，其强度降低10%～20%，存放6个月降低15%～30%，存放1年后降低25%～40%。

思考与练习

1.什么是水泥？水泥有哪六大通用品种？

2.硅酸盐水泥熟料是由哪几种矿物组成的？它们的水化各有什么特点？

3.简述硅酸盐水泥的凝结硬化过程。

4.什么是水泥的体积安定性？硅酸盐水泥产生体积安定性不良的原因是什么？

5.简述白水泥、快硬高强水泥、膨胀水泥、道路水泥和油井水泥的特性及用途。

6.如何进行水泥的验收与保管？

模块4 混 凝 土

学习目标

◉ 了解普通混凝土组成材料的品种、技术要求及选用。

◉ 掌握混凝土的主要技术性能和影响性能的因素。

◉ 掌握混凝土配合比设计的方法和步骤。

◉ 了解其他品种混凝土的特点和应用。

4.1 混凝土的概述

混凝土是世界上用量最大的建筑材料，广泛地应用于工业与民用建筑、道桥隧道、港口码头、市政设施、军事国防等工程。

混凝土是由胶凝材料、粗骨料、细骨料和水（或不加水）按适当的比例配合，拌制成拌合物，经一定时间后硬化而成的人造石材。目前，混凝土技术正朝着超高强、轻质、高耐久性、多功能和智能化方向发展。

图文
混凝土的发展历史

4.1.1 混凝土的分类

混凝土可根据其组成、特性与功能等从不同的角度进行分类。

1. 按表观密度分类

(1)重混凝土。表观密度大于 2 600 kg/m^3 的混凝土，常由重晶石和铁矿石配制而成。

(2)普通混凝土。表观密度为 1 950～2 600 kg/m^3 的水泥混凝土，主要由砂、石子和水泥配制而成，是土木工程中最常用的混凝土品种。

(3)轻混凝土。表观密度小于 1 950 kg/m^3，采用陶粒等轻质多孔的集料或者不采用集料而掺入加气剂或泡沫剂，形成多孔结构的混凝土，包括轻骨料混凝土、多孔混凝土和大孔混凝土等。轻混凝土主要用于建筑工程的保温或轻质结构材料。

2. 按胶凝材料的品种分类

通常根据主要胶凝材料的品种，并以其名称命名，如水泥混凝土、石膏混凝土、水玻璃混凝土、硅酸盐混凝土、沥青混凝土、聚合物混凝土等。有时也以加入的特种改性材料命名。

例如,水泥混凝土中掺入钢纤维时,称为钢纤维混凝土;水泥混凝土中掺大量粉煤灰时,则称为粉煤灰混凝土等。

3.按使用功能和特性分类

按使用部位、功能和特性通常可分为结构混凝土、道路混凝土、水工混凝土、耐热混凝土、耐酸混凝土、防辐射混凝土、补偿收缩混凝土、防水混凝土、泵送混凝土、自密实混凝土、纤维混凝土、聚合物混凝土、高强混凝土、高性能混凝土等。

4.按抗压强度分类

混凝土按抗压强度可分为低强混凝土(抗压强度小于 30 MPa)、中强混凝土(抗压强度为 30～60 MPa)、高强混凝土(抗压强度大于 60 MPa)。

4.1.2 普通混凝土的特点

普通混凝土是指以水泥为胶凝材料,砂子和石子为骨料,经加水搅拌、浇筑成型、凝结固化成具有一定强度的"人工石材",即水泥混凝土,是目前工程上最大量使用的混凝土品种。

1.普通混凝土的主要优点

(1)原材料来源丰富。混凝土中约 70%以上的材料是砂石料,属地方性材料,可就地取材,避免远距离运输,因而价格低廉。

(2)施工方便。混凝土拌合物具有良好的流动性和可塑性,可根据工程需要浇筑成各种形状尺寸的构件及构筑物,既可现场浇筑成型,也可预制。

(3)性能可根据需要设计调整。通过调整各组成材料的品种和数量,特别是掺入不同的外加剂和掺合料,可获得不同施工和易性、强度、耐久性或具有特殊性能的混凝土,满足工程上的不同要求。

(4)抗压强度高。混凝土的抗压强度一般在 7.5～60 MPa 之间。当掺入高效减水剂和掺合料时,强度可达 100 MPa 以上。而且,混凝土与钢筋具有良好的匹配性,浇筑成钢筋混凝土后,可以有效地改善抗拉强度低的缺陷,使混凝土能够应用于各种结构部位。

(5)耐久性好。原材料选择正确、配比合理、施工养护良好的混凝土具有优异的抗渗性、抗冻性和耐腐蚀性能,且对钢筋有保护作用,可保持混凝土结构长期使用性能的稳定。

2.普通混凝土的主要缺点

(1)自重大。1 m^3 混凝土重约 2 400 kg,故构筑物自重较大,导致地基处理费用增加。

(2)抗拉强度低,抗裂性差。混凝土的抗拉强度一般只有抗压强度的 1/20～1/10,易开裂。

(3)收缩变形大。水泥的水化凝结硬化引起自身收缩和干燥收缩,易产生混凝土收缩裂缝。

4.1.3 工程中对混凝土的基本要求

工程中对混凝土的基本要求有以下几点。

(1)混凝土拌合物应具有与施工条件相适应的施工和易性。

(2)混凝土养护到规定龄期应具有与设计要求相符合的强度。

(3)硬化后的混凝土应具有与工程环境相适应的耐久性。

(4)在满足以上三个要求的前提下,使各组成材料经济合理。

4.1.4 混凝土的发展方向

(1)高性能化。混凝土的高性能主要体现在工作性好、高强度和耐久性强。

(2)智能化。所谓智能化,就是在混凝土原有组分的基础上复合智能型组分,使混凝土材料成为具有自感知和记忆、自调节、自修复特性的多功能材料。自感知混凝土就是在混凝土基材中加入导电相以使混凝土具备本征自感应功能。例如,在混凝土中加入具有温敏性的碳纤维,使得混凝土具有热电效应和电热效应。

(3)混凝土虽然拥有众多优势,但其对环境的影响却不能忽视。绿色环保技术的发展引导混凝土向节能减排、循环使用的方向发展。

(4)以工业废料代替水泥以实现节能减排。许多工业废料,如煤热电厂排放的粉煤灰、炼钢厂排放的粒化高炉矿渣(磨细)、工业燃煤后留下的未能充分燃烧的煤矸石(磨细)、生产硅金属排放的硅灰等都可以用来部分代替水泥,而不降低混凝土的性能。事实上,这些工业废料等量代替水泥后,如果配料得当,往往能够提高甚至大幅度提高混凝土的各种性能,如强度和耐久性能。

(5)循环利用工业和建筑垃圾来提高混凝土的绿色度。将工业废料(如高炉矿渣和煤矸石)和建筑垃圾(如拆迁的废砖和废旧混凝土)破碎后,经过分级、清洗和配比都可以制成再生骨料(即再生砂石),再用其部分或全部代替天然骨料制成混凝土(即再生混凝土),这种再生骨料的替代率越高,混凝土的绿色度自然就越高。

4.2 普通混凝土的组成材料

普通混凝土是由水泥、水、砂、石子四种基本材料所组成的,为节约水泥或改善混凝土的某些性能,常掺入适量的外加剂和掺合料。在混凝土中,砂子和石子起骨架作用,故称为骨料(又叫集料),其中砂子称为细骨料,石子称为粗骨料。水泥和水形成水泥浆包裹在骨料的表面并填充骨料之间的空隙,在混凝土硬化之前起润滑作用,赋予混凝土拌合物流动性,便于浇筑施工;硬化之后起胶黏作用,将砂石骨料胶黏成一个整体,使混凝土产生强度,成为坚硬的人造石材。混凝土的结构如图 4-1 所示。

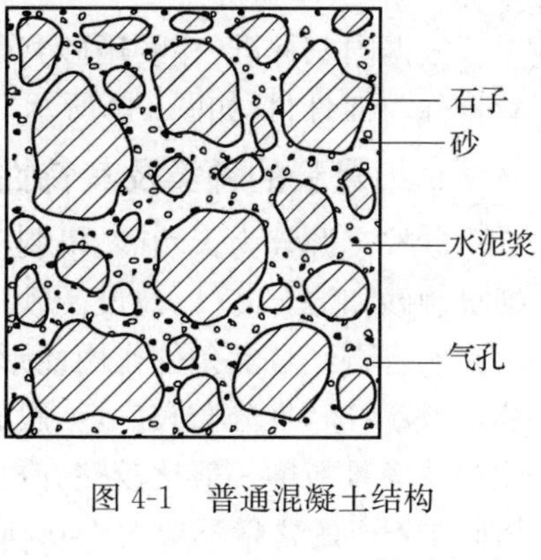

图 4-1 普通混凝土结构

混凝土的技术性质在很大程度上是由原材料的性质及其相对含量决定的,为了使配置的混凝土各项技术性质都满足要求,必须了解其原材料的性质、作用及质量要求,合理选择材料,以保证混凝土的质量。

4.2.1 水泥

水泥是混凝土中最重要的组成材料，且价格相对较高。配置混凝土时，如何正确选择水泥直接关系到混凝土的耐久性和经济性。水泥的选用主要从水泥品种和强度等级两个方面考虑。

1. 水泥品种的选择

配制混凝土一般采用硅酸盐水泥、普通水泥、矿渣水泥、火山灰水泥、粉煤灰水泥和复合水泥等六大品种，在特殊情况下也可采用快硬水泥或其他水泥。

水泥的品种应根据混凝土的工程特点、所处环境条件及施工要求，并参照有关规范进行选择。

2. 水泥的强度等级

水泥的强度等级应与混凝土的设计强度等级相适应。一般以水泥强度等级为混凝土强度等级的1.5～2.0倍为宜，对于高强度的混凝土可取1倍左右，原则上是高强度等级的水泥配制高强度等级的混凝土。

若用低强度等级的水泥配制高强度等级的混凝土，会因水泥用量过多而影响其性质，而且也不经济；若用高强度等级的水泥配制低强度等级的混凝土，会因水泥用量过少而影响混凝土拌合物的和易性及混凝土的密实性，使混凝土的强度及耐久性降低。

4.2.2 拌和用水

根据《混凝土用水标准》(JGJ 63—2006)的规定，凡符合国家标准的生活饮用水，均可拌制各种混凝土。海水可拌制素混凝土，但不宜拌制有饰面要求的素混凝土，更不得拌制钢筋混凝土和预应力混凝土。值得注意的是，在野外或山区施工采用天然水拌制混凝土时，均应对水的有机质、Cl^-和SO_2^{4-} 含量等进行检测，检测合格后方能使用。特别是某些污染严重的河道或池塘水，一般不得用于拌制混凝土。

4.2.3 细骨料(砂)

根据国家标准《建设用砂》(GB/T 14684—2011)的规定，粒径为150 μm～4.75 mm的骨料称为细骨料，如图4-2所示。

1. 细骨料的种类及其特性

砂按产源分为天然砂、机制砂两类。天然砂包括河砂、湖砂、淡化海砂和山砂；人工砂包括机制砂和混合砂。《建设用砂》根据砂的技术要求，将砂分为Ⅰ类、Ⅱ类和Ⅲ类。天然砂是由天然岩石经自然条件作用而形成的。河砂和湖砂因长期经受流水和波浪的冲洗，颗粒较圆，比较洁净，且分布较广，一般工程都采用这种砂。海砂因长期受到海流冲刷，颗粒圆滑，比较洁净且粒度一般比较整齐，但常混合有贝壳及盐类等有害杂质，在配制钢筋混凝土时，海砂中Cl^-的含量不应大于0.06%。山砂是从山谷或旧河床中采运而得到的，其颗粒多带棱角，表面粗糙，但含泥量和有机物杂质较多，使用时应加以限制。机制砂是由天然岩石轧碎而成，其颗粒富有棱角，比较洁净，但砂中片状颗粒及细粉含量较大，且成本较高，只有在缺乏天然砂时才采用。混合砂是由机制砂和天然砂混合而成的砂，其性能取决于原料砂的质量及其配制情况。

图 4-2 各种混凝土用细骨料

Ⅰ类砂宜用于配制强度等级大于 C60 的混凝土，Ⅱ类砂宜用于配制强度等级为 C30～C60 及有抗冻、抗渗或其他要求的混凝土，Ⅲ类砂宜用于配制强度等级小于 C30 的混凝土和建筑砂浆。

2. 细骨料的技术要求

细骨料质量的优劣，直接影响到混凝土质量的好坏。有关砂的标准，《建设用砂》(GB/T 14684—2011)提出了下列要求。

1)有害杂质含量

为了保证混凝土的质量，要求配制混凝土的砂清洁不含杂质。但实际上砂中常含有黏土、淤泥、云母、硫化物、硫酸盐、氯盐、轻物质和有机物等有害杂质。这些杂质黏附在砂的表面，妨碍水泥与砂的黏结，降低混凝土的强度，同时还增加了混凝土的用水量，加大了混凝土的收缩，降低了混凝土的耐久性。

砂中含有的硫化物、硫酸盐和有机物对水泥石有侵蚀作用；氯盐对钢筋混凝土中的钢筋有锈蚀作用；砂中相对密度小于 2 000 kg/m^3 的物质，定义为轻物质，也是降低混凝土性能的有害物质。砂中有害杂质含量应符合表 4-1 的规定。

表 4-1 砂中有害杂质含量

项 目		Ⅰ类	Ⅱ类	Ⅲ类
云母(按质量计)/%	≤	1.0	2.0	2.0
硫化物与硫酸盐含量(按 SO_3 质量计)/%	≤	0.5	0.5	0.5
有机物(用比色法试验)		合格	合格	合格
轻物质(按质量计)/%	≤	1.0	1.0	1.0
氯化物(以氯离子质量计)/%	≤	0.01	0.02	0.06
贝壳(按质量计)/%	≤	3.0	5.0	8.0

《普通混凝土用砂、石质量及检验方法标准》(JGJ 52—2006)中对有害杂质含量也作了相应规定。其中云母含量不得大于 2%，轻物质含量和硫化物及硫酸盐含量都不得大于1%，含泥量及泥块含量的限值为：当小于等于 C25 时分别不大于 5%和 2%，当大于等于C30 时，分别不大于 3%和 1%。

此外，由于 Cl^- 对钢筋有严重的腐蚀作用，当采用海砂配制钢筋混凝土时，海砂中 Cl^- 的含量要求小于 0.06%(以干砂的质量百分率计)；对预应力混凝土不宜采用海砂，若必须使用海砂时，需经淡水冲洗至 Cl^- 含量小于 0.02%。用海砂配制素混凝土，对 Cl^- 含量不予限制。

2)粗细程度与颗粒级配

(1)砂的粗细程度是指不同粒径的砂粒混合体平均粒径的大小。通常用细度模数(M_x)表示，其值并不等于平均粒径，但能较准确地反映砂的粗细程度。细度模数 M_x 越大，表示砂越粗，单位质量的总表面积(或比表面积)越小；M_x 越小，则表示砂比表面积越大。

砂的颗粒级配是指不同粒径的砂粒搭配比例。良好的级配是指粗颗粒的空隙恰好由中颗粒填充，中颗粒的空隙恰好由细颗粒填充，如此逐级填充(如图 4-3 所示)使砂形成最密致的堆积状态，空隙率达到最小值，堆积密度达到最大值。这样可达到节约水泥，提高混凝土综合性能的目标。因此，砂的颗粒级配反映了空隙率的大小。

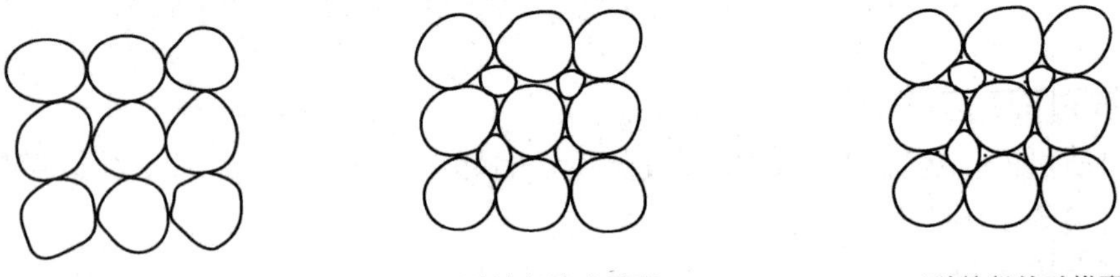

(a)一种粒径的砂搭配　(b)两种粒径的砂搭配　(c)三种粒径的砂搭配

图 4-3　砂颗粒级配示意图

(2)细度模数和颗粒级配的测定。砂的粗细程度和颗粒级配用筛分析方法测定，用细度模数表示粗细，用级配区表示砂的级配。根据《建设用砂》(GB/T 14684—2011)，筛分析是用一套孔径为 4.75 mm、2.36 mm、1.18 mm、0.600 mm、0.300 mm、0.150 mm 的标准筛，将500 g 干砂由粗到细依次过筛，称量各筛上的筛余量 m_i(g)，计算各筛上的分计筛余率 a_i(%)，再计算累计筛余率 A_i(%)。a_i 和 A_i 的计算关系见表 4-2。(JGJ 52—2006 采用的筛孔尺寸为 5.00 mm、2.50 mm、1.25 mm、0.630 mm、0.315 mm 及 0.160 mm。其测试和计算方法均相同，目前混凝土行业普遍采用该标准。)

表 4-2　累计筛余与分计筛余计算关系

筛孔尺寸/mm	筛余量/g	分计筛余/%	累计筛余/%
4.75	m_1	$a_1=m_1/m$	$A_1=a_1$
2.36	m_2	$a_2=m_2/m$	$A_2=a_1+a_2$
1.18	m_3	$a_3=m_3/m$	$A_3=a_1+a_2+a_3$
0.600	m_4	$a_4=m_4/m$	$A_4=a_1+a_2+a_3+a_4$

续表

筛孔尺寸/mm	筛余量/g	分计筛余/%	累计筛余/%
0.300	m_5	$a_5=m_5/m$	$A_5=a_1+a_2+a_3+a_4+a_5$
0.150	m_6	$a_6=m_6/m$	$A_6=a_1+a_2+a_3+a_4+a_5+a_6$
底盘	$m_{底}$	$m'=m_1+m_2+m_3+m_4+m_5+m_6+m_{底}$	

细度模数根据下式计算(精确至 0.01)：

$$M_x=\frac{(A_2+A_3+A_4+A_5+A_6)-5A_1}{100-A_1} \tag{4-1}$$

根据细度模数 M_x 大小将砂按下列分类：$M_x>3.7$ 时为特粗砂；$M_x=3.1\sim3.7$ 时为粗砂；$M_x=3.0\sim2.3$ 时为中砂；$M_x=2.2\sim1.6$ 时为细砂；$M_{fx}=1.5\sim0.7$ 时为特细砂。$m'/m<1\%$。

(3)砂的颗粒级配根据各筛的累计筛余百分率，评定砂级配。以累计筛余百分率为纵坐标，筛孔尺寸为横坐标，根据表 4-3 的级区可绘制Ⅰ、Ⅱ、Ⅲ级配区的筛分曲线，如图 4-4 所示。在筛分曲线上可以直观地分析砂的颗粒级配优劣。

表 4-3　砂的颗粒级配区范围

筛孔尺寸/mm	累计筛余/%		
	Ⅰ区	Ⅱ区	Ⅲ区
9.50	0	0	0
4.75	10～0	10～0	10～0
2.36	35～5	25～0	15～0
1.18	65～35	50～10	25～0
0.600	85～71	70～41	40～16
0.300	95～80	92～70	85～55
0.150	100～90	100～90	100～90

配制混凝土时，应优先选用Ⅱ区砂(中砂)；采用Ⅰ区砂(粗砂)时，应提高砂率并保持足够的水泥用量，以满足和易性要求；若采用Ⅲ区砂(细砂)，应适当降低砂率，以保证混凝土的强度。

【例 4-1】　某干砂 500 g 的筛分结果见表 4-4，试评定该砂的粗细程度(M_x)和级配情况。

表 4-4　筛分析试验结果

筛孔尺寸/mm	4.75	2.36	1.18	0.600	0.300	0.150	底盘	合计
筛余量/g	28	55	77	148	120	58	14	500

【解】　①分计筛余率和累计筛余率计算结果列于表 4-5。

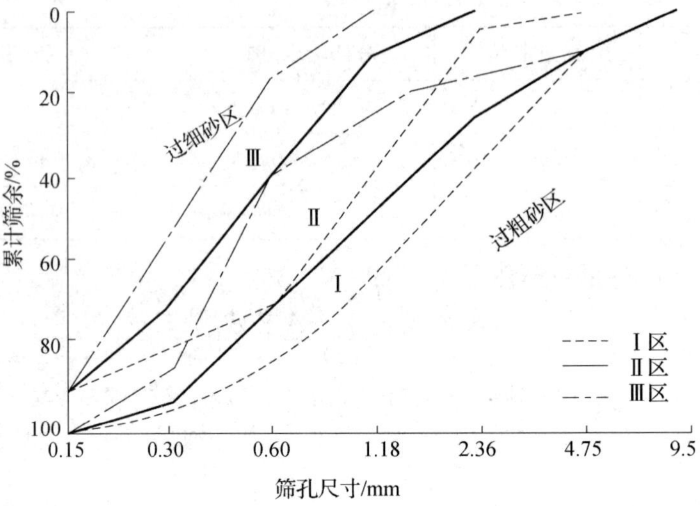

图 4-4　砂的级配曲线

表 4-5　分计筛余和累计筛余计算结果

分计筛余率/%	a_1	a_2	a_3	a_4	a_5	a_6
	5.6	11	15.4	29.6	24	11.6
累计筛余率/%	A_1	A_2	A_3	A_4	A_5	A_6
	6	17	32	62	86	98

②计算细度模数。

$$M_x=\frac{(A_2+A_3+A_4+A_5+A_6)-5A_1}{100-A_1}=\frac{(17+32+62+86+98)-5\times6}{100-6}=2.8$$

③确定级配区，该砂样在 0.600 mm 筛上的累计筛余率 $A_4=62\%$ 落在Ⅱ级配区，其他各筛上的累计筛余率也均落在Ⅱ级配区规定的范围内，因此可以判定该砂为Ⅱ级配区砂。

④结果评定。该砂的细度模数 $M_x=2.8$，属中砂；Ⅱ级配区砂，级配良好，可用于配制混凝土。

3)砂的含水状态

砂的含水状态有如下 4 种，如图 4-5 所示。

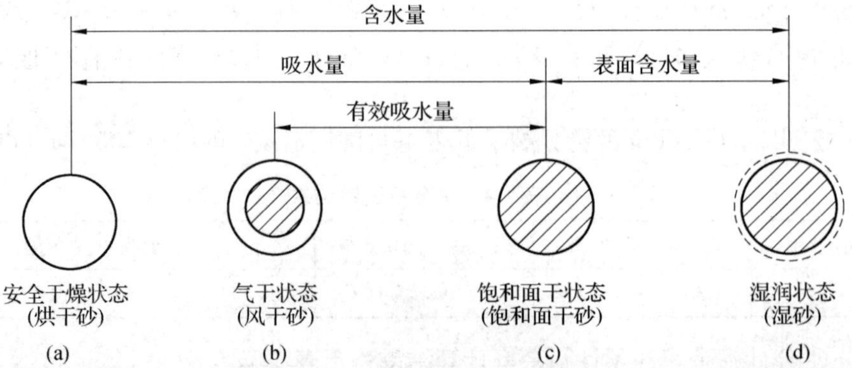

图 4-5　骨料含水状态示意图

(1)绝干状态。砂粒内外不含任何水,通常在(105±5) ℃条件下烘干而得。

(2)气干状态。砂粒表面干燥,内部孔隙中部分含水。气干状态是指室内或室外(天晴)空气平衡的含水状态,其含水量的大小与空气相对湿度和温度密切相关。

(3)饱和面干状态。砂粒表面干燥,内部孔隙全部吸水饱和。水利工程上通常采用饱和面干状态计量砂用量。

(4)湿润状态。砂粒内部吸水饱和,表面还含有部分表面水。施工现场,特别是雨后常出现此种状况,搅拌混凝土中计量砂用量时,要扣除砂中的含水量;同样,计量水用量时,要扣除砂中带入的水量。

4)坚固性和碱活性

砂是由天然岩石经自然风化作用而成,机制砂也会含大量风化岩体,在冻融或干湿循环作用下有可能继续风化,因此对某些重要工程或特殊环境下的混凝土用砂,应做坚固性检验。如严寒地区室外工程,并处于湿潮或干湿交替状态下的混凝土;有腐蚀介质存在或处于水位升降区的混凝土等。坚固性根据《建设用砂》的规定,采用硫酸钠溶液浸泡—烘干—浸泡循环试验法检验。测定 5 个循环后的质量损失率。指标应符合表 4-6 的要求。

表 4-6　砂的坚固性指标

混凝土所处的环境条件及其性能要求	5 次循环后的质量损失/%
在严寒及寒冷地区使用并经常处于潮湿或干燥交替状态下的混凝土;有腐蚀介质作用或经常处于水位变化区的地下结构混凝土;有抗疲劳、耐磨、抗冲击要求的混凝土	≤8
在其他条件下使用的混凝土	≤10

砂的碱活性是指砂中能与碱性物质发生作用的活性成分的相对含量。因为这些活性成分易与水泥等混凝土组成材料中的碱性物质在潮湿环境中发生化学反应并生成膨胀性产物,从而破坏混凝土的内部结构,甚至导致混凝土发生胀裂破坏。因此,当采用具有较高碱活性的砂配制混凝土时,应注意控制其他组成材料中的总碱含量。

4.2.4　粗骨料(石子)

一般把粒径大于 5 mm 的岩石颗粒称为石子。混凝土工程中常用的有卵石和碎石两大类,如图 4-6 所示。

1.颗粒形状及表面特征

卵石因外形特征而得名,主要由天然岩石经自然风化、水流搬运和分选、堆积等自然作用而形成,根据产源不同可分为河卵石、海卵石和山卵石等。卵石颗粒一般表面光洁,所配制的混凝土拌合物流动性好,但与水泥浆的黏结性较差。

碎石由各种天然岩石经机械破碎、筛分和组配而得到,颗粒表面粗糙,棱角较多,易与水泥浆黏结,所配制的混凝土强度较高,但拌合物流动性较差。

粗骨料的颗粒形状以近立方体或近球状体为最佳,但在岩石破碎生产碎石的过程中往往产生一定量的针、片状,使骨料的空隙率增大,降低了混凝土的强度,特别是抗折强度。针状是指长度大于该颗粒所属粒级平均粒径的2.4倍的颗粒；片状是指厚度小于平均粒径0.4倍的颗粒。各类别粗骨料针片状含量要符合表4-7的要求。

(a)卵石

(b)碎石

图4-6　粗骨料

表4-7　碎石或卵石的技术指标

项　目		指　标		
		Ⅰ类	Ⅱ类	Ⅲ类
含泥量(按质量计)/%	≤	0.5	1.0	1.5
泥块含量(按质量计)/%	≤	0	0.5	0.7
硫化物与硫酸盐含量(以 SO_3 质量计)/%	≤	0.5	1.0	1.0
有机物含量(用比色法试验)		合格	合格	合格
针片状(按质量计)/%	≤	5	15	25
坚固性质量损失/%	≤	5	8	12
碎石压碎指标/%	≤	10	20	30
卵石压碎指标/%	≤	12	16	16

2.有害杂质

粗骨料的有害杂质主要有黏土、淤泥、硫化物及硫酸盐、有机物等。根据《建设用卵石、碎石》(GB/T 14685—2011)，其含量应符合表4-7的要求。

3.最大粒径和颗粒级配

1)粗骨料最大粒径

混凝土所用粗骨料的公称粒级上限称为最大粒径。骨料粒径越大，其表面积越小，通常空隙率也相应减小，因此所需的水泥浆或砂浆数量也将相应减少，有利于节约水泥、降低成本，并改善混凝土的性能。所以在条件许可的情况下，应尽量选用较大粒径的骨料。但在实际工程中，骨料的最大粒径受到多种条件的限制：①最大粒径不得大于构件最小截面尺寸的1/4，同时不得大于钢筋净距的3/4。②对于混凝土实心板，最大粒径不宜超过板厚的1/3，且不得大于 40 mm。③对于泵送混凝土，当泵送高度在 50 m 以下时，最大粒径与输送管内径之比，碎石不宜大于 1∶3；卵石不宜大于 1∶2.5。④对大体积混凝土(如混凝土坝或围堤)或疏筋混凝土，往往受到搅拌、运输和成型设备条件的限制。有时为了节省水泥、降低收缩，可在大体积混凝土中抛入大块石(或称毛石)，常称作抛石混凝土。

2)粗骨料的颗粒级配

与细骨料一样，粗骨料也应具有良好的颗粒级配，以减小空隙率，节约水泥，提高混凝土的密实度和强度。

粗骨料的颗粒级配可分为连续粒级和单粒级两种。连续粒级指 5 mm 以上至最大粒径 D_{max}，各粒级均占一定比例，且在一定范围内。单粒级指从 1/2 最大粒径开始至 D_{max}。单粒级用于组成具有要求级配的连续粒级，也可与连续粒级混合使用，以改善级配或配成较大密实度的连续粒级。单粒级一般不宜单独用来配制混凝土，如必须单独使用，则应作技术经济分析，并通过试验证明不发生离析或影响混凝土的质量。

石子的级配与砂的级配一样，通过一套标准筛筛分试验，计算累计筛余率确定。碎石和卵石的颗粒级配均应符合表 4-8 的规定。

表 4-8　碎石或卵石的颗粒级配

级配情况	公称粒级/mm	累计筛余/%											
		筛孔尺寸(方孔筛)/mm											
		2.36	4.75	9.50	16.0	19.0	26.5	31.5	37.5	53.0	63.0	75.0	90
连续粒级	5～16	95～100	85～100	30～60	0～10	0	—	—	—	—	—	—	—
	5～20	95～100	90～100	40～80	—	0～10	0	—	—	—	—	—	—
	5～25	95～100	90～100	—	30～70	—	0～5	0	—	—	—	—	—
	5～31.5	95～100	90～100	70～90	—	15～45	—	0～5	0	—	—	—	—
	5～40	—	95～100	75～90	—	30～65	—	—	0～5	0	—	—	—
单粒级	5～10	95～100	80～100	0～15	0	—	—	—	—	—	—	—	—
	10～20	—	95～100	85～100	—	0～15	0	—	—	—	—	—	—
	16～31.5	—	95～100	—	85～100	—	—	0～10	0	—	—	—	—
	20～40	—	—	95～100	—	80～100	—	—	0～10	0	—	—	—
	31.5～63	—	—	—	95～100	—	—	75～100	45～75	—	0～10	0	—
	40～80	—	—	—	—	95～100	—	—	70～100	—	30～60	0～10	

施工现场分级堆放的石子中常常存在超径和逊径的现象。超径是指在某一级石子中混杂有大于这一级粒径的石子，逊径是指某一级石子中混杂有小于这一级粒径的石子。超径和逊径的存在会直接影响集料的级配和混凝土的性能。为了保证工程质量，规范规定，超径量不得大于 5%，逊径量不得大于 10%。

4.强度与坚固性

1)强度

为了保证所配制混凝土的强度，粗骨料必须结构致密且具有足够的强度。碎石的强度采用压碎指标值或其生产用岩石的抗压强度表示，卵石则仅采用压碎指标值表示。

将碎石生产用的岩石加工成棱长为 50 mm 的立方体（或直径与高均为 50 mm 的圆柱体）试件，浸水饱和后测定其极限抗压强度用以衡量粗骨料的强度。选用粗骨料时应注意，该强度值应比所配制混凝土的抗压强度至少高 20%。

压碎指标值是将气干状态下的粒级为 10～20 mm 的石子试样装入压碎值测定仪内，安放好压头置于压力机上，均匀加载至 200 kN 并持载 5 s。卸载后称取试样质量（m_0），再用孔边长为 2.36 mm 的方孔筛筛除被压碎的细粒，称取试样的筛余量（m_1），按下式计算出该石子的压碎指标值（δ）。

$$\delta=\frac{m_0-m_1}{m_0}\times 100\% \tag{4-2}$$

式中，δ 为石子的压碎指标值；m_0 为石子试样的质量（g）；m_1 为石子试样经加压、过筛后的筛余量（g）。

2）坚固性

坚固性是指在气候、外力和其他物理力学因素作用（如冻融循环作用）下集料抗碎裂的能力。坚固性试验是用硫酸钠溶液法检验，试样经 5 次干湿循环后，其质量损失应符合表 4-7的要求。

4.2.5　外加剂

图文

外加剂应用案例分析

混凝土外加剂不包括生产水泥时加入的混合材料、石膏和助磨剂，也不同于在混凝土拌制时掺入的掺合料。外加剂在混凝土中的掺量不多，但可显著改善混凝土拌合物的和易性，明显提高混凝土的物理力学性能和耐久性。外加剂的研究和应用促进了混凝土的生产和施工工艺，以及新型混凝土的发展，外加剂的出现导致了混凝土技术的第三次革命。目前，外加剂在混凝土中的应用非常普遍，成为制备优良性能混凝土的必备条件，被称为混凝土第五组分。

1. 外加剂的分类

外加剂按主要功能分为四类。

（1）改善混凝土拌合物流变性能的外加剂，如减水剂、引气剂和泵送剂等。

（2）调节混凝土凝结时间和硬化性能的外加剂，如缓凝剂、早强剂和速凝剂等。

（3）改善混凝土耐久性的外加剂，如引气剂、防水剂、防冻剂和阻锈剂等。

（4）改善混凝土其他性能的外加剂，如加气剂、膨胀剂、防冻剂、着色剂、泵送剂、碱骨料反应抑制剂和道路抗折剂等。

2. 几种常用的混凝土外加剂

1）减水剂

在混凝土组成材料的种类和用量不变的情况下，往混凝土中掺入减水剂，混凝土拌合物的流动性将显著提高。若要维持混凝土拌合物的流动性不变，则可减少混凝土的加水量。减水剂是指在混凝土拌合物坍落度基本相同的条件下，能减少拌和用水量的外加剂，是工程中应用最广泛的一种外加剂。

(1)减水剂的主要功能。

①配合比不变时显著提高流动性。

②流动性和水泥用量不变时，减少用水量，降低水胶比，提高强度。

③保持流动性和强度不变时，节约水泥用量，降低成本。

④配置高强高性能混凝土。

(2)减水剂的作用机理。减水剂属于表面活性物质，这类物质的分子分为亲水端和憎水端两部分。减水剂提高混凝土拌合物流动性的作用机理主要包括分散作用和润滑作用两方面，如图 4-7 所示。

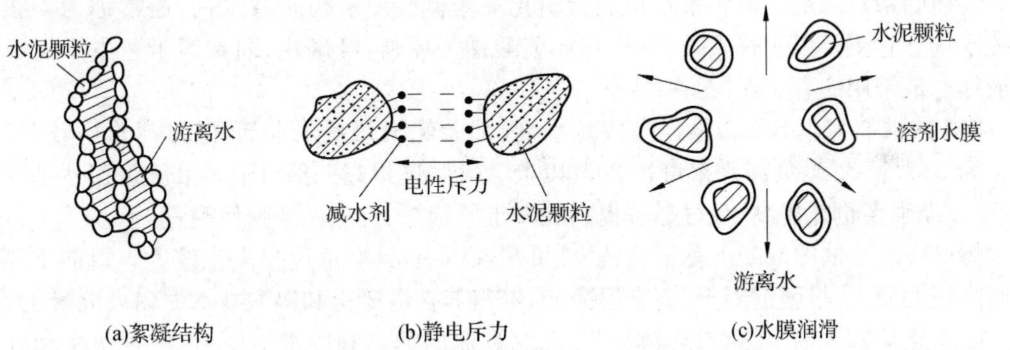

图 4-7　水泥浆的絮凝结构和减水剂作用

①分散作用。水泥加水拌和后，由于水泥颗粒分子引力的作用，使水泥浆形成絮凝结构，使 10%～30%的拌和水被包裹在水泥颗粒之中，不能参与自由流动和润滑作用，从而影响了混凝土拌合物的流动性。当加入减水剂后，由于减水剂分子能定向吸附于水泥颗粒表面，使水泥颗粒表面带有同一种电荷(通常为负电荷)，形成静电排斥作用，促使水泥颗粒相互分散，絮凝结构破坏，释放出被包裹部分的水，参与流动，从而有效地增加了混凝土拌合物的流动性。

②润滑作用。减水剂中的亲水基极性很强，因此水泥颗粒表面的减水剂吸附膜能与水分子形成一层稳定的溶剂化水膜，这层水膜具有很好的润滑作用，能有效降低水泥颗粒间的滑动阻力，从而使混凝土的流动性得到进一步的提高。

(3)常用减水剂品种。

①木质素系减水剂。木质素系减水剂主要有木质素磺酸钙(简称木钙，代号 MG)、木质素磺酸钠(木钠)和木质素磺酸镁(木镁)三大类。工程上最常使用的为木钙。

木钙是由生产纸浆的木质废液，经中和发酵、脱糖、浓缩、喷雾干燥而制成的棕黄色粉末。木钙属缓凝引气型减水剂，掺量拟控制在 0.2%～0.3%之间，超掺有可能导致数天或数十天不凝结，从而影响强度和施工进度，严重时会导致工程质量事故的发生。木钙的减水率约为 10%，保持流动性不变，可提高混凝土强度 8%～10%；若不减水则可增大混凝土坍落度 80～100 mm；若保持和易性与强度不变时，则可节约水泥 5%～10%。

木钙主要适用于夏季混凝土施工、滑模施工、大体积混凝土和泵送混凝土施工，也可用于一般混凝土工程。木钙不宜用于蒸汽养护混凝土制品和工程。

②萘磺酸盐系减水剂。萘磺酸盐系减水剂简称萘系减水剂，它是以工业萘或由煤焦油中分馏出含萘的同系物经分馏为原料，经磺化、缩合等一系列复杂的工艺而制成的棕黄色粉

末或液体。其主要成分为β-萘磺酸盐甲醛缩合物，品种很多，如FDN、NNO、NF、MF、UNF、XP、SN-Ⅱ、NHJ等。

萘系减水剂多数为非引气型高效减水剂，适宜掺量为0.5%～1.2%，减水率可达15%～30%，相应地可提高28 d强度10%以上，或节约水泥10%～20%。

萘系减水剂对钢筋无锈蚀作用，具有早强功能。但混凝土的坍落度损失较大，故实际生产的萘系减水剂绝大多数为复合型的，通常与缓凝剂或引气剂复合。

萘系减水剂主要适用于配制高强、早强、流态和蒸养混凝土制品和工程，也可用于一般工程。

③树脂系减水剂。树脂系减水剂为磺化三聚氰胺甲醛树脂减水剂，通常称为密胺树脂系减水剂。它主要以三聚氰胺、甲醛和亚硫酸钠为原料，经磺化、缩聚等工艺生产而成的棕色液体。最常用的有SM树脂减水剂。

SM减水剂为非引气型早强高效减水剂，性能优于萘系减水剂，但目前价格较高，适宜掺量为0.5%～2.0%，减水率可达20%以上，1 d强度提高一倍以上，7 d强度可达基准28 d强度，长期强度也能提高，且可显著提高混凝土的抗渗、抗冻性和弹性模量。

掺SM减水剂的混凝土黏聚性较大，可泵性较差，且坍落度损失也较大。目前主要用于配制高强混凝土、早强混凝土、流态混凝土、蒸汽养护混凝土和铝酸盐水泥耐火混凝土等。

④糖蜜类减水剂。糖蜜类减水剂是以制糖业的糖渣和废蜜为原料，经石灰中和处理而成的棕色粉末或液体。国产品种主要有3FG、TF、ST等。

糖蜜减水剂与木钙减水剂的性能基本相同，但缓凝作用比木钙强，故通常作为缓凝剂使用。其适宜掺量为0.2%～0.3%，减水率在10%左右，主要用于大体积混凝土、大坝混凝土和有缓凝要求的混凝土工程。

2)早强剂

早强剂是指能加速混凝土早期强度发展的外加剂，主要作用机理是加速水泥水化速度，加速水化产物的早期结晶和沉淀。其主要功能是缩短混凝土施工养护期、加快施工进度、提高模板的周转率，适用于有早强要求的混凝土工程及低温、负温施工混凝土，有防冻要求的混凝土，预制构件，蒸汽养护等。早强剂的主要品种有氯盐、硫酸盐和有机胺三大类，但更多使用的是它们的复合早强剂。

(1)氯盐类早强剂。氯盐类早强剂主要有$CaCl_2$、NaCl、KCl、$AlCl_3$和$FeCl_3$等。工程上最常用的是$CaCl_2$，白色粉末，适宜掺量为0.5%～3%。由于Cl^-对钢筋有腐蚀作用，故钢筋混凝土中的掺量应控制在1%以内。$CaCl_2$早强剂能使混凝土3 d强度提高50%～100%，7 d强度提高20%～40%，但后期强度不一定提高，甚至可能低于基准混凝土。此外，氯盐类早强剂对混凝土的耐久性有一定影响。

(2)硫酸盐类早强剂。硫酸盐类早强剂主要有硫酸钠、硫代硫酸钠、硫酸钙、硫酸铝及硫酸铝钾等。建筑工程中最常用的为硫酸钠早强剂。

硫酸钠为白色粉末，适宜掺量为0.5%～2.0%早强效果不及$CaCl_2$。对矿渣水泥混凝土的早强效果较显著，但后期强度略有下降。硫酸钠早强剂在预应力混凝土结构中的掺量不得大于1%；潮湿环境中的钢筋混凝土结构中的掺量不得大于1.5%。严格控制最大掺量，超掺可导致混凝土后期膨胀开裂、强度下降，混凝土表面起“白霜”，影响外观和表面装饰。

(3)有机胺类早强剂。有机胺类早强剂主要有三乙醇胺、三异醇胺等。工程上最常用的为三乙醇胺。三乙醇胺为无色或淡黄色油状液体,呈碱性,易溶于水。三乙醇胺的掺量极微,一般为水泥重的0.02%~0.05%,虽然早强效果不及$CaCl_2$,但后期强度不下降并略有提高,且无其他影响混凝土耐久性的不利作用。但掺量不宜超过0.1%,否则可能导致混凝土后期强度下降。掺用时可将三乙醇胺先用水按一定比例稀释,以便于准确计量。此外,为改善三乙醇胺的早强效果,通常将其与其他早强剂复合使用。

(4)复合早强剂。为了克服单一早强剂存在的各种不足,发挥各自的特点,通常将三乙醇胺、硫酸钠、氯化钙、氯化钠、石膏及其他外加剂复配组成复合早强剂,这样效果会大大改善,有时还可产生超叠加作用。

3)引气剂

引气剂是指在搅拌混凝土的过程中能引入大量均匀分布、稳定而封闭的微小气泡(直径10~100 μm)的外加剂。混凝土引气剂有松香树脂类、烷基苯磺酸盐类、脂肪醇磺酸盐类、蛋白质盐及石油磺酸盐等几种。其中以松香树脂类应用最为广泛,这类引气剂的主要品种有松香热聚物和松香皂两种。

引气剂为表面活性剂,由于在搅拌混凝土时会混入一些气泡,掺入的引气剂就定向排列在泡膜界面(气-液界面)上,因而形成大量微小气泡。被吸附的引气剂离子增强了泡膜的厚度和强度,使气泡不易破灭。这些气泡均匀分散在混凝土中,互不相连,使混凝土的一些性能得以改善,如下所述。

(1)改善混凝土拌合物的和易性。封闭的小气泡在混凝土拌合物中起到滚珠的作用,减小了骨料间的摩擦,加大了润滑作用,从而提高混凝土拌合物的流动性。同时微小气泡的存在可阻滞泌水作用并提高保水能力。

(2)提高混凝土的抗渗性和抗冻性。引入的封闭气泡能有效隔断毛细孔通道,并能减少泌水造成的渗水通道,从而提高混凝土的抗渗性。另外,引入的封闭气泡对水结冰产生的膨胀力起缓冲作用,从而提高抗冻性。

(3)混凝土强度有所降低。气泡的存在,使混凝土的有效受力面积减少,导致混凝土强度的下降。一般混凝土的含气量每增加1%,其抗压强度将降低4%~6%,抗折强度降低2%~3%。因此引气剂的掺量必须适当。松香热聚物和松香皂的掺量一般为水泥质量的0.005%~0.01%。

引气剂及引气减水剂可用于抗冻混凝土、抗渗混凝土、抗硫酸盐混凝土、泌水严重的混凝土、贫混凝土、轻骨料混凝土、人工骨料配制的普通混凝土、高性能混凝土以及有饰面要求的混凝土,不宜用于蒸养混凝土及预应力混凝土,必要时,应经试验确定能否使用。

4)缓凝剂

缓凝剂是指能延缓混凝土凝结时间,而不显著影响混凝土后期强度的外加剂。

缓凝剂分为有机和无机两大类。有机缓凝剂包括木质素磺酸盐、羟基羧基及其盐、糖类及碳水化合物、多元醇及其衍生物等;无机缓凝剂包括硼砂、氯化锌、碳酸锌、硫酸铁(铜、锌、镉等)、磷酸盐及偏磷酸盐等。有机类缓凝剂多为表面活性剂,掺入混凝土中,能吸附在水泥颗粒表面,形成同种电荷的亲水膜,使水泥颗粒相互排斥,阻碍水泥水化产物粘连和凝结,起缓凝作用;无机类缓凝剂一般在水泥颗粒表面形成一层难溶的薄膜,对水泥的正常水化起阻碍作用,从而导致缓凝。

缓凝剂、缓凝减水剂及缓凝高效减水剂可用于大体积混凝土、碾压混凝土、炎热气候条件下施工的混凝土、大面积浇筑的混凝土、避免冷缝产生的混凝土、须较长时间停放或长距离运输的混凝土、自流平免振混凝土、滑模施工或拉模施工的混凝土及其他需要延缓凝结时间的混凝土。它们宜用于最低气温在 5 ℃以上施工的混凝土，不宜单独用于有早强要求的混凝土及蒸养混凝土。缓凝高效减水剂可制备高强高性能混凝土。

5)速凝剂

速凝剂是指能使混凝土迅速凝结硬化的外加剂。大部分速凝剂的主要成分为铝酸钠(铝氧熟料)，此外还有碳酸钠、铝酸钙、氟硅酸锌、氟硅酸镁、氯化亚铁、硫酸铝、氯化铝等盐类。国产的速凝剂主要有“红星 1 型”“711 型”和“782 型”等。

速凝剂产生速凝的原因是，速凝剂中的铝酸钠、碳酸钠在碱溶液中迅速与水泥中的石膏反应生成硫酸钠，使石膏丧失缓凝作用或迅速生成钙矾石。

速凝剂主要用于喷射混凝土和喷射砂浆，亦可用于需要速凝的其他混凝土。喷射混凝土是利用喷射机中的压缩空气，将混凝土喷射到基体(岩石、坚土等)表面，并迅速硬化产生强度的一种混凝土。它主要用于矿山井巷、隧道、涵洞及地下工程的岩壁衬砌、坡面支护等。用于喷射混凝土的速凝剂主要起三种作用：①抵抗喷射混凝土因重力而引起的脱落和空鼓；②提高喷射混凝土的黏结力，缩短间隙时间，增大一次喷射厚度，减少回弹率；③提高早期强度，及时发挥结构的承载能力。为了降低喷射混凝土 28 d 强度损失率，减少回弹率，减少粉尘，可将高效减水剂与速凝剂复合使用，速凝剂的发展方向是液态复合速凝剂。

6)防冻剂

防冻剂是指能使混凝土在负温下硬化，并在规定时间内达到足够防冻强度的外加剂。常用防冻剂由多组分复合而成，主要组分的常用物质及其作用如下。

(1)防冻组分。如氯化钙、氯化钠、亚硝酸钠、硝酸钠、硝酸钾、硝酸钙、碳酸钾、硫代硫酸钠和尿素等。其作用是降低混凝土中液相的冰点，使负温下的混凝土内部仍有液相存在，水泥能继续水化。

(2)引气组分。如松香热聚物、木钙和木钠等。其作用是在混凝土中引入适量的封闭微小气泡，减小冰胀应力。

(3)早强组分。如氯化钠、氯化钙、硫酸钠和硫代硫酸钠等。其作用是提高混凝土早期强度，增强混凝土抵抗冰冻的破坏能力。

(4)减水组分。如木钙、木钠和萘系减水剂等。其作用是减少混凝土拌和用水量，以减少混凝土内的成冰量，并使冰晶粒度细小且均匀分散，减小对混凝土的膨胀应力。

7)膨胀剂

膨胀剂是指能使混凝土产生一定体积膨胀的外加剂。混凝土中采用的膨胀剂有硫铝酸钙类、氧化钙类和硫铝酸钙-氧化钙类三类。常用膨胀剂有明矾石膨胀剂(明矾石＋无水石膏或二水石膏)、CSA(兰方石＋生石灰＋无水石膏)、UEA(无水硫铝酸钙＋明矾石＋石膏)、M 型膨胀剂(铝酸盐水泥＋二水石膏)。此外，还有 AEA(铝酸钙膨胀剂)、SAEA(硅铝酸盐膨胀剂)、CEA(复合膨胀剂)等。硫铝酸类膨胀剂的作用机理是：自身的无水硫铝酸钙水化或参与水泥矿物的水化或与水泥水化产物水化，生成大量的钙矾石，反应后固相体积增大，导致混凝土体积膨胀。石灰类膨胀剂的作用机理是，在水化早期，CaO 水化生成 $Ca(OH)_2$，反应后固相体积增大；随后 $Ca(OH)_2$ 发生重结晶，固相体积再次增大，从而导致混凝土体积膨胀。膨胀剂的膨胀源[钙矾石或 $Ca(OH)_2$]不仅使混凝土体积产生了适度的膨胀,减少了混凝土的收缩,而且能填充、堵塞和隔断混凝土中的毛细孔及其他孔隙,从而改善混凝土的孔结构,提高混凝土的密实度、抗渗性和抗裂性。因此,膨胀剂常用于补偿收缩混凝土、填充用膨胀混凝土、灌浆用膨胀砂浆和自应力混凝土。

8)防水剂

防水剂是指能降低混凝土在静水压力下的透水性的外加剂。它包括以下四类。

(1)无机化合物类。氯化铁、硅灰粉末、锆化合物等。

(2)有机化合物类。脂肪酸及其盐类、有机硅表面活性剂(甲基硅醇钠、乙基硅醇钠、聚乙基羟基硅氧烷)、石蜡、地沥青、橡胶及水溶性树脂乳液等。

(3)混合物类。无机类混合物、有机类混合物、无机类与有机类混合物。

(4)复合类。上述各类与引气剂、减水剂、调凝剂(指缓凝剂和速凝剂)等外加剂复合的复合型防水剂。

测试题

防水剂可用于工业与民用建筑的屋面、地下室、隧道、巷道、给排水池、水泵站等有防水抗渗要求的混凝土工程。含氯盐的防水剂可用于素混凝土、钢筋混凝土工程,严禁用于预应力混凝土工程,其他严禁使用的范围与早强剂及早强型减水剂的规定相同。

4.3 普通混凝土的技术性质

新拌制的未硬化的混凝土,称为混凝土拌合物。它必须具有与施工条件相适应的和易性,才能便于施工,并制得密实、均匀的混凝土。混凝土拌合物凝结硬化以后,称为硬化混凝土,它应具有足够的强度,以保证建筑物能安全地承受荷载,并应具有与所处环境相适应的耐久性。

4.3.1 混凝土拌合物的和易性

1.和易性的概念

和易性是指混凝土拌合物在一定施工条件下,便于操作并能获得质量均匀而密实的混凝土的性能。和易性是一项综合的技术性质,具有包括流动性、黏聚性和保水性三个方面的含义。

1)流动性

流动性是指混凝土拌合物在自重或机械振捣力的作用下,能流动并均匀密实地充满模板的性能。流动性的大小反映混凝土拌合物的稀稠,直接影响其浇捣施工的难易和成型的质量。

2)黏聚性

黏聚性是指混凝土拌合物在施工过程中其组成材料之间有一定的黏聚力,不致产生分层和离析的现象。它反映了混凝土拌合物保持整体均匀性的能力,黏聚性差的拌合物水泥浆与石子易分离,混凝土硬化后会出现蜂窝、空洞等不密实现象,严重影响混凝土的强度和耐久性。

3)保水性

保水性是指混凝土拌合物在施工过程中,具有一定的保水能力,不致产生严重泌水的性能。它反映了混凝土拌合物的稳定性。保水性差的混凝土拌合物,由于水分泌出来会形成容易透水的孔隙,而影响混凝土的密实性,降低混凝土质量。

混凝土拌合物的流动性、黏聚性和保水性之间是相互联系、相互矛盾的。和易性就是这三方面性质在某种具体条件下的矛盾统一体。和易性好的混凝土拌合物,所制成的混凝土内部质地均匀致密,强度和耐久性均能保证。因此,和易性是混凝土的主要技术性质之一。

2. 和易性的测定

评定混凝土拌合物和易性的方法是测定其流动性,根据直观经验观察其黏聚性和保水性。混凝土拌合物根据其坍落度和维勃稠度分级。坍落度适用于流动性较大的混凝土拌合物,维勃稠度适用于干硬的混凝土拌合物。

3. 影响和易性的主要因素

1)水泥浆的数量

水泥浆赋予混凝土拌合物以一定的流动性。在水灰比(混凝土的水用量与水泥用量之比)保持不变的条件下,单位体积拌合物内,水泥浆越多,则拌合物的流动性越大。但若水泥浆过多,就会出现流浆现象,使拌合物的黏聚性和保水性变差,这既浪费水泥又降低混凝土的强度及耐久性。若水泥浆过少,则不能很好包裹集料和填充空隙,黏聚性和流动性也会较差。因此,混凝土拌合物中水泥浆的数量以满足流动性要求为宜。

2)水泥浆的稀稠

水泥浆的稀稠取决于水灰比的大小。水灰比越小,水泥浆越稠,则拌合物流动性小,会使施工困难,不能保证混凝土的密实性。但水灰比过大,又会造成混凝土拌合物的黏聚性和保水性不良,产生流浆、离析现象,严重影响混凝土的强度和耐久性。所以,水灰比的大小应根据混凝土强度和耐久性要求合理选用。

3)砂率

砂率是指混凝土中砂的质量占砂、石总质量的百分数,其反映了砂子与石子两者组合的关系。砂率过大,集料的总表面积及空隙率都会增大,在水泥浆一定的条件下,混凝土拌合物就显得干稠,流动性差;砂率过小,砂浆量不足,不能在石子周围形成足够的润滑层,也会降低拌合物的流动性,同时严重影响混凝土拌合物的黏聚性和保水性,甚至发生离析、溃散现象。因此,砂率不能过大也不能过小,应选取合理砂率。合理砂率是指在用水量及水泥用量一定时,能使混凝土拌合物获得最大流动性,且黏聚性及保水性良好的砂率值。同理,在水灰比和坍落度不变的条件下,水泥用量最小的砂率也是合理砂率。

4)其他因素的影响

除以上影响因素外,拌合物和易性还受水泥品种、集料的性质、外加剂以及时间、温度等条件的影响。例如,矿渣水泥拌制的混凝土流动性较小而保水性较差,粉煤灰水泥拌制的混凝土则流动性、黏聚性和保水性都较好。水泥的细度越细,在相同用水量情况下其混凝土流动性小,但黏聚性和保水性较好。用卵石拌制的混凝土拌合物比用碎石拌制的流动性好,用河砂拌制的混凝土拌合物比用山砂拌制的流动性好。

4. 坍落度的选择

选择混凝土拌合物的坍落度,应根据结构构件截面尺寸的大小、配筋的疏密、施工捣实方法和环境温度来确定。当构件截面尺寸较小或钢筋较密，或采用人工插捣时，坍落度可选择大些。反之，如构件截面尺寸较大或钢筋较疏，或者采用振动器振捣时，坍落度可选择小些。根据实际测定，当气温在 25 ℃左右时，混凝土的现场坍落度在 0.5 h 内的损失可达 4 cm；当环境温度在 25 ℃以上时，由于水泥水化和水分蒸发的加快，混凝土拌合物的流动性下降加快，在混凝土配合比设计时，应将混凝土拌合物的坍落度提高 15～25 mm。

4.3.2 混凝土的强度

在土木工程结构和施工验收中，常用的强度有立方体抗压强度、轴心抗压强度和抗拉强度等几种。

1. 混凝土立方体抗压强度(f_{cu})

根据《混凝土物理力学性能试验方法标准》(GB/T 50081—2019)规定，混凝土立方体抗压强度是指按标准方法制作的，标准尺寸为 150 mm×150 mm×150 mm 的立方体试件，在标准养护条件下[(20±2) ℃、相对湿度为 95%以上的标准养护室或(20±2) ℃的不流动的 $Ca(OH)_2$ 饱和溶液中]，养护到 28 d 龄期，以标准试验方法测得的抗压强度值。

非标准试件为 200 mm×200 mm×200 mm 和 100 mm×100 mm×100 mm。为了使混凝土抗压强度的测试结果具有可比性，混凝土强度等级小于 C60 时，用非标准试件测得的强度值均应乘以尺寸换算系数，来换算成标准试件强度值。200 mm×200 mm×200 mm 试件的换算系数为 1.05，100 mm×100 mm×100 mm 试件的换算系数为 0.95。当混凝土强度等级大于或等于 C60 时，宜采用标准试件；使用非标准试件时，尺寸换算系数应由试验确定。需要说明的是，混凝土各种强度的测定值均与试件尺寸、试件表面状况、试验加荷速度、环境(或试件)的湿度和温度等因素有关。在进行混凝土各种强度测定时，应按 GB/T 50081—2019 等标准规定的条件和方法进行检测，以保证检测结果的可比性。

按《混凝土强度检验评定标准》(GB/T 50107—2010)的规定，普通混凝土的强度等级按其立方体抗压强度标准值划分为 C15、C20、C25、C30、C35、C40、C45、C50、C55、C60、C65、C70、C75、C80 共 14 个等级。“C”代表混凝土，C 后面的数字为立方体抗压强度标准值(MPa)。

2. 混凝土轴心抗压强度(f_{cp})

确定混凝土强度等级是采用立方体试件，但在实际结构中，钢筋混凝土受压构件多为棱柱体或圆柱体。为了使测得的混凝土强度与实际情况接近，在进行钢筋混凝土受压构件(如柱子、桁架的腹杆等)计算时，都是采用混凝土的轴心抗压强度。GB/T 50081—2019 规定，混凝土轴心抗压强度是指按标准方法制作的，标准尺寸为 150 mm×150 mm×300 mm 的棱柱体试件，在标准养护条件下养护到 28 d 龄期，以标准试验方法测得的抗压强度值。

轴心抗压强度比同截面面积的立方体抗压强度要小，当标准立方体的抗压强度在 10～50 MPa 范围内时，两者之间的比值为 0.7～0.8。

3. 混凝土抗拉强度(f_t)

混凝土是脆性材料，抗拉强度很低，拉压比为 1/20～1/10，拉压比随着混凝土强度等级的提高而降低。因此，在钢筋混凝土结构设计时，不考虑混凝土承受的拉力(考虑钢筋承受的拉应力),但抗拉强度对混凝土的抗裂性具有重要作用,是结构设计时确定混凝土抗裂度的重要指标,有时也用它来间接衡量混凝土与钢筋的黏结强度。

4.影响混凝土强度的因素

(1)水泥的强度等级和水胶比的影响。水泥的强度等级和水胶比是影响混凝土强度的决定性因素。因为混凝土的强度主要取决于水泥石的强度及其与骨料间的黏结力,而水泥石的强度及其与骨料间的黏结力,又取决于水泥的强度等级和水胶比的大小。在相同配合比、相同成型工艺、相同养护条件的情况下,水泥的强度等级越高,配制的混凝土强度越高。在水泥品种、水泥强度等级不变时,混凝土在振动密实的条件下,水胶比越小,强度越高。

(2)骨料的影响。骨料本身的强度一般大于水泥石的强度,对混凝土的强度影响很小。但骨料中有害杂质含量较多、级配不良均不利于混凝土强度的提高。骨料表面粗糙,则与水泥石黏结力较大,但达到同样流动性时,需水量大。随着水胶比变大,强度会降低,试验证明,水胶比小于 0.4 时,用碎石配制的混凝土比用卵石配制的混凝土强度高 30%~40%,但随着水胶比的增大,两者的差异就不明显了。另外,在相同水胶比和坍落度的条件下,混凝土强度随骨灰比(骨料与胶凝材料质量之比)的增大而提高。

(3)养护温度及湿度的影响。温度及湿度对混凝土强度的影响,本质上是对水泥水化的影响。

养护温度高,水泥早期水化越快,混凝土的早期强度越高。但如果混凝土早期养护温度过高(40 ℃以上),则会因水泥水化产物来不及扩散而使混凝土后期强度降低。当温度在 0 ℃ 以下时,水泥水化反应停止,混凝土强度停止发展。这时还会因为混凝土中的水结冰产生体积膨胀,对混凝土产生相当大的膨胀压力,使混凝土结构破坏,强度降低。

湿度是决定水泥能否正常进行水化作用的必要条件。浇筑后的混凝土所处的环境湿度适宜,水泥的水化反应将顺利进行,混凝土强度得以充分发展。若环境湿度较低,则水泥不能正常进行水化作用,甚至停止水化,混凝土强度将严重降低或停止发展。

4.3.3 混凝土的耐久性

混凝土的耐久性是指混凝土抵抗环境介质作用并长久保持其良好的使用性能的能力。混凝土不仅应具有设计要求的强度,以保证其能安全地承受设计荷载,还应根据其周围的自然环境及使用条件,具有经久耐用的性能。混凝土的耐久性包括抗渗性、抗冻性、抗腐蚀性、抗碳化性及抗碱骨料反应等性能。

1.抗渗性

抗渗性是指混凝土抵抗压力水渗透作用的能力。它不但关系到混凝土本身的防渗性能,还直接影响到混凝土的抗冻性、抗腐蚀性等其他耐久性指标。地下建筑、水池、水坝等必须要求混凝土具有一定的抗渗性。

混凝土的抗掺性用抗掺等级 Pn 表示,分为 P4、P6、P8、P10、P12 等 5 个等级,相应表示混凝土能抵抗 0.4MPa、0.6 MPa、0.8 MPa、1.0 MPa 、1.2 MPa 的静水压力而不渗水。

2.抗冻性

抗冻性是指混凝土在吸水饱和状态下,能经受多次冻融循环而不破坏,强度也不严重降低的性能。

混凝土的抗冻性由抗冻等级 Fn 表示。抗冻等级是采用龄期 28d 的试块在吸水饱和后，承受反复冻融循环，以抗压强度下降不超过 25%，而且质量损失不超过 5%时所能承受的最大冻融循环次数确定的。混凝土划分为 F10、F15、F25、F50、F100、F150、F200、F250、F300 等 9 个等级，分别表示混凝土能够承受的反复冻融循环次数为 10、15、25、50、100、150、200、250 和 300 次。不同使用环境和工程特点的混凝土，应根据要求选择相应的抗冻等级。

3. 混凝土的碳化

图片
混凝土的碳化

混凝土的碳化是指空气中的二氧化碳及水与水泥石中的氢氧化钙反应生成碳酸钙，从而使混凝土的碱度降低的过程。混凝土的碳化可使混凝土表面的强度适度提高，但对混凝土有更大的有害作用，碳化造成的碱度降低可使钢筋混凝土中的钢筋丧失碱性保护作用而发生锈蚀，锈蚀的生成物体积膨胀进一步造成混凝土的微裂。碳化还能引起混凝土的收缩，使碳化层处于受拉状态而开裂，降低混凝土的抗拉强度。

4. 碱骨料反应

碱骨料反应是指水泥石中的碱(Na_2O 或 K_2O)与骨料中的活性氧化硅发生反应生成凝胶，此凝胶吸水膨胀会对混凝土造成膨胀开裂，使混凝土的耐久性严重下降。

产生碱骨料反应的原因为：①水泥中碱(Na_2O 或 K_2O)的含量较高；②骨料中含有活性氧化硅成分；③存在水分的作用。解决碱骨料反应的技术措施主要是选用低碱度水泥(含碱量<0.6%)；选用非活性骨料；降低混凝土的单位水泥用量，以降低单位混凝土的含碱量；在水泥中掺活性混合材料；防止水分侵入混凝土内部。

5. 提高混凝土耐久性的措施

(1)掺入高效减水剂。在保证混凝土拌合物所需流动性的同时，尽可能减小用水量，减少水胶比，使混凝土的总孔隙(特别是毛细管孔隙)率大幅度降低。

(2)掺入高效活性矿物掺料。普通水泥混凝土的水泥石中水化物稳定性的不足，是混凝土不能超耐久的另一主要因素。

(3)消除混凝土自身的结构破坏因素。除了环境因素引起的混凝土结构破坏以外，混凝土本身的一些物理化学因素，也可能引起混凝土结构的严重破坏，致使混凝土失效。减少或消除从原材料引入的碱、SO_4^{2-}、Cl^- 等可以引起破坏结构和侵蚀钢筋物质的含量，加强施工控制环节，避免收缩及温度裂缝的产生，以提高混凝土的耐久性。

(4)保证混凝土的强度。尽管强度与耐久性是不同的概念，但又密切相关，它们之间的本质联系是基于混凝土的内部结构，都与水胶比这个因素直接相关。

4.4 普通混凝土的配合比设计

混凝土配合比是指混凝土中各组成材料用量之间的比例关系。确定这种数量关系的工作，称为混凝土配合比设计。混凝土配合比设计包括配合比的计算、试配和调整。

4.4.1 混凝土配合比及其表示方法

混凝土的配合比一般有两种表示方法。

(1)用 1 m^3 混凝土中各组成材料的实际用量,按顺序表示,如水泥 300 kg、水 180 kg、砂 660 kg、石子 1 200 kg。

(2)以各项材料相互间的质量比来表示(以水泥质量为 1),将上例换算成质量比为水泥∶砂∶石∶水=1∶2.20∶4.00∶0.60。

4.4.2 混凝土配合比设计的基本要求

(1)满足混凝土结构设计要求的强度等级。

(2)满足混凝土施工所要求的和易性。

(3)满足工程所处环境要求的耐久性。

(4)在满足上述要求的前提条件下,考虑经济原则,节约水泥、降低成本。

4.4.3 混凝土配合比设计的资料准备

在混凝土配合比设计之前,应通过调查研究,预先掌握下列基本资料。

(1)了解工程设计要求的混凝土强度等级,以便确定混凝土的配制强度。

(2)了解工程所处环境对混凝土耐久性的要求,以便确定所配制混凝土的最大水灰比和最小水泥用量。

(3)了解结构构件的断面尺寸及钢筋配置情况,以便确定粗骨料的最大粒径。

(4)了解混凝土的施工方法,以便选择混凝土拌合物的坍落度。

(5)掌握各种原材料的性能指标,如水泥的品种、强度等级、密度,砂、石骨料的品种及规格、表现密度、级配等,拌和水的情况,外加剂的品种、掺量等。

4.4.4 混凝土配合比设计的基本参数

混凝土配合比设计实质上就是确定水泥、水、砂子与石子这 4 种基本组成材料的相对比例关系。

1. 水灰比

水灰比是水与水泥之间的比例关系。其确定原则是在满足混凝土强度和耐久性基础上,尽量选择较大水灰比值,以节约水泥。

2. 砂率(β_s)

砂率是砂与石子之间的比例关系。砂率应以砂在集料中的数量填充石子空隙后略有富裕的原则来确定,在保证混凝土拌合物黏聚性和保水性要求的前提下,尽量取较小值。

3. 单位用水量

单位用水量是指 1 m^3 混凝土的用水量,它反映了混凝土拌合物中水泥浆与集料质检的比例关系。其确定原则是在达到流动性要求的前提下取较小值。

水灰比、砂率和单位用水量是混凝土配合比的三个环节，也是影响混凝土质量的三个重要参数。

4.4.5 混凝土配合比设计的步骤

混凝土配合比设计，首先按照已选择的原材料性能及对混凝土的技术要求进行初步计算，得出初步计算配合比，并经过实验室试拌调整，得出基准配合比。然后经过强度检验(如有抗渗、抗冻等其他性能要求，应当进行相应的检验)，定出满足设计和施工要求并比较经济的设计配合比(试验室配合比)。最后根据现场砂、石的实际含水率对试验室配合比进行调整，求出施工配合比。

1.初步计算配合比的确定

1)配制强度($f_{cu,0}$)的确定

根据《普通混凝土配合比设计规程》(JGJ 55—2011)，在实际施工过程中，由于原材料质量的波动和施工条件的波动，混凝土强度难免有波动，为使混凝土的强度保证率能满足国家标准的要求，必须使混凝土的试配强度高于设计强度等级。

(1)当混凝土强度等级小于C60时，试配强度按下式计算：

$$f_{cu,0} \geqslant f_{cu,k} + 1.645\sigma \tag{4-3}$$

式中，$f_{cu,0}$为混凝土配制强度(MP)；$f_{cu,k}$为混凝土立方体抗压强度标准值(MPa)；σ为混凝土强度标准差(MPa)。

遇有下列情况时应提高混凝土的配制强度：①现场条件与实验室条件有显著差异；②C30级及其以上强度等级的混凝土，采用非统计方法评定时。

标准差σ的确定方法如下。

①当施工单位具有近期的同一品种、同一强度等级混凝土的强度资料时，其混凝土强度标准差σ按下式计算：

$$\sigma = \sqrt{\frac{\sum_{i=1}^{n} f_{cu,i}^2 - n\overline{f}_{cu}^2}{n-1}} \tag{4-4}$$

式中，$f_{cu,i}$为第i组试件的强度值(MPa)；$\overline{f}_{cu}$为n组试件强度的平均值(MPa)；n为混凝土试件的组数，$n>25$。

当混凝土强度等级为C20和C25级，其强度标准差计算值小于2.5 MPa时，计算配制强度用的标准差应取不小于2.5 MPa；当混凝土强度等级等于或大于C30级，其强度标准差计算值小于3.0 MPa时，计算配制强度用的标准差应取不小于3.0 MPa。

②当施工单位无历史统计资料时，标准差σ值可按表4-9取用。

表4-9 标准差σ值 单位:MPa

混凝土强度等级	≤C20	C25～C45	C50～C55
σ取值	4.0	5.0	6.0

(2)当混凝土强度等级大于等于C60时,试配强度按下式计算:

$$f_{cu,0} \geqslant 1.15 f_{cu,k} \tag{4-5}$$

2)确定相应的水胶比(W/B)

当混凝土强度等级小于C60级时,混凝土水胶比宜按下式计算:

$$W/B = \frac{\alpha_a \cdot f_b}{f_{cu,0} + \alpha_a \cdot \alpha_b \cdot f_b} \tag{4-6}$$

式中,α_a、α_b为回归系数;f_b为胶凝材料28 d胶砂抗压强度实测值(MPa)。

(1)无胶凝材料28 d胶砂抗压强度f_b实测值可按下式确定:

$$f_b = \gamma_f \cdot \gamma_s \cdot f_{ce} \tag{4-7}$$

式中,γ_f、γ_s为粉煤灰影响系数和粒化高炉矿渣粉影响系数;f_{ce}为水泥28 d胶砂抗压强度(MPa)。

(2)回归系数α_a和α_b根据工程所使用的水泥、骨料,通过试验建立的水胶比与混凝土强度关系式来确定,当不具备上述试验统计资料时,回归系数可按表4-10选用。

(3)为了保证混凝土的耐久性,需要控制水胶比及水泥用量。

表4-10　回归系数(α_a、α_b)取值

系　数	粗骨料品种	
	碎　石	卵　石
α_a	0.53	0.49
α_b	0.20	0.13

3)选取1 m^3混凝土的用水量(m_{w0})

(1)干硬性和塑性混凝土用水量的确定。

①水胶比在0.40～0.80范围时,根据粗骨料的品种、粒径及施工要求的混凝土拌合物稠度,其用水量可按表4-11选取。

②水胶比小于0.40的混凝土以及采用特殊成形工艺的混凝土用水量应通过试验确定。

表4-11　干硬性和塑性混凝土的用水量　　单位:kg/m^3

拌合物稠度		卵石最大公称粒径/mm				碎石最大公称粒径/mm			
项　目	指　标	10.0	20.0	31.5	40.0	16.0	20.0	31.5	40.0
维勃稠度/s	16～20	175	160	—	145	180	170	—	155
	11～15	180	165	—	150	185	175	—	160
	5～10	185	170	—	155	190	180	—	165
坍落度/mm	10～30	190	170	160	150	200	185	175	165
	35～50	200	180	170	160	210	195	185	175
	55～70	210	190	180	170	220	205	195	185
	75～90	215	195	185	175	230	215	205	195

注:1.本表用水量系采用中砂时的平均取值。采用细砂时,每立方米混凝土用水量可增加5～10 kg;采用粗砂时,可减少5～10 kg。

2.掺用外加剂和矿物掺合料时,用水量应相应调整。

(2)流动性和大流动性混凝土的用水量。

①以表4-11中90 mm坍落度的用水量为基础，按每增大20 mm坍落度相应增加5 kg/m^3用水量，计算出未掺外加剂时的混凝土的用水量。

②掺外加剂时的混凝土用水量可按下式计算：

$$m_{w0}=m'_{w0}\cdot(1-\beta) \tag{4-8}$$

式中，m_{w0}为掺计算配合比每立方米混凝土的用水量(kg)；m'_{w0}为未掺外加剂时每立方米混凝土的用水量(kg)；β为外加剂的减水率(%)。

③外加剂的减水率应经混凝土试验确定。

4)计算每立方米混凝土的胶凝材料用量(m_{b0})、矿物掺合料(m_{f0})和水泥用量(m_{c0})

(1)根据已初步确定的水胶比和选用的单位用水量，可计算出胶凝材料用量。

$$m_{b0}=\frac{m_{w0}}{W/B} \tag{4-9}$$

式中，m_{b0}为每立方米混凝土中胶凝材料用量(kg)；m_{w0}为每立方米混凝土的用水量(kg)；W/B为混凝土水胶比。

(2)计算每立方米混凝土矿物掺合料用量。

$$m_{f0}=m_{b0}\beta_f \tag{4-10}$$

式中，m_{f0}为每立方米混凝土中掺合料用量(kg)；m_{b0}为每立方米混凝土中胶凝材料用量(kg)；β_f为掺合料掺量(%)，可结合表4-12和表4-13进行确定。

表4-12 钢筋混凝土中矿物掺合料最大掺量

矿物掺合料种类	水胶比	最大掺量/%	
		采用硅酸盐水泥时	采用普通硅酸盐水泥时
粉煤灰	≤0.40	45	35
	>0.40	40	30
粒化高炉矿渣粉	≤0.40	65	55
	>0.40	55	45
钢渣粉	—	30	20
磷渣粉	—	30	20
硅灰	—	10	10
复合掺合料	≤0.40	65	55
	>0.40	55	45

注：1.采用其他通用硅酸盐水泥时，宜将水泥混合材掺量20%以上的混合材量计入矿物掺合料。

2.复合掺合料各组分的掺量不宜超过单掺时的最大掺量。

3.在混合使用两种或两种以上矿物掺合料时，矿物掺合料总掺量应符合表中复合掺合料的规定。

表 4-13 预应力混凝土中矿物掺合料最大掺量

矿物掺合料种类	水胶比	最大掺量/%	
		采用硅酸盐水泥时	采用普通硅酸盐水泥时
粉煤灰	≤0.40	35	30
	>0.40	25	20
粒化高炉矿渣粉	≤0.40	55	45
	>0.40	45	35
钢渣粉	—	20	10
磷渣粉	—	20	10
硅灰	—	10	10
复合掺合料	≤0.40	55	45
	>0.40	45	35

注:1. 采用其他通用硅酸盐水泥时,宜将水泥混合材掺量 20%以上的混合材量计入矿物掺合料。

2. 复合掺合料各组分的掺量不宜超过单掺时的最大掺量。

3. 在混合使用两种或两种以上矿物掺合料时,矿物掺合料总掺量应符合表中复合掺合料的规定。

(3)每立方米混凝土的水泥用量。

$$m_{c0}=m_{b0}-m_{f0}$$

式中,m_{c0}为每立方米混凝土中水泥用量(kg)。

5)选用合理的砂率值(β_s)

应当根据混凝土拌合物的和易性及充分满足砂填充粗骨料空隙的原则,通过试验求出合理砂率。当无历史资料可参考时,混凝土砂率的确定应符合下列规定。

(1)坍落度小于 10 mm 的混凝土,其砂率应经试验确定。

(2)坍落度为 10～60 mm 的混凝土,其砂率可根据粗骨料品种、粒径及水胶比按表 4-14 选取。

表 4-14 混凝土的砂率　　单位:%

水胶比	卵石最大粒径/mm			碎石最大粒径/mm		
	10.0	20.0	40.0	16.0	20.0	40.0
0.40	26～32	25～31	24～30	30～35	29～34	27～32
0.50	30～35	29～34	28～33	33～38	32～37	30～35
0.60	33～38	32～37	13～36	36～41	35～40	33～38
0.70	36～41	35～40	34～39	39～44	38～43	36～41

注:1. 本表数值系中砂的选用砂率,对细砂或粗砂可相应地减少或增大砂率。

2. 只用一个单粒级粗骨料配制混凝土时,砂率应适当增大。

3. 采用人工砂配制混凝土时,砂率可适当增大。

4. 本表中的砂率系指砂与骨料总量的质量比。

(3)坍落度大于 60 mm 的混凝土,其砂率可经试验确定,也可在表 4-14 的基础上,按坍落度每增大 20 mm，砂率增大 1%的幅度予以调整。

6)计算粗、细骨料的用量(m_{g0}，m_{s0})

粗、细骨料的用量可用质量法或体积法求得。

(1)质量法。如果原材料情况比较稳定及相关技术指标符合标准要求，则所配制的混凝土拌合物的表观密度将接近一个固定值，这样可以先假设一个 1 m³ 混凝土拌合物的质量值。因此可列出下式：

$$\left.\begin{aligned} &m_{f0}+m_{c0}+m_{g0}+m_{s0}+m_{w0}=m_{cp} \\ &\beta_s=\frac{m_{s0}}{m_{g0}+m_{s0}}\times 100\% \end{aligned}\right\} \tag{4-11}$$

式中，m_{cp}为每立方米混凝土拌合物的假定质量(kg)，其值可取 2 350～2 450 kg。

(2)体积法。根据 1 m³ 混凝土体积等于各组成材料绝对体积与所含空气体积之和，按下式计算：

$$\left.\begin{aligned} &\frac{m_{f0}}{\rho_f}+\frac{m_{c0}}{\rho_c}+\frac{m_{g0}}{\rho_g}+\frac{m_{s0}}{\rho_s}+\frac{m_{w0}}{\rho_w}+0.01\alpha=1 \\ &\beta_s=\frac{m_{s0}}{m_{g0}+m_{s0}}\times 100\% \end{aligned}\right\} \tag{4-12}$$

式中，ρ_c 为水泥密度(kg/m³)，可取 2 900～3 100 kg/m³；ρ_f 为矿物掺合料密度(kg/m³)；ρ_g 为粗骨料的表观密度(kg/m³)；ρ_s 为细骨料的表观密度(kg/m³)；ρ_w 为水的密度(kg/m³)，可取 1 000 kg/m³；α 为混凝土的含气量百分数，在不使用引气剂或引气型外加剂时，α 可取 1。

解式(4-11)或式(4-12)，即可求出 m_{g0}，m_{s0}。

通过以上六个步骤，便可将水、水泥、砂和石子的用量全部求出，得出初步计算配合比，供试配用。

2. 进行试配，提出基准配合比

以上求出的各材料用量是借助于一些经验公式和数据计算出来，或是利用经验资料查得的，因而不一定能够完全符合具体的工程实际情况，必须通过试拌调整，直到混凝土拌合物的和易性符合要求为止，然后提出供检验强度用的基准配合比。

(1)按初步计算配合比，称取实际工程中使用的材料进行试拌。

(2)混凝土配合比试配时，每盘混凝土的最小搅拌量应符合表 4-15 的规定；当采用机械搅拌时，其搅拌量不应小于搅拌机公称容量的 1/4，且不应大于搅拌机的公称容量。

表 4-15　混凝土试配的最小搅拌量

粗骨料最大公称粒径/mm	拌合物数量/L
≤31.5	20
40.0	25

(3)试配时材料称量的精确度：骨料为±1%，水泥及外加剂均为±0.5%。

(4)混凝土搅拌均匀后，检查拌合物的性能。当和易性不能满足要求时，应在保持水胶比不变的条件下相应调整用水量或砂率，一般调整幅度为 1%～2%，直到符合要求为止。然后提出供强度试验用的基准混凝土配合比。

3. 检验强度，确定试验室配合比

1）检验强度

经过和易性调整后得到的基准配合比，其水胶比选择不一定恰当，即混凝土的强度有可能不符合要求，所以应检验混凝土的强度。强度检验时应至少采用三个不同的配合比，其一为基准配合比，另外两个配合比的水胶比宜较基准配合比分别增加和减少 0.05，而其用水量应与基准配合比相同，砂率可分别增加和减少 1%。每种配合比制作一组（三块）试件，并经标准养护到 28 d 时试压（在制作混凝土试件时，尚需检验混凝土的和易性及测定表观密度，并以此结果作为代表这一配合比的混凝土拌合物的性能值）。

2）确定试验室配合比

（1）由试验得出的三组水胶比及其对应的混凝土强度之间的关系，通过作图或计算求出与混凝土配制强度（f_{cu}）相适应的水胶比，并按下列原则确定 1 m^3 混凝土的材料用量。

①用水量（m_w）。取基准配合比中的用水量，并根据制作强度试件时测得的坍落度或维勃稠度进行适当的调整。

②凝胶材料用量（m_b）。应以用水量乘以确定的水胶比计算得出。

③粗、细骨料用量（m_g、m_s）。取基本配合比中的粗、细骨料用量，并按选定的水胶比进行适当的调整。

（2）混凝土表观密度的校正。配合比经试配、调整和确定后，还需根据实测的混凝土表观密度（$\rho_{c,t}$）作必要的校正，其步骤如下。

①计算混凝土拌合物的表观密度计算值（$\rho_{c,c}$）。

$$\rho_{c,c}=(m_w+m_c+m_s+m_g+m_f)/1\ m^2 \tag{4-13}$$

②计算混凝土配合比校正系数 δ。

$$\delta=\frac{\rho_{c,t}}{\rho_{c,c}} \tag{4-14}$$

式中，$\rho_{c,t}$为混凝土拌合物的表观密度实测值（kg/m^3）；$\rho_{c,c}$为混凝土拌合物的表观密度计算值（kg/m^3）。

③当混凝土拌合物的表观密度实测值 $\rho_{c,t}$与计算值 $\rho_{c,c}$之差的绝对值不超过计算值的 2%时，以上定出的配合比即为确定的试验室配合比；当二者之差超过计算值的 2%时，应将配合比中的每项材料用量均乘以校正系数 δ。

4. 施工配合比

施工配合比是以干燥材料为基准的，而工地存放的砂、石是露天堆放的，都含有一定的水分，而且随着气候的变化，含水情况经常变化。所以，现场材料的实际称量按工地砂、石的含水情况进行修正，修正后的配合比称为施工配合比。

假定工地存放砂的含水率为 $a\%$，石子的含水率为 $b\%$，则将上述设计配合比换算为施工配合比，其材料称量为：

$$\begin{aligned} m_c' &= m_c \\ m_s' &= m_s(1+a\%) \\ m_g' &= m_g(1+b\%) \\ m_w' &= m_w-a\%m_s-b\%m_g \end{aligned} \tag{4-15}$$

式中，m_c'、m_s'、m_g'、m_w'分别为施工配合比 1 m^3 混凝土的水泥用量、砂用量、石子用量、水用量（kg/m^3）。

【例 4-2】 某框架结构工程现浇钢筋混凝土梁，混凝土的设计强度等级为 C30，施工要求坍落度为 35～50 mm（混凝土由机械搅拌、机械振捣），根据施工单位历史统计资料，混凝土强度标准差 $\sigma=5.0$ MPa。采用的原材料如下。

水泥：42.5 级普通水泥（实测 28 d 强度为 46.0 MPa），密度 $\rho_c=3\,100\ kg/m^3$。

砂：中砂，表观密度 $\rho_s=2\,650\ kg/m^3$。

石子：碎石，表观密度 $\rho_g=2\,700\ kg/m^3$，最大粒径 $D_{max}=20$ mm。

水：自来水。

试设计混凝土配合比（按干燥材料计算）。施工现场砂含水率为 5%，碎石含水率为 2%，求施工配合比。

【解】

1. 初步配合比的计算

(1) 确定试配强度 $f_{cu,0}$。

$f_{cu,0}=f_{cu,k}+1.645\sigma=30+1.645\times5.0=38.2$ MPa

(2) 确定水胶比 W/B。

碎石：$\alpha_a=0.53$，$\alpha_b=0.20$

$$\frac{W}{B}=\frac{\alpha_a\cdot f_b}{f_{cu,0}+\alpha_a\cdot\alpha_b\cdot f_b}=\frac{0.53\times46.0}{38.2+0.53\times0.20\times46.0}=0.57$$

(3) 确定单位用水量 m_{w0}。

查表 4-11 取 $m_{w0}=195$ kg

(4) 计算水泥用量 m_{c0}。

$$m_{c0}=\frac{m_{w0}}{W/B}=\frac{195}{0.57}=342\ \text{kg}$$

(5) 确定合理砂率 β_s。

根据骨料及水胶比情况，查表 4-14，取 $\beta_s=36\%$。

(6) 计算粗、细骨料用量（m_{g0} 及 m_{s0}）。

①用质量法计算。

$$m_{c0}+m_{g0}+m_{s0}+m_{w0}=m_{cp}$$

$$\beta_s=\frac{m_{s0}}{m_{g0}+m_{s0}}\times100\%$$

假定 1 m^3 混凝土拌合物的质量 $m_{cp}=2\,376$ kg，则：

$$342+m_{g0}+m_{s0}+195=2\,376$$

$$\frac{m_{s0}}{m_{g0}+m_{s0}}=0.36$$

解得：$m_{g0}=1\,179$ kg，$m_{s0}=660$ kg。

②用体积法计算。

$$\frac{342}{3100}+\frac{m_{g0}}{2\,700}+\frac{m_{s0}}{2\,650}+\frac{195}{1000}+0.01=1$$

$$\frac{m_{s0}}{m_{g0}+m_{s0}}=0.36$$

解得：$m_{g0}=1\ 178\ kg$，$m_{s0}=661\ kg$。

两种方法计算结果相近。若按质量法计算，则初步配合比为：

水泥 $m_{c0}=342\ kg$，砂 $m_{s0}=660\ kg$，石子 $m_{g0}=1\ 179\ kg$，水 $m_{w0}=195\ kg$。

2. 配合比的试配、调整与确定

(1)基准配合比的确定。

按初步配合比试拌混凝土 20 L，其材料用量为：水泥 $0.02\times342=6.84\ kg$；水 $0.02\times195=3.90\ kg$；砂 $0.02\times660=13.20\ kg$；石子 $0.02\times1\ 179=23.58\ kg$。

搅拌均匀后做和易性试验，测得的坍落度为 40 mm，符合要求。若不符合要求，则应增减 5%的水泥浆调整。

(2)试验室配合比的确定。

在基准配合比的基础上，拌制三种不同水胶比的混凝土，并制作三组强度试件。其一是水胶比为 0.53 的基准配合比，另两种水胶比分别为 0.48 及 0.58，经试拌检查，和易性均满足要求。标准养护 28 d 后，进行强度试验，得出最佳参量。测得拌合物的表观密度为 $2\ 408\ kg/m^3$，而混凝土表观密度的计算值为：

$$\rho_{c,c}=204+358+660+1\ 179=2401\ kg/m^3$$

其校正系数 $\delta=\dfrac{\rho_{c,t}}{\rho_{c,c}}=\dfrac{2408}{2401}\approx1$

由于实测值与计算值之差不超过计算值的 2%，因此上述配合比可不作校正，则试验室配合比 $m_c:m_s:m_g:m_w=358:660:1179:204=1:1.84:3.29:0.57$。

(3)现场施工配合比。

将设计配合比换算成现场施工配合比。用水量应扣除砂、石所含水量，而砂、石量则应增加砂、石含水的质量。所以施工配合比为：

$$m_c'=358\ kg$$

$$m_s'=660\times(1+5\%)=693\ kg$$

$$m_g'=1\ 179\times(1+2\%)=1\ 203\ kg$$

$$m_w'=204-660\times5\%-1179\times2\%=147\ kg$$

4.5 其他品种混凝土

1. 高强混凝土

高强混凝土是指强度等级不小于 C60 的混凝土。高强混凝土的强度高、耐久性好、变形小，在相同受力条件下能减小构件体积，降低钢筋用量，能适应现代工程结构向大跨度、重载、高耸发展和承受恶劣环境条件的需要，获得明显的工程效益和经济效益。

要求混凝土高强，就必须使胶凝材料本身高强；胶凝材料与集料结合力强，集料本身强度高、级配好、最大粒径适当。因此，配制高强混凝土应选用质量稳定、强度等级不低于 42.5 级的硅酸盐水泥或普通硅酸盐水泥；粗集料的最大粒径不应大于 31.5 mm，针、片状颗粒含量不应大于 5.0%，含泥量不应大于 10%，泥块含量不应大于 0.5%；细集料宜采用细度模数大于 2.6 且颗粒级配良好的中砂，含泥量不应大于 2.0%，泥块含量不应大于 0.5%；配制高强混凝土应采用高效减水剂或缓凝高效减水剂，应掺用活性较好的矿物掺合料。

高强混凝土配合比的试配和确定步骤与普通混凝土相同，当采用 3 个不同的水灰比进行强度试验时，其中一个为基准配合比，另外两个配合比的水灰比宜比基准配合比的水灰比增大或减小 0.02～0.03。用水量可按普通混凝土的规定，水泥用量不应大于 550 kg/m³。高强混凝土主要用于混凝土桩基、预应力轨枕、电杆、大跨度薄壳结构、桥梁及输水管等。

2. 轻混凝土

轻混凝土是指干表观密度小于 1 950 kg/m³ 的混凝土，有轻集料混凝土、多孔混凝土和大孔混凝土。

轻集料混凝土是用质轻多孔的集料和水泥配制的，按用途可分为三大类，其相应的强度等级和表观密度要求见表 4-16。多孔混凝土中无粗、细集料，靠向料浆中添加加气剂、泡沫剂和高压空气来产生多孔结构，孔隙率高达 60%以上。大孔混凝土是用粒径相近的粗集料和有限的水泥浆配制而成的，应以水泥浆能均匀包裹集料表面不流淌为准，水灰比一般为 0.30～0.40。

表 4-16　轻集料混凝土按用途分类　　单位：kg/m³

类别名称	混凝土强度等级的合理范围	混凝土表观密度等级的合理范围	用　途
保温轻骨料混凝土	CL5.0	800	主要用于保温的围护结构或热工构筑物
结构保温轻骨料混凝土	CL5.0 CL7.5 CL10 CL15	800～1 400	主要用于既承重又保温的围护结构
结构轻骨料混凝土	CL15 CL20 CL25 CL30 CL35 CL40 CL45 CL50	1 400～1 950	主要用于承重构件或构筑物

轻混凝土的最大特点是表现密度小、自重轻、具有良好的保温性能，主要用做有保温要求的墙体、屋面或各种构筑物的保温层。

3. 泵送混凝土

泵送混凝土是在泵压的作用下混凝土经刚性或柔性管道输送到浇筑地点进行混凝土浇筑。

泵送混凝土要求具有比一般混凝土更好的流动性、可塑性及稳定性。因此，对混凝土集料、水泥品种、外加剂的选择都必须更加严格。泵送混凝土应选用硅酸盐水泥、普通水泥、矿渣水泥和粉煤灰水泥，不宜采用火山灰水泥，水泥用量不宜少于 300 kg/m^3，细集料宜采用中砂，通过 0.315 mm 筛孔的砂不小于 15%，砂率控制在 40%～50%；粗集料应采用连续级配，且针、片状颗粒含量不宜大于 10%。

4. 防辐射混凝土

防辐射混凝土也称防护混凝土、屏蔽混凝土或重混凝土，能屏蔽 α、β、γ、X 射线和中子射线的辐射，是常用的防护材料。

各种射线的穿透能力不同，α、β 射线要比 γ、X 射线和中子射线弱得多，一般物质对它们均有防御能力。对于 γ、X 射线，高密度的物质具有较好的防御能力。对于中子射线的防御则以含有轻质原子的材料，特别是含有氢原子的水最为有效。而中子与水作用又产生强烈的 γ 射线，则需要密度大的物质来防护。因此，对于防御中子的材料要求更为严格，不仅要含有大量的轻质原子，以吸收中子，还要有较高的密度。用重集料和水泥配制的混凝土防护 γ 射线和中子射线的辐射作用既经济又有效。

配制防辐射混凝土宜采用胶凝性好、水化热低、水化时结合水最多的水泥。一般可用硅酸盐水泥，最好用高铝水泥或其他特种水泥（如钡水泥），所用集料应采用密度大的重集料，如重晶石（表观密度为 4 000～4 500 kg/m^3）、赤铁矿、磁铁矿（表观密度为 4500 kg/m^3 或更大）及金属碎块（圆钢、扁钢及铸铁块等）。为了提高防御中子射线的性能，可以在其中掺入附加剂以增加原子量较轻元素的成分，如硼酸、硼盐等。

5. 纤维混凝土

纤维混凝土是以普通混凝土为基材，将短而细的分散性纤维均匀地撒布在普通混凝土中制成的。掺入纤维的目的是提高混凝土的抗拉强度及抗冲击性，降低混凝土的脆性。

一般来说，纤维可分为两类：一类为高弹性模量的纤维，包括玻璃纤维、钢纤维和碳纤维等，其中以钢纤维应用最多；另一类为低弹性模量的纤维，如尼龙、聚丙烯、人造丝以及植物纤维，其中聚丙烯纤维应用最多。低弹性模量纤维能提高冲击韧性，但对抗拉强度影响不大。各类纤维中以钢纤维对抑制混凝土裂缝的形成、提高混凝土抗拉和抗弯强度、增加混凝土韧性效果最好。

纤维混凝土主要应用于路面、桥面、飞机跑道、管道、屋面板及墙板等。

6. 防水混凝土（抗渗混凝土）

防水混凝土是设法提高抗渗性能，以达到抗渗要求的混凝土。

普通混凝土内分布有许多微细孔隙，孔隙的存在使其抗渗性能很差。因此，有抗渗要求的工程，应针对抗渗等级的高低配制不同的防水混凝土。其一般是通过改善混凝土组成材料的质量，合理选择混凝土配合比和集料级配，以及掺加适当外加剂，达到混凝土内部密实或堵塞混凝土毛细管通路，使混凝土具有较高的抗渗性能。

防水混凝土多用于地下工程及储水构筑物，其强度根据结构计算而定，抗渗性主要按水压力值及结构厚度设计，以抗渗等级提出要求。

7. 耐火混凝土

由于硅酸盐水泥配制的普通混凝土不耐高温，而且水化物氢氧化钙的分解和集料的分解或膨胀，会导致破坏。因此，某些耐火度要求较高的构筑物，必须配制耐火混凝土。耐火混凝土是指在长期高温(200 ℃～900 ℃)作用下能保持所需物理力学性能的特种混凝土。

耐火混凝土是由适当的胶凝材料、耐热粗细集料和水按一定比例配制而成的。根据所用胶凝材料不同，其通常可分为硅酸盐水泥耐热混凝土、铝酸盐水泥耐热混凝土、水玻璃耐热混凝土和磷酸盐耐热混凝土。

8. 耐酸混凝土

普通混凝土的集料和水泥都不耐酸，与酸性介质接触的构筑物，必须采用耐酸混凝土。耐酸混凝土由水玻璃作胶凝材料、硅氟酸钠作促凝剂，与耐酸粗细集料及掺合料按一定比例配制而成。它能抵抗多种酸和大部分腐蚀性气体的侵蚀。耐酸混凝土适用于输油管、储酸槽、酸洁槽、耐酸地坪及耐酸器材。

9. 聚合物混凝土

聚合物是指由许多高分子所组成的物质，是有机高分子材料，具有良好的塑性、黏结性、抗腐蚀性与耐火性。由聚合物、无机胶凝材料和集料配制而成的混凝土称为聚合物混凝土。

聚合物混凝土一般可分为聚合物水泥混凝土、聚合物树脂混凝土、聚合物浸渍混凝土三种。聚合物水泥混凝土是将聚合物加入普通混凝土拌合物中，聚合物的固化与水泥的硬化同时进行的一种混凝土。聚合物树脂混凝土是用聚合物作胶黏料，与普通混凝土集料混合而成的混凝土。聚合物浸渍混凝土是将已成型硬化的混凝土充分干燥，用有机浸液浸渍后，使其在混凝土内部聚合的一种混凝土。

聚合物混凝土强度高，抗渗性、耐磨性和耐侵蚀性强。其适用于有抗渗、耐磨、耐侵蚀要求的混凝土工程。

思考与练习

1. 普通混凝土由哪些材料组成？他们在混凝土凝结硬化前后各起什么作用？
2. 混凝土的和易性包括哪些内容？
3. 影响混凝土和易性的主要因素有哪些？
4. 混凝土采用减水剂可取得哪些经济技术效果？
5. 简述混凝土配合比设计的三个基本参数及确定原则。
6. 为了节约水泥，在配制混凝土时应采取哪些措施？

模块 5 砂　　浆

学习目标

- ◉ 了解砂浆的定义和分类。
- ◉ 了解砌筑砂浆的组成材料及技术性质。
- ◉ 掌握砌筑砂浆的配合比设计。
- ◉ 熟悉特种砂浆的种类及用途。

建筑砂浆是由胶凝材料、细骨料、水以及根据性能确定的其他组分，按适当比例配合拌制并经硬化而成的建筑工程材料，在建筑工程中起黏结、衬垫和传递应力的作用。由于砂浆中没有粗集料，因此可认为砂浆是一种细集料混凝土。

建筑砂浆和混凝土的区别在于不含粗骨料，按用途不同可分为砌筑砂浆、抹面砂浆及特殊用途砂浆；按所用胶黏材料不同分为水泥砂浆、石灰砂浆、混合砂浆等。

5.1 砌筑砂浆

在砌体结构中，将砖、石、砌块等块状材料黏结成为砌体的砂浆称为砌筑砂浆。它起着黏结块材、传递荷载及填充缝隙以提高建筑物相关性能的作用，是砌体的重要组成部分。

测试题

5.1.1 砌筑砂浆的组成材料

1. 水泥

水泥是砂浆的主要胶黏料，硅酸盐系的普通水泥、矿渣水泥、火山灰水泥、粉煤灰水泥及砌筑水泥等都可用来配制砌筑砂浆。可根据砌筑部位、所处的环境条件等设计要求选择适宜的水泥品种。水泥砂浆采用的水泥，其强度等级不宜大于 32.5 级；水泥混合砂浆采用的水泥，其强度等级不宜大于 42.5 级。由于砂浆强度要求不高，并考虑到其保水性，因此在配制砂浆时应尽量选用强度等级较低的水泥。对于一些特殊用途的砂浆，如修补裂缝、预制构件嵌缝及结构加固等可采用膨胀水泥。

在干燥环境中使用的砂浆，也可以选用石灰、石膏和黏土等作为胶黏料。

2. 细集料

砌筑砂浆常用的细集料是天然砂，应符合有关国家标准的技术要求。由于砂浆层较薄，细集料对砂子的最大粒径有所限制。毛石砌体的砂浆宜选用粗砂，其最大粒径不应超过砂浆厚度的1/5～1/4；砖砌体砂浆宜选用中砂，其最大粒径不应大于2.5 mm；为保证砂浆质量，砌筑用砂应过筛，以限制砂中的黏土杂质含量，砂的含泥量不应超过5%；强度等级为M2.5的水泥混合砂浆，含泥量不应超过10%。

3. 掺合料

为改善砂浆的和易性，节约水泥用量，可在砂浆中掺入石灰膏、黏土膏、电石膏、磨细生石灰、粉煤灰等无机掺合料。掺合料应符合以下规定。

(1)熟化后的石灰膏应用孔径不大于3 mm×3 mm的网过滤，熟化时间不得少于7 d；磨细生石灰粉的熟化时间不得少于2 d。沉淀池中储存的石灰膏，应保持膏体上面有一水层，以防石灰膏的碳化变质。严禁使用脱水硬化的石灰膏。

(2)采用黏土或亚黏土制备黏土膏时，应用搅拌机加水搅拌，通过孔径不大于3 mm×3 mm的网过滤，用比色法检验黏土中的有机物含量应浅于标准色。

(3)制作电石膏的电石渣应用孔径不大于3 mm×3 mm的网过滤。为了使乙炔气体全部放完，要加热至70 ℃并保持20 min，没有乙炔气味后，方可使用。

(4)消石灰粉不得直接用于砌筑砂浆中。

(5)石灰膏、黏土膏、电石膏适配时的稠度应为(120±5)mm。

(6)粉煤灰、磨细生石灰的品质指标，应符合国家标准要求。

4. 外加剂

砂浆外加剂是在拌制砂浆过程中掺入的，用来改善砂浆某些性能的物质。常用的砂浆外加剂主要有减水剂、引气剂、早强剂、缓凝剂、防冻剂、膨胀剂和微沫剂等。

砌筑砂浆中掺入的砂浆外加剂，应具有法定检测机构出具的该产品砌体强度检验报告，并经砂浆性能试验合格后，方能使用。应注意外加剂的品种和掺量对水泥的适应性问题，需通过砂浆性能试验后确定。

5. 水

砂浆拌和用水的技术要求与普通混凝土拌和用水相同，应符合《混凝土用水标准(附条文说明)》(JGJ 63—2006)的规定，宜选用不含杂质的洁净水来拌制砂浆。

5.1.2　砌筑砂浆的技术性质

砌筑砂浆应满足以下技术性能。

(1)满足和易性要求。

(2)满足设计种类和强度等级要求。

(3)具有足够黏结强度和耐久性。

1. 新拌砂浆的和易性

新拌砂浆的和易性是指砂浆拌合物在施工过程中既便于施工操作，提高劳动生产率，又能保证工程质量的性质。和易性良好的砂浆，在运输和施工过程中不易产生分层、泌水现象，且容易在粗糙的砌筑底面（基面）上铺成均匀的薄层，使灰缝饱满密实，能与底面很好地黏结成整体。新拌砂浆的和易性可由流动性和保水性两个方面作综合评定。

1）流动性

砂浆的流动性（又叫稠度）是指新拌砂浆在自重或外力作用下易于流动的性能。砂浆的流动性用砂浆稠度测定仪测定，以稠度或沉入度（mm）表示，即标准圆锥体在砂浆内自由下沉 10 s 时沉入的深度。沉入度越大，表明流动性越强。

砂浆的流动性适宜时，可提高施工效率，有利于保证施工质量。砂浆流动性的选择与砌体种类、环境温度及湿度、施工方法等因素有关。若砂浆流动性过大（太稀），则会增加铺砌难度，且强度下降；若砂浆流动性过小（过稠），则施工困难，不易铺平。

2）保水性

新拌砂浆保持其内部水分不泌水流失的能力称为保水性。保水性不良的砂浆在运输、存放和施工过程中容易产生分层、离析、泌水现象，且水分易被砌体吸收，影响正常硬化，从而降低砂浆的黏结强度。

砂浆的保水性用砂浆分层度测定仪测定，以分层度（m）表示，分层度越小，砂浆的保水性越好。砂浆的分层度一般以 1～20 mm 为宜。分层度过大，保水性太差，不利于施工和水泥凝结，故不宜采用，规程要求砌筑砂浆的分层度不得大于 30 mm；若分层度过小，如分层度为零的砂浆，虽然保水性好，但过于黏稠则不易施工且易发生干缩裂缝。

砂浆的保水性与胶黏料、掺合料及外加剂的品种和用量、集料粒径和细颗粒含量有关。若胶黏料不足，砂浆的保水性将降低，在水泥砂浆中掺入石灰、粉煤灰、引气剂或微沫剂等可有效地提高其保水性。在胶黏料一定的情况下，集料越细，总表面积越大，其吸附水分的能力越强，砂浆的保水性越好。

2.硬化砂浆的技术性能

硬化后的砂浆应满足抗压强度、黏结强度、变形和耐久性的要求。

1）砂浆抗压强度和强度等级

在砌体或建筑物中，砂浆主要起胶黏及承受和传递荷载的作用、故应具有一定的抗压强度。砂浆的抗压强度是确定其强度等级的主要依据。

砂浆的抗压强度是指一组（6 块）边长为 70.7 mm 的立方体标准试件，在标准条件下养护 28 d 后，用标准试验方法测得的抗压强度（MPa）平均值。

根据砂浆的抗压强度，其强度等级分为 M2.5、M5、M7.5、M10、M10.5 和 M20 六个等级。

砂浆强度受砂浆本身的组成材料及配合比的影响。同种砂浆在配合比相同的情况下，砂浆强度还与砌筑层的吸水性能有关。养护条件（温度和湿度）也会影响砂浆的强度及强度增长。

砌筑砂浆的强度等级应根据工程类别及不同砌体部位选择。在一般建筑工程中，办公楼、教学楼及多层商店等工程宜用 M5～M10 的砂浆，平房宿舍、商店等工程多用 M2.5～M5 的砂浆，食堂、仓库、地下室及工业厂房等多用 M2.5～M10 的砂浆，检查井、雨水井、化粪池等可用 M5 的砂浆。特别重要的砌体才使用 M10 以上的砂浆。

2)黏结强度

砂浆与砌筑材料的黏结力称为黏结强度。砂浆的黏结强度越高,则整个砌体的强度、耐久性及抗震性越好。决定黏结强度的主要因素是砂浆的抗压强度,一般情况下砂浆的抗压强度越高,其黏结强度也越高。此外,砂浆的黏结强度与所砌筑材料的表面状态、清洁程度、潮湿情况、养护条件及施工水平等也密切相关。砌筑材料表面粗糙、清洁、湿润、养护好,施工质量好,砂浆的黏结强度高。

3)变形

荷载或温度、湿度条件变化时,砂浆也会产生变形。若变形过大或不均匀,将引起沉陷或裂缝,从而降低砌体质量。轻集料拌制或掺合料太多的砂浆,比普通砂浆的收缩变形大。因此,应采取有效措施防止砂浆开裂。

4)耐久性

在受冻融影响较多的建筑部位,要求砂浆具有一定的抗冻性。水工砂浆对耐久性的要求更为严格。因水工砂浆受环境水的作用,必须满足抗渗、抗冻、抗冲磨、抗侵蚀等耐久性要求。如抗冻性,具有冻融循环次数要求的砌筑砂浆,经冻融试验后,其质量损失率不得大于5%,抗压强度损失率不得大于25%。影响砂浆耐久性的因素与混凝土基本相同。通过对这些因素的合理调整,可改善砂浆的耐久性。

5.1.3 砂浆配合比设计

砌筑砂浆由水泥、细集料、掺合料和水配制而成,必要时还需加入适量的外加剂。砂浆的配合比设计就是确定砂浆中各组成成分的用量,既要满足砂浆的强度要求,又要满足和易性要求,还应满足经济合理的要求。

常用的砌筑砂浆分为水泥砂浆和水泥混合砂浆,依据《砌筑砂浆配合比设计规程》(JGJ 98—2010)的规定,砌筑砂浆的配合比按如下方法设计。

1.水泥混合砂浆

(1)确定砂浆的试配强度。

砂浆的试配强度应按下式计算:

$$f_{m,0}=kf_2 \tag{5-1}$$

式中,$f_{m,0}$为砂浆的试配强度(MPa),精确至0.1 MPa;f_2为砂浆的强度等级值(MPa),精确至0.1 MPa;k按表5-1取值。

表5-1 砂浆强度标准差及k值

施工水平	强度等级							
	强度标准差σ/MPa							k
	M5	M7.5	M10	M15	M20	M25	M30	
优良	1.00	1.50	2.00	3.00	4.00	5.00	6.00	1.15
一般	1.25	1.88	2.50	3.75	5.00	6.25	7.50	1.20
较差	1.50	2.25	3.00	4.50	6.00	7.50	9.00	1.25

砌筑砂浆强度标准差的确定应符合下列规定。

①当有统计资料时,砂浆强度标准差应按下式计算:

$$\sigma=\sqrt{\frac{\sum_{i=1}^{n}f_{m,i}^{2}-n\mu_{fm}^{2}}{n-1}} \tag{5-2}$$

式中,$f_{m,i}$为统计周期内同一品种砂浆第 i 组试件的强度(MPa);μ_{fm}为统计周期内同一品种砂浆 n 组试件强度的平均值(MPa);n 为统计周期内同一品种砂浆试件的总组数,$n\geqslant25$。

②当无统计资料时,砂浆强度标准差 σ 可按表 5-1 取值。

(2)计算水泥用量。

①每立方米砂浆中的水泥用量(Q_C)应按下式计算:

$$Q_C=\frac{1\,000(f_{m,0}-\beta)}{\alpha\cdot f_{ce}} \tag{5-3}$$

式中,Q_C 为每立方米砂浆中的水泥用量(kg),精确至 1 kg;$f_{m,0}$为砂浆的试配强度(MPa),精确至 0.1(MPa);f_{ce}为水泥实测强度(MPa),精确至 0.1(MPa);α、β 为砂浆的特征系数,其中 α 取 3.03,β 取 −15.09。

②在无法取得水泥的实测强度值时,可按下式计算:

$$f_{ce}=\gamma_c\cdot f_{ce,k} \tag{5-4}$$

式中,$f_{ce,k}$为水泥强度等级值(MPa);γ_c 为水泥强度等级值的富余系数,宜按实际统计资料确定;无统计资料时可取 1.0。

(3)计算石灰膏用量。石灰膏用量应按下式计算:

$$Q_D=Q_A-Q_C \tag{5-5}$$

式中,Q_D 为每立方米砂浆的石灰膏用量(kg),精确至 1 kg,石灰膏使用时的稠度宜为(120±5) mm;Q_C 为每立方米砂浆的水泥用量(kg),精确到 1 kg;Q_A 为每立方米砂浆水泥和石灰膏的总量(kg),精确到 1 kg,可为 350 kg。

(4)每立方米砂浆中的砂子用量,应按干燥状态(含水率小于 0.5%)的堆积密度值作为计算值(kg)。

(5)每立方米砂浆中的用水量,根据砂浆稠度等要求可选用 210～310 kg。但应注意以下几点。

①混合砂浆中的用水量,不包括石灰膏中的水。

②当采用细砂或粗砂时,用水量分别取上限和下限。

③稠度小于 70 mm 时,用水量可小于下限。

④施工现场气候炎热或干燥季节,可酌量增加用水量。

(6)试配、调整与确定。

①试配检验、调整和易性,确定基准配合比。按计算配合比试配,测定其稠度和分层度,不满足要求则调整用水量或掺合料用量,直到符合要求为止,由此得到基准配合比。

②砂浆强度调整与确定。检验强度时至少应采用三个不同的配合比,其中一个为基准配合比,另两个配合比的水泥用量按基准配合比分别增加和减少 10%,在保证稠度、分层度合格的条件下,可将用水量或掺合料用量作相应调整。三组配合比分别成型、养护、测定 28 d强度,选定符合试配强度要求的且水泥用量最低的配合比作为砂浆配合比。

水泥混合砂浆的密度不宜小于 1 800 kg/m^3。

2. 水泥砂浆配合比的选用

依据《砌筑砂浆配合比设计规程》(JGJ 98—2010)的规定,水泥砂浆的材料用量可按表 5-2 选用。

表 5-2　每立方米水泥砂浆材料用量　　单位:kg/m^3

强度等级	水　泥	砂	用水量
M5	200～230	砂的堆积密度值	270～330
M7.5	230～260		
M10	260～290		
M15	290～330		
M20	340～400		
M25	360～410		
M30	430～480		

注:1. M15 及 M15 以下强度等级水泥砂浆,水泥强度等级为 32.5 级;M15 以上强度等级水泥砂浆,水泥强度等级为 42.5 级。

2. 当采用细砂或粗砂时,用水量分别取上限或下限。

3. 当稠度小于 70 mm 时,用水量可小于下限。

4. 施工现场气候炎热或干燥季节,可酌量增加用水量。

5. 试配强度应按式(5-1)计算。

5.2　抹面砂浆

抹面砂浆(又称抹灰砂浆)是指涂抹在建筑物或建筑构件表面的砂浆。其作用是保护墙体不受风雨、潮气等的侵蚀,提高墙体防潮、防风化、防腐蚀等方面的耐久性,同时,使墙体、地面等建筑部位平整、光滑、美观。

视频
墙面抹灰

抹面砂浆的组成材料与砌筑砂浆基本相同,但为了防止砂浆层开裂,有时需加入一些纤维材料(如纸筋、麻刀等),为了使其具有某些功能有时也加入一些特殊骨料或掺合料(如陶砂、膨胀珍珠岩等)。

抹面砂浆在性能上与砌筑砂浆的要求有些差异。抹面砂浆除要求具有良好的和易性,便于施工外,其与基层材料的黏结强度应较高。一般情况下,对抹面砂浆的强度要求不高,而处于潮湿环境或易受外力作用的部位,则应具有较高的强度和耐水性。

5.2.1　普通抹面砂浆

普通抹面砂浆是建筑工程中用量最大的抹面砂浆,通常分为两层或三层进行施工。由于各层作用和抹灰要求不同,因此每层所选用的砂浆也有所差别。一般底层砂浆起黏结基层的作用,要求砂浆应具有良好的和易性和较高的黏结力,其保水性要好,否则水分就容易被底面材料吸收而影响砂浆的黏结力,底面应粗糙些,有利于与砂浆的黏结。中层抹灰主要是为了找平,有时可省略不用。面层抹灰主要为了平整美观,因此应选用细砂。

普通抹面砂浆的配合比及应用范围可参考表 5-3。

表 5-3　普通抹面砂浆的配合比及应用范围

抹面砂浆组成材料	配合比(体积比)	应用范围
石灰：砂	1：2～1：4	用于砖石墙表面
石灰：黏土：砂	1：1：4～1：1：8	用于干燥环境表面
石灰：石膏：砂	1：0.4：2～1：1：3	用于干燥环境屋面木质表面
石灰：石膏：砂	1：2：2～1：2：4	用于干燥环境房间的脚线及修饰工程
石灰：石膏：砂	1：0.6：2～1：1.5：3	用于干燥环境房间的墙及天花板
石灰：水泥：砂	1：0.5：4.5～1：1：1.5	用于檐口、勒脚、女儿墙及潮湿部位
水泥：砂	1：3～1：2.5	用于浴室、潮湿车间等墙裙、勒脚或地面基层
水泥：砂	1：2～1：1.5	用于地面、天棚或墙面面层
水泥：砂	1：0.5～1：1	用于混凝土地面随时压光
石灰：石膏：水泥：锯末	1：1：3：5	用于吸音粉刷
水泥：白石子	1：2～1：1	用于水磨面
水泥：白石子	1：1.5	用于剁石
白灰：麻刀	100：2.5(质量比)	用于板条天棚底层
石灰膏：麻刀	100：1.3(质量比)	用于板条天棚面层
纸筋：白灰浆	灰膏 0.1 m^3，纸筋 0.36 kg	用于较高级墙板、天棚

5.2.2　装饰抹面砂浆

装饰抹面砂浆是指涂抹在建筑物内外墙表面，具有美观装饰效果的抹面砂浆。装饰抹面砂浆的底层和中层与普通抹面砂浆基本相同，主要是装饰的面层，要选用具有一定颜色的胶凝材料和集料以及采用某些特殊的操作工艺，使表面呈现出不同的色彩、纹理质感、线条与花纹等装饰效果。

装饰砂浆的胶凝材料采用石膏、石灰、普通水泥、矿渣水泥、火山灰水泥以及白水泥、彩色水泥，或在水泥中掺加白色大理石粉，使砂浆表面色彩明亮。

其集料多为白色、浅色或彩色的天然砂、彩轴砂和着色砂，也可用彩色大理岩或花岗岩碎屑、陶瓷碎粒或特制的塑料色粒。有时也可加入少量云母碎片、玻璃碎粒、长石、贝壳等使表面获得发光效果。

根据砂浆的组成材料不同，常分为灰浆类砂浆饰面和石渣类砂浆饰面。

灰浆类砂浆饰面是以水泥砂浆、石灰砂浆及混合砂浆做装饰用材料，采用各种工艺手段使水泥砂浆着色或表面得到处理，从而直接形成装饰面层。这类饰面主要靠掺入颜料及砂浆本身所能形成的质感来达到装饰目的。常见的工艺方法有拉毛、甩毛、搓毛、扫毛、喷涂、拉条、弹涂、外墙滚涂、假面砖及假大理石等。

石渣类砂浆饰面是在水泥砂浆中掺入各种颜色石渣作为集料，制成石渣浆，然后用不同的做法除去表面水泥浆皮，造成石渣不同的外露形式及水泥石与石渣的色泽对比，构成不同的装饰效果。这类饰面主要靠石渣的颜色、颗粒形状来达到装饰目的，其色泽明亮，质感丰富，且不易退色和污染。常见的工艺方法有水刷石、水磨石、拉假石、斩假石、干粘石等。

5.3 特殊用途砂浆

5.3.1 防水砂浆

防水砂浆是一种抗渗性高的砂浆。防水砂浆层又称刚性防水层，适用于不受震动和具有一定刚度的混凝土或砖石砌体的表面，对于变形较大或可能发生不均匀沉降的建筑物，都不宜采用刚性防水层。防水砂浆按其组成可分为多层抹面水泥砂浆、掺防水剂防水砂浆、膨胀水泥防水砂浆和掺聚合物防水砂浆四类。常用的防水剂有氯化物金属盐类防水剂、水玻璃类防水剂和金属皂类防水剂等。

防水砂浆的防渗效果在很大程度上取决于施工质量，因此施工时要严格控制原材料的质量和配合比。防水砂浆层一般分四层或五层施工，每层厚约 5 mm，每层在初凝前压实一遍，最后一层要进行压光。抹完后要加强养护，防止脱水过快造成干裂。总之，刚性防水层必须保证砂浆的密实性，对施工操作要求高，否则难以获得理想的防水效果。

5.3.2 绝热砂浆

绝热砂浆又称保温砂浆，是采用水泥、石灰和石膏等胶凝材料与膨胀珍珠岩、膨胀蛭石或陶砂等轻质多孔骨料，按一定比例配合制成的砂浆。保温砂浆具有轻质和保温隔热性能好等优点，其导热系数为 0.07～0.10 W/(m・K)，可用于屋面保温层、保温墙壁以及供热管道保温层等处。

常用的保温砂浆有水泥膨胀珍珠岩砂浆、水泥膨胀蛭石砂浆和水泥石灰膨胀蛭石砂浆等。随着国内节能减排工作的推进，涌现出众多新型墙体保温材料，其中 EPS(聚苯乙烯)颗粒保温砂浆就是一种得到广泛应用的新型外保温砂浆，其采用分层抹灰的工艺，最大厚度可达 100 mm，此砂浆具有保温、隔热、阻燃、耐久等优点。

5.3.3 吸声砂浆

一般绝热砂浆是由轻质多孔骨料制成的，都具有吸声性能。另外，也可以用水泥、石膏、砂、锯末按体积比为 1∶1∶3∶5 配制成吸声砂浆，或在石灰、石膏砂浆中掺入玻璃纤维和矿棉等松软纤维材料制成。吸声砂浆主要用于室内墙壁和平顶。

思考与练习

1. 砌筑砂浆的组成材料有哪些？
2. 新砂浆的和易性包括哪两个方面？如何进行测定？
3. 采取什么措施可以提高砂浆的保水性？
4. 装饰砂浆的工艺做法有哪些？
5. 防水砂浆如何获得较好的防水效果？

模块 6 建筑钢材

学习目标

- ◉ 掌握建筑钢材的主要技术性质。
- ◉ 了解钢材的化学组成及对钢材性能的影响。
- ◉ 掌握钢材的选用原则。
- ◉ 熟悉钢材的锈蚀原因及常用防护措施。

图文
世界著名钢结构建筑

建筑钢材是指建筑工程中所用的各种钢材，是现代建筑行业中主要的建筑材料之一。主要包括钢结构所用的各种型材和板材，以及混凝土结构所用的钢筋、钢丝和钢绞线等。

钢材的主要优点是组织均匀密实，强度、硬度很高，塑性、韧性很好，可以进行铸造焊接、铆接切割和压力加工，便于拼装等；缺点是易锈蚀、耐火性差、维护费用高等。

钢材及其与混凝土复合的钢筋混凝土和预应力混凝土已经成为现代建筑结构的主体材料。具有强度高、自重轻等优点的钢结构，在大跨度结构、高层及超高层结构、受动荷载的结构和重型工业厂房等结构中得到广泛应用。

6.1 建筑钢材的冶炼加工

6.1.1 钢材的冶炼方法

钢是由铁冶炼而成的。生铁的冶炼过程是将铁矿石、燃料（焦炭）和溶剂（石灰石）等置于高炉中熔炼，约在 1 750 ℃高温下，石灰石与铁矿石中的硅、锰、硫、磷等经过化学反应，生成铁渣，浮于铁水表面，铁渣和铁水分别从出渣口和出铁口放出。铁渣排出时用水急冷得水淬矿渣，排出的铁水即为生铁。生铁的主要成分是铁，但含有较多的碳以及硫、磷、硅、锰等杂质，使得生铁的性质硬而脆，塑性很差，抗拉强度很低，不能焊接、锻造、轧制，使用受到很大限制。

炼钢的过程就是将生铁进行精炼，减少生铁中碳、硫、磷等杂质含量，以显著改善其技术性能，提高质量。理论上，凡是含碳量在 2%以下，含硫、磷等杂质较少的铁碳合金都可称为钢。

根据炼钢设备的不同，建筑钢材的冶炼方法可分为转炉法、平炉法和电炉法三种。不同的冶炼方法对钢材的质量有着不同的影响。

1. 转炉炼钢法

转炉炼钢法又分为空气转炉炼钢法和氧气转炉炼钢法。

空气转炉炼钢法是以熔融状态的铁水为原料，在转炉底部或侧面吹入高压热空气，使铁水中的碳、硫、磷等杂质在空气中氧化被除去。其缺点是吹入空气冶炼时易带进氮、氢等有害气体，且熔炼时间短，化学成分难以精确控制，这种钢质量较差，但成本较低。

氧气转炉炼钢法是在空气转炉炼钢法的基础上发展起来的先进方法，以熔融的铁水为原料，由炉顶向转炉内吹高压氧气，有效地去除碳、硫、磷等杂质，使钢的质量显著提高，且成本较低。氧气转炉炼钢法是现代炼钢的主要方法，常用来炼制优质碳素钢和合金钢。

2. 平炉炼钢法

平炉炼钢法是利用拱形炉顶的反射原理，以固态或液态生铁、适量铁矿石和废钢作为原料，以煤或重油为燃料进行冶炼。平炉炼钢法冶炼时间长，有足够的时间调整和控制其化学成分，去除杂质更彻底，成品质量高。但由于设备一次性投资大，燃料热效率较低，冶炼周期长，故其成本较高，此法已基本被淘汰。

3. 电炉炼钢法

电炉炼钢法是以生铁及废钢为原料，利用电加热进行高温冶炼的炼钢方法。电炉熔炼温度高，而且温度可以自由调节，清除杂质容易，故电炉钢的质量最好，但成本也最高。此法主要用于冶炼优质碳素钢及特殊合金钢。

6.1.2 冷加工硬化与时效对钢性质的影响

1. 冷加工硬化

冷加工是在常温下进行的机械加工，包括冷拉、冷拔、冷轧、冷扭、冷冲和冷压等各种方式。通过冷加工的塑性变形，不仅能改变钢材的形状和尺寸，而且还能改变钢的晶体结构，产生加工硬化、应变时效与内应力等现象，从而改变钢的性能。由于塑性变形引起的屈服强度增高而塑性和韧性降低的现象称为冷加工硬化，或称形变强化。

凡是能产生塑性变形的各种冷加工过程，都会发生冷加工硬化现象。在一定范围内冷加工变形程度越大，加工硬化现象也越明显，即屈服强度提高得越多，而塑性和韧性也降低得越多，因此冷加工成为强化金属材料的一种重要手段，如冷拔低碳钢丝与预应力高强度钢丝，都是通过多次冷拔而产生强化作用的。

工程中常利用这一性质冷拉或冷拔钢筋，提高屈服强度，以达到节约钢材的目的。但是对直接承受动载作用的焊接钢结构，却要求能承受较大的冲击荷载。由于经过冷加工的钢材，不但塑性和韧性大为降低，而且焊接性也变坏，增加了焊接后的硬脆倾向，因此为了防止发生突然的脆性断裂，故承受动载的焊接结构不得使用经过冷加工的钢材。

2. 时效

时效是另一种引起钢材强度、硬度提高，塑性、韧性降低的因素。这种经冷加工后，随着时间的延长，钢的屈服强度和强度极限逐渐提高，塑性和韧性逐渐降低的现象，称为应变时效，简称时效。

经过冷拉的钢筋在常温下存放15～20 d，或加热到100 ℃～200 ℃并保持2 h左右，这个过程称为时效处理，前者称为自然时效，后者称为人工时效。冷拉以后再经时效处理的钢筋，其屈服点进一步提高，抗拉极限强度稍有增长，塑性继续降低。由于时效过程中内应力的消减，弹性模量可基本恢复。建筑中经常利用冷加工后的时效作用来提高钢筋的屈服强度，以节约钢材。

6.1.3 热处理对钢性质的影响

若将钢加热到临界温度以上，并保持一定时间后，以不同的速度冷却，则会形成完全不同的晶体组织。这种对钢进行加热、保温和冷却的综合操作工艺称为热处理，其目的在于通过不同的工艺，改变钢的晶体组织从而改变钢的性质。钢的热处理有退火、正火、淬火、回火等形式。

1. 退火

退火是将钢加热到上临界温度(相变温度)以上30 ℃～50 ℃，保温一定时间，然后极缓慢地冷却(随炉冷却)，以获得接近平衡状态组织的一种热处理工艺。退火可降低钢的硬度，提高塑性和韧性，并能消除冷、热加工或热处理所形成的缺陷和内应力。

2. 正火

正火是将钢加热到上临界温度以上30 ℃～50 ℃，保温一定时间，然后在空气中冷却的一种热处理工艺。正火主要用于提高钢的塑性和韧性，获得强度、塑性和韧性三者之间的良好配合。

3. 淬火

淬火是把钢加热到上临界温度以上30 ℃～50 ℃，保持一定时间，然后把它放到适当的介质(水或油)中进行急速冷却的一种热处理工艺。淬火能显著提高钢的硬度和耐磨性，但塑性和韧性却显著降低，且有很大的内应力，脆性很高。可在淬火后进行回火处理，以消除部分脆性。

4. 回火

回火是把钢加热到下临界温度(727 ℃)以下某一适当的温度，保持一定时间，然后在空气中冷却的一种热处理工艺。根据加热温度的高低，分低温(150 ℃～250 ℃)、中温(350 ℃～500 ℃)和高温(500 ℃～650 ℃)三种回火制度。回火主要是为了消除淬火后钢体的内应力和脆性，可根据不同要求选择加热温度。一般来说，要求保持高强度和高硬度时，采用低温回火；要求保持高弹性极限和屈服强度时，采用中温回火；要求既有一定强度和硬度，又有适量塑性和韧性时，采用高温回火。淬火和高温回火的联合处理称为调质。调质的目的主要是为了获得良好的综合技术性质，既有较高的强度，又有良好的塑性和韧性。经调质处理过的钢称为调质钢，它是目前用来强化钢材的有效措施，建筑上用的某些高强度低合金钢及某些热处理钢筋等都是经过调质处理得到强化的。

6.2 钢材的分类

6.2.1 按化学成分分类

钢材是以铁为主要元素，含碳量为0.02%～2.06%，并含有其他元素的合金材料。钢材按化学成分可分为碳素钢和合金钢两大类。

(1)碳素钢。碳素钢是指含碳量为0.02%～2.06%的铁碳合金。此外，碳素钢还含有极少量的硅、锰和微量的硫、磷等元素。碳素钢按含碳量又可分为低碳钢(含碳量小于0.25%)、中碳钢(含碳量为0.25%～0.6%)和高碳钢(含碳量大于0.6%)。其中，低碳钢在建筑工程中应用最多。

(2)合金钢。合金钢是含有一定量合金元素的钢。钢中除含有铁、碳和少量不可避免的硅、锰、磷、硫外，还含有一定量的(有意加入的)钛、矾、铬、镍、硼等一种或多种合金元素，其目的是改善钢的性能或使其获得某些特殊性能。合金钢按合金元素总含量分为三种：低合金钢(合金元素总含量小于5 %)、中合金钢(合金元素总含量为5%～10%)、高合金钢(合金元素总含量大于10%)。

建筑中所用的钢材主要是碳素钢中的低碳钢和合金钢中的低合金钢。

6.2.2 按冶炼时脱氧程度分类

炼钢时脱氧程度不同，钢的质量差别很大，通常可分为沸腾钢、镇静钢、半镇静钢和特殊镇静钢四类。

(1)沸腾钢。沸腾钢是脱氧不充分的钢。脱氧后钢液中还剩余一定数量的氧化亚铁(FeO)，氧化亚铁和碳继续作用放出一氧化碳气体，因此钢液在钢锭模内呈沸腾状态，故称沸腾钢，其代号为“F”。沸腾钢的优点是钢锭无缩孔，轧成的钢材表面质量较好，加工性能好；其缺点是化学成分不均匀，易偏析，钢的致密程度较差，故其抗蚀性、冲击韧性和可焊性较差，尤其在低温时冲击韧性降低更显著。沸腾钢只消耗少量的脱氧剂，缩孔少，成品率较高，成本较低，故广泛用于一般建筑工程。

(2)镇静钢。镇静钢是脱氧充分的钢。由于钢液中的氧已经很少，因此钢液浇铸在钢锭模内呈静止状态，故称镇静钢，其代号为“Z”。镇静钢的优点是化学成分均匀，机械性能稳定，焊接性能和塑性较好，抗蚀性也较强；其缺点是钢锭中有缩孔，成材率低。镇静钢多用于承受冲击荷载及其他重要的结构。

(3)半镇静钢。半镇静钢的脱氧程度和性能均介于沸腾钢和镇静钢之间，并兼有两者的优点，其代号为“b”。

(4)特殊镇静钢。特殊镇静钢是比镇静钢脱氧程度还要充分彻底的钢，故其质量最好，适用于特别重要的结构工程，其代号为“TZ”。

6.2.3 按品质(杂质含量)分类

按钢材中有害杂质硫(S)和磷(P)含量的多少,钢材可以分为普通钢、优质钢、高级优质钢、特级优质钢四类。

(1)普通钢。含硫量≤0.050%,含磷量≤0.045%。

(2)优质钢。含硫量、含磷量均≤0.035%。

(3)高级优质钢。含硫量、含磷量均≤0.025%。

(4)特级优质钢。含硫量≤0.015%,含磷量≤0.025%。

6.2.4 按用途分类

按用途的不同,钢材可分为结构钢、工具钢、特殊钢三类。

(1)结构钢。结构钢是用于工程结构构件及机械零件的钢材,一般属于低碳钢和中碳钢。

(2)工具钢。工具钢是用于各种刀具、模具及量具的钢材,一般属于高碳钢。

(3)特殊钢。特殊钢是具有特殊物理、化学或机械性能的钢,如不锈钢、磁性钢、耐热钢、耐酸钢、耐磨钢和低温用钢等。

6.2.5 按产品类型分类

按产品类型的不同,钢材可分为型材、板材、线材和管材等类型。

(1)型材。型材是指用于钢结构中的角钢、工字钢、槽钢、方钢、吊车轨、轻钢门窗、钢板桩等。

(2)板材。板材是指用于建造房屋、桥梁及建筑机械的中厚钢板,用于屋面、墙面、楼板等的薄钢板。

(3)线材。线材是指用于钢筋混凝土和预应力混凝土中的钢筋、钢丝和钢绞线等。

(4)管材。管材是指用于钢桁架和供水、供气(汽)的管线等。

6.3 建筑钢材的性能

建筑钢材的主要技术性能包括力学性能和工艺性能。

6.3.1 力学性能

力学性能是钢材最重要的使用性能,包括拉伸性能、冲击韧性、疲劳强度、硬度等。

1.拉伸性能

拉伸是建筑钢材的主要受力形式,因此拉伸性能是表示钢材性能和选用钢材的重要依据。

低碳钢的拉伸性能是建筑钢材最重要的性能，通过对钢材进行拉伸试验所测得的屈服强度、抗拉强度和伸长率是钢材的3个重要技术指标。将低碳钢制成一定规格的试件，放在材料机上进行拉伸试验。钢材从受拉到拉断，经历了如图6-1所示的4个阶段。

(1)弹性阶段(*OA*段)。*OA*段呈直线关系，即随荷载增加，应力和应变成正比关系。若去掉荷载，应力和应变可沿*AO*线回到原点，试件能恢复原状。这种性质即为弹性，该阶段为弹性阶段。与*A*点相对应的为弹性极限，用σ_p表示。在*OA*线上应力与应变的比值为一常数，即弹性模量$E(E=\sigma/\varepsilon)$。弹性模量反映钢材抵抗弹性变形的能力，是钢材计算结构受力变形的重要指标。

(2)屈服阶段(*AB*段)。在*AB*曲线范围内，应力与应变不能成比例变化。应力超过σ_p后，即开始产生塑性变形。应力到达$B_上$之后，变形急剧增加，应力则在不大的范围内波动，直到*B*点为止。$B_上$点是屈服上限，当应力到达$B_上$点时，抵抗外力能力下降，发生“屈服”现象。$B_下$点是屈服下限，也称为屈服点(即屈服强度)，用σ_s表示。σ_s是屈服阶段应力波动的最低值，它表示钢材在工作状态允许达到的应力值，即在σ_s之前，钢材不会发生较大的塑性变形。故在设计中一般以屈服点作为强度取值的依据。普通碳素结构钢Q235的σ_s应不小于235 MPa，常用低碳钢的σ_s为185～235 MPa。对于在外力作用下屈服现象不明显的硬钢类，如高碳钢与某些合金钢，规定生产残余变形为0.2%l_0时的应力作为屈服点，用$\sigma_{0.2}$表示，如图6-2所示。

动画
低碳钢拉伸

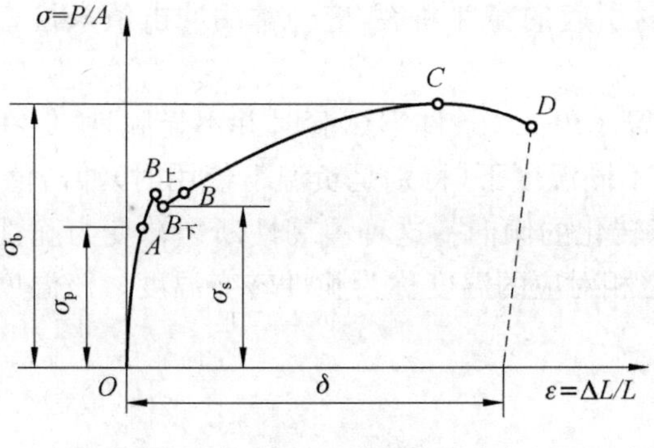

图6-1　低碳钢拉伸σ-ε曲线

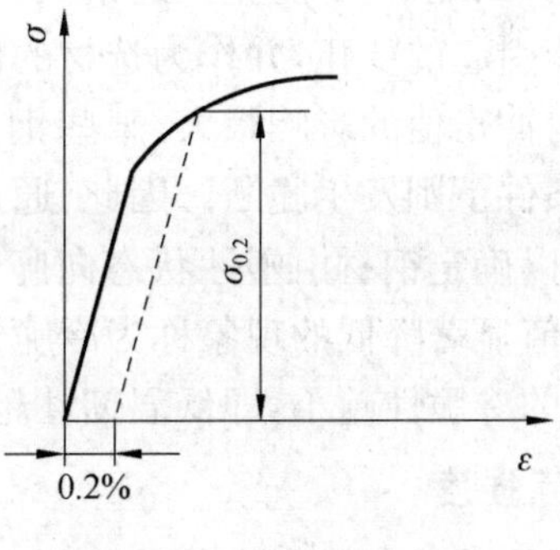

图6-2　硬钢的条件屈服点

(3)强化阶段(*BC*段)。当荷载超过屈服点后，钢材内部组织结构发生变化，抵抗变形的能力又重新提高，故称为强化阶段。当达到*C*点时，应力达到极限值，称为抗拉强度，以σ_b表示。

抗拉强度不作为设计时的强度取值，但屈服强度与抗拉强度的比值(即屈强比σ_s/σ_b)却能反映钢材的利用率和结构的安全可靠性。屈强比小，钢材的利用率低，造成钢材的浪费；但屈强比过大，其结构的安全可靠程度降低，当使用中发生突然超载的情况时，容易产生破坏。因此，需要在保证结构安全可靠性的前提下，尽可能地提高钢材的屈强比。建筑结构钢合理的屈强比一般在0.6～0.75范围内。

(4)颈缩阶段(*CD*段)。当钢材强化达到最高点*C*点以后，试件抵抗塑性变形的能力迅速降低，塑性变形迅速增加。试件的断面在薄弱处急剧缩小，产生“颈缩现象”而断裂。

如图6-3所示，将拉断后的试件在断口处拼合，量出拉断后标距的长度(L_1)，标距的伸

长值与原始标距（L_0）的百分比称为伸长率 δ，则

$$\delta=\frac{L_1-L_0}{L_0}\times 100\%$$

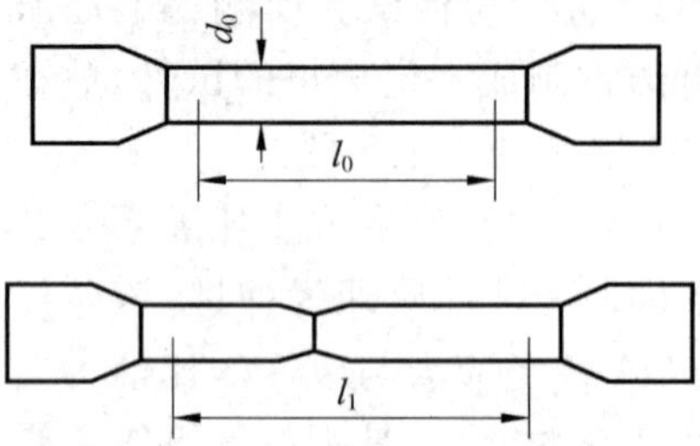

图 6-3　钢材拉伸试件

伸长率是衡量钢材塑性变形的重要指标，δ 值越大，说明钢材塑性越好。而一定的塑性变形能力可保证应力重新分布，避免应力集中，钢材用于结构的安全性变大。

钢材拉伸时塑性变形在试件标距内的分布是不均匀的，颈缩处的伸长较大，故原始标距（L_0）与直径（d_0）之比越大，颈缩处的伸长值在总伸长值所占的比例就越小，则计算所得伸长率也越小。通常钢材拉伸试件取 $L_0=5\ d_0$ 或 $L_0=10\ d_0$，其伸长率分别用 δ_5 和 δ_{10} 表示。对于同一种钢材，其 $\delta_5>\delta_{10}$。

2. 冲击韧性

冲击韧性是指钢材抵抗冲击荷载作用的能力。钢材的冲击韧性是将标准试件（中部加工有 V 形或 U 形缺口）放在摆锤式冲击试验机上进行冲击弯曲试验，试件缺口处受冲击破坏后，缺口底部处单位面积上所消耗的功，其符号为 a_K（J/cm^2）。a_K 值越大，表示冲断试件时消耗的功越多，钢材的冲击韧度越好。

钢材进行冲击试验，能较全面地反映出材料的品质。试验表明，冲击值的大小能非常灵敏地反映出材料内部晶体组织、有害杂质、各种缺陷、应力状态以及环境温度等微小变化对性能的影响，因此，为了防止上述诸因素对钢材引起的脆性断裂，应经常用冲击值来检查其对钢材性能引起的变化，并作为选材的依据。

温度对冲击值的影响很大，某些钢材在室温（20 ℃）条件下试验时并不显脆性，但在较低的温度条件下则发生脆断。因此，通过测定不同温度下（特别是负温下使用时）冲击值 a_K 的变化，可以确定钢材由塑性状态向脆性状态转化的倾向。这种由韧性断裂转变为脆性断裂，使冲击值显著降低的现象称为冷脆性，与之相对应的温度称为脆性转变温度。该温度越低，表明钢的冷脆性越小，即低温韧性越好。

3. 疲劳强度

钢构件承受重复或交变荷载作用时，可能在远低于屈服强度的应力作用下突然发生断裂，这种断裂现象称为疲劳破坏。

疲劳破坏的危险应力用疲劳强度（或称疲劳极限）来表示，它是指疲劳试验时试件在交变应力作用下，在规定的周期基数内不发生断裂所能承受的最大应力。

研究表明，金属的疲劳破坏要经历疲劳裂纹的萌生、扩展及断裂三个过程。也就是说，在交变应力作用下，先在材料的薄弱处产生微观裂纹，由于裂纹尖端处产生应力集中，使微观裂纹逐渐扩展成肉眼可见的宏观裂纹，宏观裂纹再进一步扩展，使构件断面不断被削弱，直到最后导致突然断裂。由此可见，疲劳破坏的过程虽然是缓慢的，但断裂却是突发性的，事先并无明显的塑性变形，故危险性较大，往往造成灾难性事故。

4. 硬度

硬度是衡量钢材软硬程度的一个指标，它是表示钢材表面局部体积内抵抗变形或破裂的能力，且与钢材的强度有一定的内在联系。

测定钢材硬度的方法很多，其中常用的有布氏法和洛氏法。布氏法是在布氏硬度机上用一定直径的硬质钢球，加以一定的压力将其压入钢材表面，经规定的持续时间后卸去压力，测量其压痕直径，用压力除以被压入材料的凹陷面积，即得布氏硬度值 HB。可见，布氏硬度值表示在单位凹陷面积上所承受的压力，该值越大表示钢材越硬，它与钢材的抗拉强度有很好的相关性。洛氏法是在洛氏硬度机上以测量压痕深度来计算硬度值。根据压头和荷载的不同，又分洛氏 A、洛氏 B 与洛氏 C 三种方法。洛氏法简便迅速，可在千分表上直接读出硬度值，但不如布氏法的精度高。

6.3.2 工艺性能

工艺性能是指钢材在各种加工过程中表现出的性能，良好的工艺性能可以保证钢材顺利通过各种加工，而使钢材制品的质量不受影响。钢材的主要工艺性能包括冷弯性能和可焊性。

1. 冷弯性能

冷弯性能是指钢材在常温下承受弯曲变形的能力。冷弯性能是钢材的重要工艺性能。

建筑工程中，常常要把钢板、钢筋等材料弯曲成要求的形状，冷弯性能试验就是通过模拟钢材弯曲加工来进行的。通过检查被弯曲后钢件拱面和两侧面是否出现裂纹、起层或断裂来判定是否合格。

视频
冷弯试验

钢材的冷弯性能是以试验时的弯曲角度(a)和弯心直径(d)为指标表示的。钢材冷弯时的弯曲角度越大，弯心直径越小，则表示其冷弯性能越好。按表 6-1 规定的弯心直径弯曲 180°后，钢筋受弯曲部分表面无裂纹、起层或断裂等现象，即认为冷弯性能合格。

表 6-1 不同直径钢筋的弯心直径

牌　号	公称直径 a	弯曲试验弯心直径 d
HRB335	6～25	$3a$
	28～50	$4a$
HRB400	6～25	$4a$
	28～50	$5a$
HRB500	6～25	$6a$
	28～50	$7a$

钢材的冷弯性能和其伸长率一样，也是表示钢材在静荷载条件下的塑性，并与伸长率存在有机的联系。但冷弯是钢材处于不利变形条件下的塑性，而伸长率是反映钢材在均匀变形下的塑性，故冷弯试验是一种比较严格的检验。

通过冷弯试验，更有助于暴露钢材的某些内在缺陷，它能揭示钢材内部组织的不均匀性，以及存在内应力或夹杂物等缺陷的程度。在工程实践中，冷弯试验还被用作检验钢材焊接质量的一种手段，能揭示焊件在受弯表面存在的未熔合处、微裂纹和夹杂物。对于重要结构和弯曲成型的钢材，冷弯试验必须合格。

2. 可焊性

建筑工程中，无论是钢结构还是钢筋混凝土的钢筋骨架、接头及埋件连接件等，绝大多数是采用焊接方式连接的。焊接的质量取决于焊接工艺、焊接材料及钢材的焊接性能。

钢材的可焊性是指钢材在一定焊接工艺条件下，在焊缝及其附近过热区是否产生裂缝及脆硬倾向，焊接后接头强度是否与母体相近的性能。钢材的可焊性主要受化学成分及其含量的影响。含碳量小于 0.25% 的低碳钢具有良好的焊接性，随着含碳量的增加，焊接性下降。硫含量过高会使焊接处产生热裂纹，出现热脆性；杂质含量增加会使可焊性降低；锰、钒等化学元素也会增大焊接的硬脆倾向，降低可焊性。

对于高碳钢和合金钢，为了改善焊后的硬脆性，焊接时一般需采用焊前预热和焊后热处理等措施。建筑施工中常用钢材连接方法见表 6-2。

表 6-2　建筑施工中常用钢材连接方法

焊接方法		主要使用部位	接头示意图和尺寸说明	常用检测项目	试样大致尺寸/cm
闪光对焊		零部件	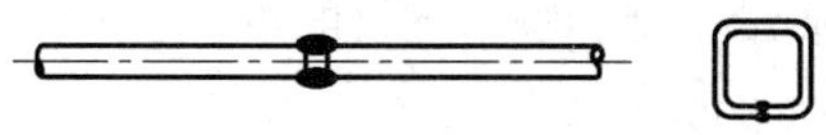	拉伸 冷弯	50～70
电弧焊	双面帮条焊	梁		拉伸	50～70
	单面帮条焊	梁		拉伸	50～70
	双面搭接焊	梁	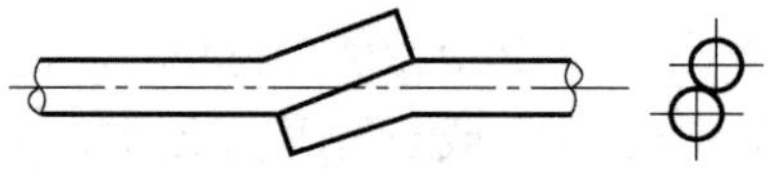	拉伸	50～70
	单面搭接焊	梁		拉伸	50～70
电渣压力焊		柱	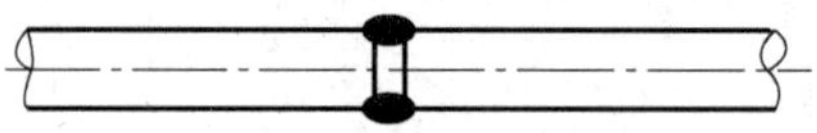	拉伸	50～70
气压焊		梁 板 柱	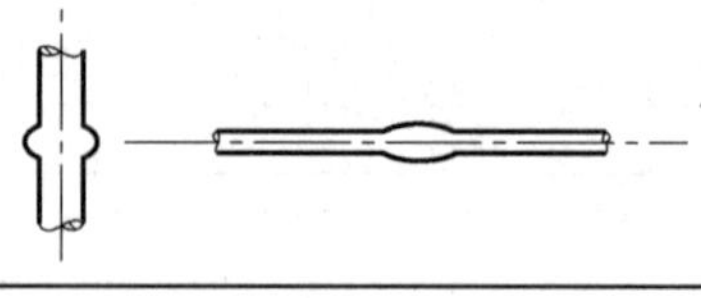	拉伸	50～70

6.4　化学成分对钢材性能的影响

钢是铁碳合金，除了含有铁和碳两种基本元素外，由于原料、燃料、冶炼过程等因素使其中还含有其他的一些元素，这些元素会对钢材的性能和质量产生影响。它们在钢中的含量是决定钢材质量和性能好坏的重要因素。为保证钢的质量，在国家标准中对各类钢的化学成分都作了严格规定。

1. 碳

碳是决定钢性能的重要元素。当含碳量小于 0.8%时，随含碳量的增加，钢的屈服强度、抗拉强度和硬度提高，冷脆性和时效敏感性增加，而塑性、韧性、可焊性、抗腐蚀性下降。

2. 硅

硅是钢的主要合金元素，是钢中的有益元素，炼钢时作为脱氧剂而加入。其能提高钢的强度，而对钢的塑性和韧性影响不大，特别是当其含量小于1%时，对塑性和韧性基本上无影响。但含硅量超过1%时，钢材的冷脆性要增加，可焊性变差。

3. 锰

锰也是炼钢时为了脱氧而加入的，是低合金钢的主要合金元素。含量小于1%时，可以提高钢的强度和硬度，且对钢的塑性和韧性影响不大，但锰含量较高时，将显著降低钢的可焊性。锰还可以起脱氧去硫的作用，能消除钢的热脆性，改善钢的热加工性能。

4. 硫、磷

硫、磷是钢中的有害元素。

硫多数以化合物 FeS 的形式存在于钢中。它是一种强度较低、性质较脆的夹杂物，受力时容易引起应力集中，降低钢的强度和疲劳强度。此外，FeS 还能与 Fe 形成低熔点的物质，在高温下该物质首先熔化造成晶粒脱开，使钢变脆。这种在高温下使钢变脆开裂的性质叫热脆性。硫的热脆性大大降低了钢的热加工性和焊接性，是有害杂质，应严格控制其含量，一般不应超过0.065%。

磷可使钢的强度、耐腐蚀性和耐磨性提高，但会使钢的塑性和韧性显著降低，特别是使钢在低温下的韧性显著降低，即使钢的冷脆性显著增加。磷也降低钢的可焊性。但磷可使钢的耐腐蚀性提高，使用时须与铜等其他元素配合。

5. 氧、氮

氧、氮是钢中的有害杂质。

氧多数以 FeO 的形式存在于非金属夹杂物中，FeO 是一种硬脆的物质，会使钢的塑性、韧性和疲劳强度显著降低，并增大时效敏感性，故钢中的含氧量一般不应超过0.05%。

氮能提高钢的强度和硬度，但却显著降低钢的塑性和韧性，增大钢的时效敏感性和冷脆性，故含氮量不应超0.008%。

6. 铝、钒、铌、钛

铝、钒、铌、钛都是常用的合金元素，也是炼钢时的强脱氧剂，适量加入钢中可改善钢的组织，细化晶粒，提高钢的强度，改善韧性和可焊性。

6.5 建筑钢材的技术标准与选用

建筑工程用钢可分为钢筋混凝土结构用钢和钢结构用钢。为保证结构的安全可靠，建筑工程需根据结构重要性、荷载性质、连接方式、温度条件等情况，并综合考虑钢材的力学、工艺性能来选用合适的钢种及牌号。

6.5.1 钢结构用钢

钢结构用钢主要包括碳素结构钢和低合金高强度结构钢。

1. 碳素结构钢

碳素结构钢包括一般结构钢和工程用热轧钢板、钢带、型钢等，现行国家标准《碳素结构钢》(GB/T 700—2006)具体规定了它的牌号表示方法、技术要求、试验方法和检验规则等。

图文
各国常用钢牌号对照

1)牌号表示方法

钢的牌号由代表屈服强度的字母、屈服强度数值、质量等级符号、脱氧方法符号四个部分按顺序组成。主要符号及意义如下。

Q——钢材屈服强度“屈”字汉语拼音首位字母。

A、B、C、D——分别为质量等级。

F——沸腾钢“沸”字汉语拼音首位字母。

Z——镇静钢“镇”字汉语拼音首位字母。

TZ——特殊镇静钢“特镇”两字汉语拼音首位字母。

在牌号组成表示方法中，“Z”与“TZ”符号可以省略。

2)技术要求

钢板、钢带、型钢和钢棒的尺寸、外形、质量及允许偏差应分别符合相应标准的规定。

碳素结构钢的技术要求包括化学成分、力学性能、冶炼方法、交货状态及表面质量五个方面，碳素结构钢的化学成分、力学性能检测指标应符合表 6-3 和表 6-4 的要求。碳素结构钢的冶炼方法采用氧气转炉法或电炉法，一般为热轧控轧或正火状态交货，表面质量也应符合标准的规定。

表 6-3 碳素结构钢的牌号和化学成分

牌号	统一数字代号	等级	厚度(或直径)/mm	脱氧方法	化学成分(质量分数)/%，不大于				
					C	Si	Mn	P	S
Q195	U11952	—	—	F、Z	0.12	0.30	0.50	0.035	0.040
Q215	U12152	A	—	F、Z	0.15	0.35	1.20	0.045	0.050
	U12155	B							0.045
Q235	U12352	A	—	F、Z	0.22	0.35	1.40	0.045	0.050
	U12355	B			0.20				0.045
	U12358	C		Z	0.17			0.040	0.040
	U12359	D		TZ				0.035	0.035
Q275	U12752	A	—	F、Z	0.24	0.35	1.50	0.045	0.050
	U12755	B	≤40	Z	0.21			0.045	0.045
			>40		0.22				
	U12758	C	—	Z	0.20			0.040	0.040
	U12759	D		TZ				0.035	0.035

注：经需方同意，Q235B 级钢的碳含量可不大于 0.22%。

表 6-4 碳素结构钢的力学性能

牌号	等级	屈服强度 R_{eH}/(N/mm²),不小于						抗拉强度 R_m/(N/mm²)	断后伸长率 A/%,不小于					冲击试验（V形缺口）	
		厚度(或直径)/mm							厚度(或直径)/mm					温度/℃	冲击吸收功(纵向)/J,不小于
		≤16	16～40	40～60	60～100	100～150	150～200		≤40	40～60	60～100	100～150	150～200		
Q195	—	195	185	—	—	—	—	315～430	33	—	—	—	—	—	—
Q215	A	215	205	195	185	175	165	335～450	31	30	29	27	26	—	—
	B													+20	27
Q235	A	235	225	215	215	195	185	370～500	26	25	24	22	21	—	—
	B													+20	27
	C													0	
	D													−20	
Q275	A	275	265	255	245	225	215	410～540	22	21	20	18	17	—	—
	B													+20	27
	C													0	
	D													−20	

注:1. Q195 的屈服强度值仅供参考,不作交货条件。

2. 厚度大于 100 mm 的钢材,抗拉强度下限允许降低 20 N/mm²。宽带钢(包括剪切钢板)抗拉强度上限不作交货条件。

3. 厚度小于 25 mm 的 Q235B 级钢材,如供方能保证冲击吸收功值合格,经需方同意,可不作检验。

3)碳素结构钢的特性及应用

土木工程中应用最广泛的碳素结构钢是Q235,即用Q235轧制成各种型钢、钢板及钢筋。由于其强度、韧性和塑性以及可焊性等综合性能好,能满足一般的钢结构和钢筋混凝土结构的用钢要求,且成本较低,目前在建筑工程的应用中还占相当大的比重。其中Q215A级钢,一般仅适用于承受静荷载作用的结构;Q235C和Q235D级钢,可用于重要的焊接结构。

Q195、Q215钢,强度低,塑性和韧性较好,具有良好的可焊性,易于冷加工,常用作钢钉、胡钉、螺栓及钢丝等,也可用作轧材用料。Q215钢经冷加工后可代替Q235钢使用。

Q275钢,强度较高,但塑性、韧性和可焊性较差,不易焊接和冷弯加工,可用于轧制钢筋、制作螺栓配件等,但更多用于机械零件和工具等。

2.低合金高强度结构钢

我国低合金高强度结构钢的生产特点是:在普通碳素钢的基础上,加入少量我国富有的合金元素,如硅、钒、钛、稀土等,以使钢材的强度与综合性能得到明显提高,或使其成为具有某些特殊性能的钢种。

1)牌号及表示方法

根据国家标准《低合金高强度结构钢》(GB/T 1591—2018)规定,低合金高强度结构钢的牌号由代表屈服点的汉语拼音字母(Q)、屈服点数值(三位阿拉伯数字)、质量等级符号(分A、B、C、D、E五级)三个部分依次组成,如Q295A、Q345D等。

2)标准与性能

合金元素在钢中的作用是很复杂的,不同的元素所起的作用不一样,对性能的影响程度也各有差别。合金元素不仅可以提高钢的强度和硬度,还能在一定程度上增加塑性和韧性,其中以钒、钛、铝等元素的作用尤为显著,它们能使低合金结构钢具有强度大、耐磨、硬度高、耐蚀性强与耐低温性能好等特点。

6.5.2 钢筋混凝土结构用钢

钢筋混凝土结构所用钢材主要是由碳素结构钢和低合金结构钢所加工成的各类线材,即钢筋。按照生产方法、用途等不同,工程中常用的钢筋主要有热轧钢筋、冷加工钢筋、预应力混凝土用热处理钢筋、预应力混凝土用钢丝和钢绞线等。

1.热轧钢筋

用加热钢坯轧成的条形成品钢筋,称为热轧钢筋,是建筑工程中用量最大的钢材品种之一,主要用于钢筋混凝土和预应力混凝土结构的配筋。混凝土用热轧钢筋要求有较高的强度,有一定的塑性和韧性,可焊性好。

根据其表面特征不同,热轧钢筋分为热轧光圆钢筋和热轧带肋钢筋。热轧光圆钢筋的截面为圆形;热轧带肋钢筋的截面也为圆形,其表面通常带有两条纵肋,也可不带纵肋,沿长度方向有均匀分布的月牙形横肋。月牙肋钢筋具有生产简便、强度高、应力集中、敏感性小、疲劳性能好等特点。根据《钢筋混凝土用钢 第1部分:热轧光圆钢筋》(GB 1499.1—2017)和《钢筋混凝土用钢 第2部分:热轧带肋钢筋》(GB 1499.2—2018)的规定,热轧钢筋的力学性能和工艺性能应符合表 6-5 的要求。

表 6-5　热轧钢筋的力学性能及工艺性能

牌　　号	屈服强度 R_{el}/MPa	抗拉强度 R_m/MPa	断后伸长率 A/%	最大力总伸长率 A_{gt}/%	冷弯试验 180°	
	不小于				钢筋公称直径 a/mm	弯心直径 d/mm
HRB400	400	540	16	7.5	6～25	4a
					28～40	5a
					40～50	6a
HRB500	500	630	15		6～25	6a
					28～40	7a
					40～50	8a
HRB600	600	730	14		6～25	6a
					28～40	7a
					40～50	8a

热轧钢筋除Ⅰ级是光圆钢筋外，其余均为月牙肋，其粗糙的表面可提高混凝土与钢筋之间的握裹力。一般情况下，Ⅰ级钢筋的强度不高，但塑性及焊接性良好，主要用作非预应力混凝土的受力筋或构造筋。HRB400 级钢筋由于强度较高、塑性和焊接性也好，可用于大中型预应力及非预应力钢筋混凝土结构的受力筋。HRB500 级钢筋虽然强度高，但塑性及焊接性较差，可用作预应力钢筋。

2. 预应力混凝土用热处理钢筋

预应力混凝土用热处理钢筋是用 8 mm、10 mm 的热轧带肋钢筋经淬火和回火等调直处理而成的钢筋，代号为 RB150，有直径为 6 mm、8.2 mm、10 mm 三种规格。其条件屈服强度不小于 1 325 MPa，抗拉强度不小于 1 470 MPa，伸长率不小于 6%，100 h 应力松弛率不大于 3.5%，按外形分有纵肋和无纵肋两种，但都有横肋。钢筋热处理后卷成盘，使用时开盘钢筋自行伸直，按要求的长度切断，切断时不能用电焊切断，也不能焊接，以免引起强度下降或脆断。

预应力混凝土用热处理钢筋的强度高，可代替高强钢丝使用；配筋根数少，节约钢材；锚固性好，不易打滑，预应力值稳定；施工简便，开盘后钢筋自然伸直，不需调直及焊接。这类钢筋主要用作预应力钢筋混凝土轨枕，也可用于预应力梁、板结构及吊车梁等。

图片
预应力的施加方法

3. 冷轧带肋钢筋

冷轧带肋钢筋的牌号由 CRB 和钢筋的抗拉强度最小值构成。C、R、B 分别为冷轧(cold rolled)、带肋(ribbed)、钢筋(bars)三个词的英文首位字母。冷轧带肋钢筋分为 CRB550、CRB650、CRB800、CRB600H、CRB680H 和 CRB800H 五个牌号。其中，CRB550、CRB600H 为普通钢筋混凝土用钢筋，CRB650、CRB800、CRB800H 为预应力混凝土用钢筋，CRB680H 既可作为普通钢筋混凝土用钢筋，也可作为预应力混凝土用钢筋使用。

冷轧带肋钢筋在预应力混凝土构件中是冷拔低碳钢丝的更新换代产品，在现浇混凝土结构中可代换Ⅰ级钢筋，以节约钢材，是同类冷加工钢材中较好的一种。

冷轧带肋钢筋的化学成分、力学性能和工艺性能应符合国家标准《冷轧带肋钢筋》(GB 13788—2017)的有关规定。其力学性能和工艺性能要求见表6-6。

表6-6 冷轧带肋钢筋的力学性能和工艺性能

分类	牌号	$\sigma_{p0.2}$/MPa，≥	伸长率/%，≥		弯曲试验180°	反复弯曲次数	应力松弛初始应力应相当于公称抗拉强度的70%
			A	A_{100}			1 000 h松弛率/%，≤
普通钢筋混凝土用	CRB550	500	11.0	—	$D=3d$	—	—
	CRB600H	540	14.0	—	$D=3d$	—	—
	CRB680H	600	14.0	—	$D=3d$	4	5
预应力混凝土用	CRB650	585	—	4.0	—	3	8
	CRB800	720	—	4.0	—	3	8
	CRB800H	720	—	7.0	—	4	5

注：(1)D为弯心直径，d为钢筋公称直径。

(2)当CRB680H钢筋作为普通钢筋混凝土用钢筋使用时，对反复弯曲和应力松弛不做要求；当该牌号钢筋作为预应力混凝土用钢筋使用时应进行反复弯曲试验代替180°弯曲试验，并检测松弛率。

6.5.3 常用钢结构钢材

钢结构所用的钢材主要是由碳素结构钢或低合金结构钢经热轧或冷轧成型的型钢和钢板，如热轧型钢、冷弯薄壁型钢、各类板材等。钢结构各构件质检的连接可采用焊接、铆接或螺栓连接等方式进行。

1. 热轧型钢

长度和截面周长之比相当大的直条钢材，统称为型钢。按型钢的截面形状，可分为简单截面的型钢和复杂截面的(或异型的)型钢。

1)简单截面的热轧型钢

简单截面的热轧型钢有扁钢、圆钢、方钢、六角钢和八角钢五种，如图6-4所示。

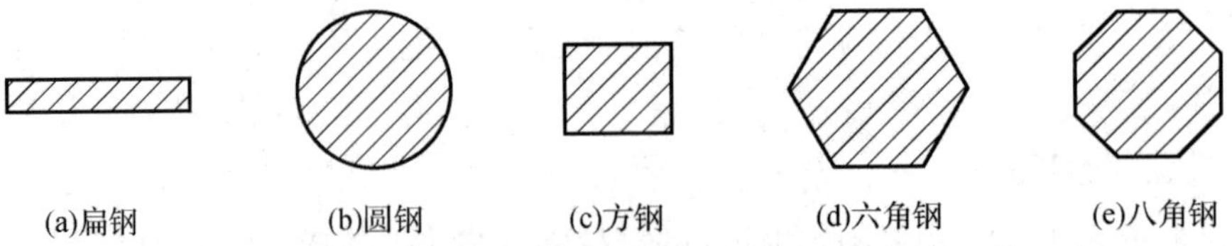

图6-4 简单热轧型钢的截面

2)复杂截面的热轧型钢

复杂截面的热轧型钢，其截面不是简单的几何图形，而是有明显凸凹分枝部分，包括角钢、工字钢、槽钢和其他异型截面的型钢。角钢、工字钢和槽钢的截面形状如图6-5所示。

3)热轧 L 型钢和 H 型钢

热轧 L 型钢和 H 型钢的截面如图 6-6 所示。L 型钢与不等边角钢的主要区别在于其腹板高为面板宽度的 3～4 倍,而不等边角钢的长边与短边宽度之比仅为 1.5 左右;L 型钢的面板厚度与腹板厚度之差比较显著,而不等边角钢的边厚度是相同的。热轧 H 型钢分为宽翼型、窄翼型和钢桩三类,属经济断面型材,断面形状类似普通型材,但壁薄、截面金属分配合理、质量小、截面模数大,是型钢中发展较快的品种。

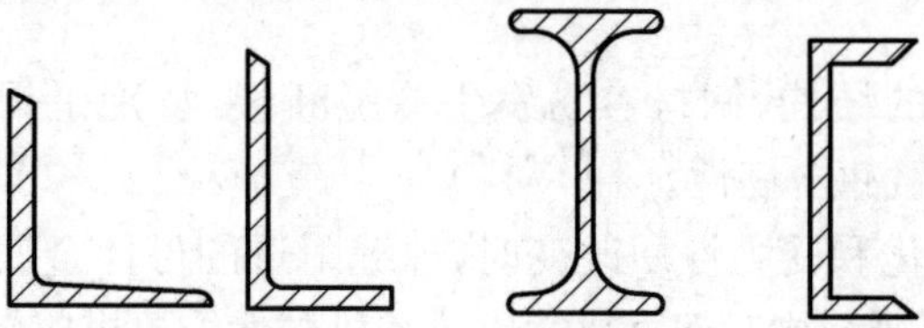

(a)角钢　(b)工字钢　(c)槽钢

图 6-5　角钢、工字钢和槽钢的截面形状

(a)L型钢　(b)H型钢

6-6　L 型钢和 H 型钢的截面

2.冷弯薄壁型钢

冷弯薄壁型钢是用可冷加工变形的冷轧或热轧钢带在连续辊式冷弯机组上,制成的具有各种形状截面的轻型钢材,如图 6-7 所示。冷弯薄壁型钢的截面各部分厚度相同,且在各转角处均呈圆弧形。

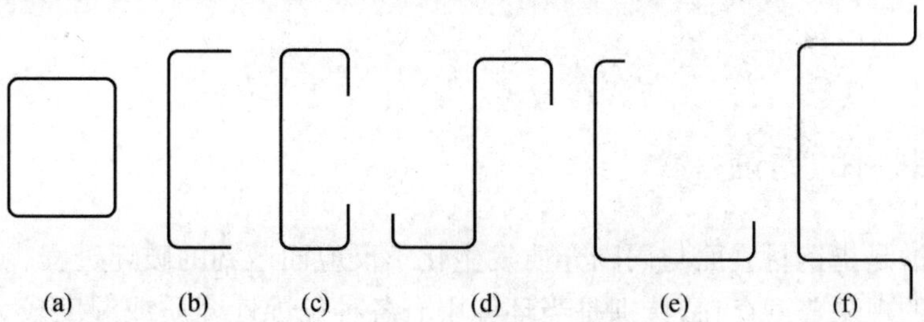

(a)　(b)　(c)　(d)　(e)　(f)

图 6-7　冷弯薄壁型钢示意图

冷弯薄壁型钢由于壁薄,截面开展,与普通型钢相比用材相同时可获得更高的力学性能,但其耐腐蚀性较差。目前已形成标准的冷弯型材主要有通用冷弯开口型钢、结构用冷弯空心型钢、卷帘门及钢窗用冷弯型钢等多种。

3.钢板

钢板是用轧制方法生产的、宽厚比很大的矩形板状钢材。按工艺不同,钢板有热轧和冷轧两大类。通常又多按钢板的公称厚度划分,厚度为 0.1～4 mm 的称为薄板,厚度为 4～20 mm的为中板,厚度为 20～60 mm 的为厚板,厚度大于 60 mm 的为特厚板。钢板的种类有热轧钢板、花纹钢板、冷轧钢板、钢带四种。

4.钢管

钢管的品种很多,按制造方法不同,分为无缝钢管和焊接钢管两大类。

无缝钢管是经过热轧、挤压、热扩或冷拔、冷轧而成的周边无缝的管材,分为一般用途和专门用途两类。在建筑工程中,除多用一般结构的无缝钢管外,有时也采用若干专用的无缝钢管,如锅炉用无缝钢管和耐热无缝钢管等。

焊接钢管用量最大，是供低压流体输送用的直缝焊管，有焊接钢管和镀锌焊接钢管两种。

6.5.4 钢材的选用原则

钢材的选用应遵循以下原则。

(1)荷载性质。对于经常承受动力或振动荷载的结构，容易产生应力集中，从而引起疲劳破坏，需要选用材质高的钢材。

(2)使用温度。对于经常处于低温状态的结构，钢材容易发生冷脆断裂，特别是焊接结构更甚，因而要求钢材具有良好的塑性和低温冲击韧性。

(3)连接方式。对于焊接结构，当温度变化和受力性质改变时，焊缝附近的母体金属容易出现冷、热裂纹，促使结构早期破坏。所以，焊接结构对钢材化学成分和机械性能要求应较严。

(4)钢材厚度。钢材的力学性能一般随厚度的增大而降低，钢材经多次轧制后，钢的内部结晶组织更为紧密，强度更高，质量更好。因此，一般结构用的钢材厚度不宜超过 40 mm。

(5)结构重要性。选择钢材要考虑结构使用的重要性，如大跨度结构、重要的建筑物结构，须相应选用质量更好的钢材。

6.6 钢材的锈蚀与防护

6.6.1 钢材的锈蚀

钢材的锈蚀是指钢材表面与周围介质发生化学反应而遭到的破坏过程。

钢材锈蚀的现象普遍存在，特别是当环境中有各种侵蚀性介质或湿度较大时，情况就更为严重。钢材若被锈蚀，不仅使截面减小，性能降低，还会因为局部锈坑的产生而引起应力集中，使结构发生早期破坏，尤其是在有反复荷载作用的情况下，锈蚀会使钢材的疲劳强度大大降低，出现脆性断裂。

根据锈蚀作用的机制，钢材的锈蚀可分为化学锈蚀和电化学锈蚀两种。

1. 化学锈蚀

化学锈蚀是指钢材直接与周围介质发生化学反应而产生的锈蚀。这种锈蚀多数是氧化作用，使钢材表面形成疏松的氧化物。在常温下，钢材表面能形成一薄层起保护作用的氧化膜 FeO，可以防止钢材进一步锈蚀。因此，在干燥环境下，钢材锈蚀进展缓慢，但在温度和湿度较高的环境中，这种锈蚀进展加快。

2. 电化学锈蚀

电化学锈蚀是建筑钢材在存放和使用过程中发生锈蚀的主要形式。它是指钢材与电解质溶液接触而产生电流，形成微电池而引起的锈蚀。在潮湿环境中的钢材表面会被一层电解质水膜所覆盖，而钢材中含有铁、碳等多种成分，由于这些成分的电极电位不同，从而使钢的表面层在电解质溶液中构成以铁素体为阳极、以渗碳体为阴极的微电池。在阳极，铁失去

电子成为 Fe^{2+} 进入水膜。在阴极，溶于水膜中的氧被还原生成 OH^-，随后两者结合生成不溶于水的 $Fe(OH)_2$ 并进一步氧化成为疏松易剥落的红棕色铁锈 $Fe(OH)_3$。由于铁素体基体的逐渐锈蚀，钢组织中的渗碳体等暴露出来的越来越多，于是形成的微电池数目也越来越多，钢材的锈蚀速度也就越来越快。

由以上锈蚀作用机制可以看出，影响钢材锈蚀的主要因素是水、氧及介质中所含的酸、碱、盐等，同时钢材本身的组织成分对锈蚀的影响也很大。埋于混凝土中的钢筋，由于普通混凝土的 pH 值为 12 左右，处于碱性环境，使之表面形成一层碱性保护膜。该保护膜有较强的阻止锈蚀继续发展的能力，故混凝土中的钢筋一般不易锈蚀。

6.6.2 钢材锈蚀的防护

防止钢材锈蚀的措施主要有保护层法和加入合金法两种。

1. 保护层法

防止钢材锈蚀通常的方法是在表面施加保护层，使钢材与周围介质隔离。保护层可分为金属保护层和非金属保护层两类。

非金属保护层常用的是在钢材表面刷漆。常用底漆有红丹底漆、环氧富锌漆、铁红环氧底漆等，中间漆有红丹防锈漆、铁红防锈漆等，面漆有调和漆、醇酸磁漆、酚醛磁漆等。该方法简单易行，但不耐久。此外，还可以采用塑料保护层、沥青保护层、搪瓷保护层等。

金属保护层是用耐蚀性较好的金属，以电镀或喷镀的方法覆盖在钢材表面，如镀锌、镀锡、镀铬等。薄壁钢材可采取热浸镀锌或镀锌后加涂塑料涂层等措施。

混凝土配筋的防锈措施，应根据结构重要性和所处环境条件等因素考虑，主要是保证混凝土的密实度（控制最大水灰比和最小水泥用量、加强振捣）、保证足够的保护层厚度、限制氯盐外加剂的掺量和保证混凝土一定的碱度等，还可掺用阻锈剂（如亚硝酸钠等）。

2. 加入合金法

钢材的组织及化学成分是引起锈蚀的内因。通过调整钢的基本组织或加入某些合金元素可有效地提高钢材的抗腐蚀能力，如在钢中加入一定量的合金元素铬、镍、钛等制成不锈钢，或者在钢中加入少量的铜、铬、镍等合金元素制成耐候钢等。

6.6.3 钢材的保管

(1)选择适宜的存放处所。风吹、日晒、雨淋等自然因素对钢材的性能有较大的影响，应入库存放；对只忌雨淋，对风吹、日晒、潮湿不十分敏感的钢材，可入棚存放；自然因素对其性能影响轻微，或使用前可通过加工措施消除影响的钢材，可在露天存放。存放处所应尽量远离有害气体和粉尘的污染，避免受酸、碱、盐及其他气体的侵蚀。

(2)保持库房干燥通风。库、棚地面的种类影响钢材的锈蚀速度，由于土地面和砖地面都易返潮，加上采光不好，库棚内会比露天料场还要潮湿，因此，库棚内应采用水泥地面，正式库房还应作地面防潮处理。

(3)合理码垛。料垛应稳固，垛位的质量不应超过地面的承载力，垛底要垫高 30～

50 cm,有条件的要采用料架。根据钢材的形状、大小和多少,确定码放方法(平放、坡放、立放等)。垛形应整齐,便于清点,防止不同品种的混乱。

(4)保持料场清洁。尘土、碎布、杂物都能吸收水分,应注意及时清除。杂草根部易存水,阻碍通风,夜间能排放 CO_2,必须彻底清除。

思考与练习

1. 钢材有哪几种分类方法?
2. 简述常用的钢筋牌号及表达的意思。
3. 钢材的力学性能有哪些?
4. 伸长率表示钢材的什么性质?如何计算?
5. 钢种所含的化学成分对钢材的性能有什么影响?
6. 简述钢材的选用原则。
7. 简述钢材的锈蚀原因及防止措施。

模块 7 墙体材料

学习目标

◉ 熟悉建筑中常用的天然石材的品种。

◉ 掌握砌墙砖及砌块的技术性质。

◉ 掌握石材的选用原则。

◉ 了解各种墙体材料的应用范围。

在房屋建筑中，墙体是建筑构成的主要部分之一，它的主要作用是围护、承重和分隔，其重量、造价及工程量在整个建筑物中占有很大的比例。

墙体材料的品种很多，主要有建筑石材、砌墙砖、砌块和建筑陶瓷四大类。

图文
著名石结构建筑

7.1 建筑石材

天然石材是指从天然岩石开采的，经加工或未加工的石料制品，是最古老的建筑材料之一。天然石材一般具有较高的抗压强度，良好的耐久性和耐磨性，自古以来就被用作各种土木工程材料。由于石材脆性大、抗拉强度低、自重大、抗震性差，加之岩石开采加工和运输较困难、价格高等因素，石材作为结构材料已逐渐被混凝土材料所代替。但由于石材具有特有的色泽和美丽的花纹，因此常作为高级饰面材料，在室内外装饰中应用广泛。

7.1.1 石材的种类

天然岩石根据其形成的地质条件不同，可分为岩浆岩、沉积岩、变质岩三大类。

1. 岩浆岩

岩浆岩又称火成岩，是存在于地下深处的成分复杂的高温硅酸盐熔融体在活动过程中上升到地表附近或喷出地表经冷却凝固而形成的。岩浆岩是组成地壳的主要岩石，占地壳总质量的89%。绝大多数岩浆岩的主要矿物组成是石英、长石、云母、角闪石、辉石及橄榄石等六种。根据岩浆冷却情况的不同，岩浆岩可分为深成岩、喷出岩和火山岩三种。

1)深成岩

深成岩是岩浆在地壳深处受到很大的上部覆盖压力作用，缓慢且较均匀地冷却而成的岩石。其特点是体积密度大、孔隙率及吸水率小、抗压强度高、抗冻性及耐磨性好。建筑上常用的深成岩有花岗岩、正长岩、闪长岩等。

2)喷出岩

喷出岩是岩浆喷出地表时，在压力降低和迅速冷却的条件下而形成的岩石。当喷出岩形成较厚的岩层时，结构致密，性能接近于深成岩，但因冷却迅速，大部分结晶不完全，多呈隐晶质(矿物晶粒细小，肉眼不能识别)或玻璃质，建筑上常用的喷出岩有玄武岩、辉绿岩、安山岩等。玄武岩和辉绿岩十分坚硬，难以加工，常用做耐酸或耐热材料，也是制造铸石和岩棉的原料；当岩层形成较薄时，常呈多孔构造，近于火山岩。

3)火山岩

火山岩是火山爆发时，岩浆被喷射到空中，经急速冷却后落下而形成的岩石。火山岩因喷到空气中急速冷却而成，故内部含有大量的气孔，并多呈玻璃质，有较高的化学活性。常见的火山岩有火山灰、浮石、火山凝灰岩等。火山灰可作为生产水泥的混合材料及混凝土的掺合料，浮石可作为配制轻集料混凝土的轻集料。

2.沉积岩

沉积岩又称水成岩，是地表的各种岩石经自然风化、风力搬迁、流水冲移等作用后，再沉积而成的岩石。在沉积岩的形成过程中，由于物质是一层一层沉积下来的，所以其构造是层状的。这种层状构造称为沉积岩的层理，每一层都具有一个面，称为层面。层面与层面间的距离称为层的厚度。有的沉积岩可以形成一系列斜交的层，称为交错层。沉积岩的表观密度小，密实度较差，吸水率较大，强度较低，耐久性也较差，但由于其分布广，加工较容易，因此应用也比较广。

根据生成条件的不同，沉积岩可分为机械沉积岩、化学沉积岩和生物沉积岩三种。

1)机械沉积岩

机械沉积岩是基岩经自然风化作用而破碎松散，再经风、水及冰川等的搬运，沉积，重新压实或胶黏而成的岩石，如页岩、砂岩等。建筑工程中常用的沉积岩为砂岩，其中，钙质砂岩的性质类似于石灰岩，较易加工，应用较广，可做基础、踏步、人行道等；硅质砂岩的性能接近于花岗岩，可用于纪念性建筑及耐酸工程；黏土质砂岩浸水易软化，很少在工程中使用。

2)化学沉积岩

化学沉积岩是原岩中的矿物溶于水中，经聚积沉积而成的岩石，如石膏、白云岩及菱镁石等。

3)生物沉积岩

生物沉积岩是各种有机体死亡后的残骸经沉积而成的岩石。石灰岩是建筑工程中用途最广、用量最大的生物沉积岩，它不仅是制造石灰和水泥的主要原料，而且也是普通混凝土常用的集料。石灰岩还可以用来砌筑基础、勒脚、拱、柱、路面、挡土墙等。

3.变质岩

变质岩是指地壳中原有的岩浆岩或沉积岩，在地壳变动和岩浆活动产生的温度和压力作用下再结晶，使其矿物成分、结构构造以及化学成分部分或全部改变而形成的岩石。变质岩的矿物成分，除保留原来岩石的矿物成分(如石英、长石、云母、角闪石、辉石、方解石和白云石)外，还产生了新的变质矿物，如绿泥石、滑石、石榴子石和蛇纹石等。通常岩浆岩变质后，结构不如原岩石坚实，性能变差；而沉积岩变质后，结构较原岩石致密，性能变好。根据变质岩的原有岩石的不同，可分为正变质岩和副变质岩两种。

1)正变质岩

正变质岩是由岩浆岩变质而成的岩石，如片麻岩等，工程中常用做碎石、块石及人行道石板等。

2)副变质岩

副变质岩是由沉积岩变质而成的岩石，工程中常用的有大理岩、石英岩等。

7.1.2 石材的性质

石材的技术性质包括物理性质、力学性质和工艺性质。天然石材的技术性质取决于其组成矿物的种类、特征以及结合状态。天然石材因生成条件各异，常含有不同种类的杂质，矿物组成有所变化，所以，即使是同一类岩石，其性质也可能有很大差别。因此，使用前都必须进行检验和鉴定。

1.物理性质

1)表观密度

天然石材可按表观密度的大小进行分类：表观密度小于或等于 1 800 kg/m^3 的为轻质石材，主要用于墙体材料等；表观密度大于 1 800 kg/m^3 的为重质石材，主要用于建筑物的基础、地面、桥梁、挡土墙及水工建筑物等。

石材的表观密度与其矿物组成和孔隙率有关，它能间接反映石材的致密程度和孔隙多少。通常情况下，同种石材的表观密度越大，其抗压强度越高，吸水率越小，耐久性越好。

2)吸水性

吸水率低于 1.5%的岩石称为低吸水性岩石；吸水率介于 1.5%～3.0%的称为中性吸水性岩石；吸水率高于 3.0%的称为高吸水性岩石。

石材的吸水性主要与其孔隙率及孔隙特征有关。深成岩以及许多变质岩，它们的孔隙率都很小，因而吸水率也很小。例如，花岗岩的吸水率通常小于 0.5%。沉积岩由于形成条件、胶黏情况与密实程度有所不同，因而孔隙率与孔隙特征的变化很大，其吸水率的波动也很大。例如，致密的石灰岩，吸水率可小于 1%，而多孔的贝壳石灰岩，吸水率可高达 15%。

石材的吸水性对其强度与耐水性有很大影响。石材吸水后，会降低颗粒之间的黏结力，从而使强度降低。有些岩石容易被水溶蚀，因此，吸水性强且易溶蚀的岩石，其耐水性较差。吸水性还影响到其他一些性质，如导热性、抗冻性等。

3)耐水性

石材的耐水性用软化系数表示。根据软化系数的大小，石材可分为高耐水性(石材软化系数大于 0.9)、中耐水性(石材软化系数为 0.7～0.9)和低耐水性(石材软化系数为 0.6～0.7)三个等级。一般软化系数低于 0.6 的石材，不允许用于重要建筑。

4)抗冻性

石材的抗冻性是用冻融循环次数来表示的。石材在水饱和状态下能经受规定条件下数次冻融循环，而强度降低值不超过 25%，质量损失不超过 5%时，则认为抗冻性合格。石材的抗冻性标号为 D5、D10、D15、D25、D50、D100、D200 等。

石材的抗冻性与其矿物组成、晶粒大小及分布均匀性、胶黏物的胶黏性质等有关。

5)耐热性

石材的耐热性与其化学成分及矿物组成有关。含有石膏的石材，在 100 ℃以上时开始破坏；含有碳酸镁的石材，当温度高于 725 ℃时会发生破坏；含有碳酸钙的石材，当温度达到 827 ℃时开始破坏；由石英与其他矿物所组成的结晶石材(如花岗岩等)，温度高于 700 ℃时，由于石英受热晶型转变发生膨胀，强度迅速下降。

6)导热性

石材的导热性主要与其表观密度和结构状态有关。重质石材的导热系数可达 2.91～3.49 W/(m·K)；轻质石材的导热系数则为 0.23～0.70 W/(m·K)。相同成分的石材，玻璃态比结晶态的导热系数小，封闭孔隙的导热性差。

2.力学性质

1)抗压强度

砌筑用石材的抗压强度是以边长为 50 mm 的立方体或地面直径为 50 mm、高为 50 mm 的圆柱体的抗压强度来表示的，根据抗压强度值的大小，天然石材的强度等级分为 MU100、MU80、MU60、MU50、MU40、MU30、MU20、MU15、MU10 九个等级，不同尺寸的石材尺寸换算系数见表 7-1。

表 7-1　石材的尺寸换算系数

立方体边长/mm	200	150	100	70	50
换算系数	1.43	1.28	1.14	1	0.86

石材的抗压强度大小取决于矿物组成、结构与构造特征、胶黏物种类及均匀性等因素。例如，组成花岗岩的主要矿物中石英是坚硬的矿物，其含量越高则花岗岩的强度也越高，而云母为片状物，易于分裂成柔软薄片，因此，云母含量越多则其强度越低。结晶质石材强度比玻璃质的高，等颗粒状结构石材的强度比斑状的高，构造致密石材的强度比疏松多孔的高。

2)冲击韧性

石材的冲击韧性比抗压强度小得多，为抗压强度的 1/20～1/10，是典型的脆性材料。

石材的冲击韧性取决于其矿物组成与构造。石英岩和硅质砂岩脆性很大，含暗色矿物较多的辉长岩、辉绿岩等具有相对较大的韧性。通常，晶体结构的岩石较非晶体结构的岩石具有较高的韧性。

3)硬度

石材的硬度以莫氏或肖氏硬度表示。它取决于矿物的硬度与构造，凡由致密、坚硬矿物组成的石材，其硬度较高。石材的硬度与抗压强度具有良好的相关性，一般抗压强度越高，其硬度也越高，耐磨性和抗刻画性越好，但表面加工越困难。

4)耐磨性

耐磨性是指石材在使用条件下抵抗摩擦、边缘剪切以及冲击等复杂作用的性质。石材的耐磨性以单位面积磨耗量表示。石材的耐磨性与其矿物的硬度、结构、构造特征以及石材的抗压强度和冲击韧性有关。矿物越坚硬、构造越致密以及石材的抗压强度和冲击韧性越高，石材的耐磨性就越好。

3. 工艺性质

石材的工艺性质指开采及加工的适应性，包括加工性、磨光性和抗钻性。

1)加工性

加工性是指对岩石进行劈解、破碎与凿琢等加工时的难易程度。强度、硬度较高的石材，不易加工；质脆而粗糙，结构颗粒交错，含层状或片状构造以及已风化的岩石，都难以满足加工要求。

2)磨光性

磨光性是指岩石能否磨成光滑表面的性质。致密、均匀、细粒的岩石，一般都有良好的磨光性，可以磨成光滑亮洁的表面；疏松多孔、鳞片状结构的岩石，磨光性均较差。

3)抗钻性

抗钻性是指岩石钻孔的难易程度。影响抗钻性的因素很多，一般与岩石的强度、硬度等性质有关。

7.1.3 建筑中常用的天然石材

1. 石材的选用原则

在建筑施工和设计中，石材的选用应根据适用性和经济性这两个原则。

1)适用性

要按使用要求分别衡量各种石材在建筑中的适用性。承重构件（如基础、勒脚、墙、柱等）需要考虑抗压强度能否满足设计要求；围护结构构件要考虑是否具有良好的绝热性能；用做地面、台阶、踏步等的构件要求坚韧耐磨；装饰部分（如饰面板、拉杆、扶手、纪念碑等）需要考虑石材的雕琢、磨光及外观、花纹、色彩等；对处在特殊环境（如高温、高湿、水中、严寒、侵蚀等）条件下的构件，还要分别考虑石材的耐久性、耐水性、抗冻性及耐化学腐蚀等。

2)经济性

石材的表观密度大，运输不便，在建筑施工中应充分利用地方资源，尽可能做到就地取材。难以开采和加工的原料必然使成本提高，选材时应充分注意。

2. 砌筑用石材

砌筑用石材分为毛石、片石、料石。

1)毛石

毛石是在采石场爆破后直接得到的形状不规则的石块。根据表面平整程度又分为乱毛石和平毛石两种。乱毛石是形状极不规则的毛石。平毛石是乱毛石略经加工而成的毛石，其形状较整齐，大致有上、下两个平行面。建筑工程中使用的毛石，一般高度应不小于15 cm，一个方向的尺寸可达到30～40 cm。毛石的抗压强度应不低于10 MPa，软化系数应不小于0.75。毛石主要用于砌筑建筑物的基础、勒脚、墙身、挡土墙等，平毛石还用于铺筑园林中的小径石路，可形成不规则的拼缝图案，增加环境的自然美。

2)片石

片石是由爆破而得的，形状不受限制，但薄片不得使用。一般片石的尺寸应不小于

15 cm,体积不小于 0.01 m^3,每块质量一般在 30 kg 以上,抗压强度应不低于 20 MPa。片石主要用来砌筑圬工工程、护坡、护岸等。

3)料石

料石是用毛石经人工斩凿或机械加工而成的石块,又称为条石。依其表面加工的平整程度而分为毛料石、粗料石、半细料石和细料石四种。毛料石是表面不经加工或稍加修整的料石;粗料石是表面加工成凹凸深度不大于 20 mm 的料石;半细料石是表面加工成凹凸深度不大于 10 mm 的料石;细料石是表面加工成凹凸深度不大于 2 mm 的料石。

料石一般用较致密均匀的砂岩、石灰岩、花岗岩等开凿而成,制成条石、方料石或拱石,用于建筑物的基础、勒脚、地面等。

3. 装饰用板材

装饰用板材是用于建筑装饰的石板或地面板,要求耐磨、耐久、无裂缝且水纹、色彩美观。按其基本属性可归为大理石和花岗石两大类。

图片
大理石装饰

1)大理石

大理石是指具有装饰功能,并可磨光、抛光的各种沉积岩和变质岩。大理石荒料经锯切、研磨、抛光等加工而成为大理石装饰面板,主要用于建筑物的室内饰面,如墙面、地面、柱面、台面、栏杆、踏步等。当用于室外时,由于大理石抗风化能力差,易受空气中二氧化硫的腐蚀,而失去表面光泽,变得粗糙多孔而降低其使用价值。因此,大理石板材除极少数品种(如汉白玉)外,一般不宜用于室外饰面。

2)花岗石

花岗石是指具有装饰功能,并可磨光、抛光的各类岩浆岩及少量其他岩石。按表面加工的粗细程度,又可分为三种:粗面板材(表面平整,但粗糙,具有较规则的加工纹理,如机刨板、剁斧板、锤击板等)、细面板材(表面平整且光滑)、镜面板材(表面平整,并具有镜面光泽)。磨光花岗石板材的装饰特点是华丽而庄重,粗面花岗石板材的装饰特点是凝重而粗犷。花岗石主要用于建筑物的室内室外饰面,也可用于重要的大型建筑物的基础、踏步、栏杆,以及堤坝、桥梁和街边石等。

7.2 砌 墙 砖

砌墙砖是指以黏土、工业废料或其他地方资源为主要原材料,按不同工艺制成的,在建筑上用来砌筑承重和非承重墙体的砖。砌墙砖按生产工艺分为烧结砖和非烧结砖两类。

7.2.1 烧结砖

烧结砖是以黏土、页岩、煤矸石、粉煤灰等为主要原料,经成型、干燥及焙烧而成的。烧结砖包括烧结普通砖、烧结多孔砖和烧结空心砖。

1. 烧结普通砖

根据《烧结普通砖》(GB 5101—2017)的规定,烧结普通砖是以黏土、页岩(黏土岩的构造变种)、煤矸石(采煤和洗煤过程中排除的以 Al_2O_3、SiO_2 为主要成分的黑灰色岩石)或粉煤灰为主要原料,经制坯和焙烧而成的普通砖。

1)烧结普通砖的分类

(1)按主要原料分为黏土砖(N)、页岩砖(Y)、煤矸石砖(M)、粉煤灰砖(F)、建筑渣土砖(Z)、淤泥砖(U)、污泥砖(W)、固体废弃物砖(G)。

(2)按焙烧窑中气氛分为红砖和青砖两种。在氧化气氛的焙烧窑中烧成的红色黏土质砖为红砖,在还原气氛的焙烧窑中烧成的青灰色黏土质砖为青砖。青砖较红砖耐碱、耐久性好。

(3)按焙烧方法分为内燃砖和外燃砖。近年来,我国普遍采用了内燃砖。它是将煤渣、粉煤灰等可燃工业废渣以适当比例掺入制坯黏土原料中作为内燃原料,当砖坯焙烧到一定温度时,内燃料在坯体内也进行燃烧,这样烧成的砖叫内燃砖。内燃法制砖除可节省外投燃料和部分黏土用量外,由于焙烧时热源均匀,内燃原料燃烧后留下许多封闭小孔,因此砖的表观密度减小,强度提高,导热系数降低,隔声、保温性能增强。

(4)按火候分为正火砖、欠火砖和过火砖。由于砖在熔烧时窑内温度分布难以绝对均匀,因此除正火砖外,还常出现欠火砖和过火砖。欠火砖色浅,敲击声发哑,吸水率大,强度低,耐久性差。过火砖色深,敲击时声音清脆,吸水率低,强度较高,但有弯曲变形。欠火砖和过火砖均属于不合格产品。

2)烧结普通砖的技术性质

《烧结普通砖》对烧结普通砖的技术性质作了具体的规定,主要技术要求如下。

(1)强度。烧结普通砖根据10块试样抗压强度的试验结果,分为五个强度等级,其强度值应符合表7-2的规定,不符合的为不合格品。

表7-2 烧结普通砖的强度等级 单位:MPa

强度等级	抗压强度平均值 $\bar{f}\geqslant$	强度标准值 $f_k\geqslant$
MU30	30.0	22.0
MU25	25.0	18.0
MU20	20.0	14.0
MU15	15.0	10.0
MU10	10.0	6.5

(2)尺寸偏差。烧结普通砖的尺寸允许偏差应符合表7-3的规定,不符合的为不合格品。

表7-3 烧结普通砖的尺寸允许偏差 单位:mm

公称尺寸	指标	
	样本平均偏差	样本极差 ≤
240	±2.0	6.0
115	±1.5	5.0
53	±1.5	4.0

(3)外观质量。烧结普通砖的外观质量应符合表7-4的规定，产品中不允许有欠火砖、酥砖和螺旋纹砖(过火砖)，否则为不合格品。

表7-4 烧结普通砖的外观质量 单位：mm

项　目		指　标
两条面高度差	≤	2
弯曲	≤	2
杂质凸出高度	≤	2
缺棱掉角的三个破坏尺寸	不得同时大于	5
裂缝长度A	≤	30
裂缝长度B	≤	50
完整面	不少于	一条面和一顶面

注：1. 为装饰而施加的色差、凹凸纹、拉毛、压花等不算作缺陷。

2. 凡有下列缺陷之一者，不得称为完整面。

①缺损在条面或顶面上造成的破坏面尺寸同时大于10 mm×10 mm。

②条面或顶面上裂纹宽度大于1 mm，其长度超过30 mm。

③压陷、粘底、焦花在条面或顶面上的凹陷或凸出超过2 mm，区域尺寸同时大于10 mm×10 mm。

(4)泛霜。泛霜是指原料中可溶性盐类(如硫酸钠等)，随着砖内水分蒸发而在砖表面产生的盐析现象，一般为白色粉末，常在砖表面形成絮团状斑点。《烧结普通砖》规定，合格品砖不允许出现严重泛霜。

(5)石灰爆裂。如果原料中夹杂石灰石，则烧砖时石灰石将被烧成生石灰留在砖中，有时掺入的内燃料(煤渣)也会带入生石灰，这些生石灰在砖体内吸水消化时产生体积膨胀，导致砖发生胀裂破坏，这种现象称为石灰爆裂。石灰爆裂对砖砌体的影响较大，轻者影响美观，重者将使砖砌体强度降低直至破坏。《烧结普通砖》规定，合格品砖不允许出现最大破坏尺寸大于15 mm的爆裂区域，且2～15 mm的爆裂区域，每组砖样不得多于15处，其中大于10 mm的不得多于7处。

(6)抗风化性能。砖的抗风化性能是烧结普通砖耐久性的重要标志之一，通常以抗冻性、吸水率及饱和系数等指标来判定砖的抗风化性能。《烧结普通砖》根据工程所处的省区，对砖的抗风化性能提出不同要求：将东北、西北及华北各省区划为严重风化区；山东省、河南省及黄河以南地区划为非严重风化区。东北、内蒙古及新疆地区(特别严重风化区)的砖必须进行冻融试验；其他地区砖的抗风化性能按表7-15以吸水率及饱和系数来评定。当符合表7-5的规定时，可不做冻融试验，评为抗风化性能合格，否则，必须进行冻融试验。

表 7-5 抗风化性能

砖种类	严重风化区				非严重风化区			
	5 h沸煮吸水率/% ≤		饱和系数 ≤		5 h沸煮吸水率/% ≤		饱和系数 ≤	
	平均值	单块最大值	平均值	单块最大值	平均值	单块最大值	平均值	单块最大值
黏土砖	18	20	0.85	0.87	19	20	0.88	0.90
粉煤灰砖	21	23			23	25		
页岩砖	16	18	0.74	0.77	18	20	0.78	0.80
煤矸石砖	16	18			18	20		

注:1. 粉煤灰掺入量(体积比)小于 30%时,按黏土砖规定判定。

2. 冻融试验后,每块砖样不允许出现裂纹、分层、掉皮、缺棱、掉角等冻坏现象;质量损失不得大于 2%。

3)烧结普通砖的特点与应用

烧结普通砖具有一定的强度、良好的绝热隔声性能、较好的耐久性、原材料来源广泛、价格低廉等特点。它是应用历史最久、应用范围最广的建筑材料之一。在建筑工程中主要用作墙体材料,也可作砌筑砖柱、拱、烟囱、过梁及基础等,还可以与轻骨料混凝土、岩棉、加气混凝土等复合使用,砌成两面为砖、中间填以轻质材料的复合墙体。在砌筑中适当配置钢筋或钢丝网,可代替钢筋混凝土柱、过梁等。烧结普通砖优等品用于清水墙的砌筑,一等品、合格品用于混水墙的砌筑。中等泛霜的砖不能用于潮湿的部位。

烧结普通砖中的黏土砖,自重大、能耗高、尺寸小、施工效率低、抗震性能差等。更严重的是,黏土砖的生产需大量毁田,使我国本来就有限的土地资源更加紧张。所以近年来我国大力推广墙体材料改革,很多地方政府已下令逐步禁止黏土砖的生产,要求因地制宜地发展新型墙体材料。以粉煤灰、煤矸石等工业废料蒸压砖以及各种砌块、板材来代替黏土砖,以减少农田的损失和对生态环境的破坏。

2. 烧结多孔砖

烧结多孔砖是以黏土、页岩、煤矸石等为主要原料,经焙烧而成的砖,其大面有孔,孔多而小,使用时孔洞垂直于承压面。烧结多孔砖的孔洞率不小于 15%,一方面,多孔砖可比实心砖节约 20%左右的土,另一方面墙体的自重至少减轻 30%左右,可降低造价,且保温隔热性能和吸声性能有较大提高,常用于砌筑六层以下的承重墙体。

烧结多孔砖的外形为直角六面体,按国际规定,其长度、宽度、高度应分别符合以下要求:长度为长度为 290 mm、240 mm,宽度为 190 mm、180 mm、140 mm、115 mm,高度为 90 mm。孔洞尺寸为:圆孔直径≤22 mm,非圆孔内切圆直径≤15 mm,手抓孔为(30～40) mm×(75～85) mm。

烧结多孔砖根据其抗压强度分为 MU30、MU25、MU20、MU15、MU10 五个强度等级。

《烧结多孔砖和多孔砌块》(GB 13544—2011)对烧结多孔砖的技术性能做了相关规定,多孔砖的尺寸允许偏差应符合表 7-6 的要求,外观质量应符合表 7-7 的要求,孔型应符合表 7-8的要求。

表 7-6　烧结多孔砖的尺寸偏差

尺　寸	样本平均偏差	样本极差≤
＞400	±3.0	10.0
300～400	±2.5	9.0
200～300	±2.5	8.0
100～200	±2.0	7.0
＜100	±1.5	6.0

表 7-7　烧结多孔砖的外观质量

项　目			指　标
完整面		不得少于	一条面和一顶面
缺棱掉角的三个破坏尺寸		不得同时大于	30
裂纹长度	大面(有孔面)上深入孔壁 15mm 以上宽度方向及其延伸到条面的长度	不大于	80
	大面(有孔面)上深入孔壁 15mm 以上长度方向及其延伸到顶面的长度	不大于	100
	条顶面上的水平裂纹	不大于	100
杂质在砖或砌块面上造成的凸出高度		不大于	5

注:凡有下列缺陷之一者,不能称为完整面。

(1)缺损在条面或顶面上造成的破坏面尺寸同时大于 20 mm×30 mm。

(2)条面或顶面上裂纹宽度大于 1 mm,其长度超过 70 mm。

(3)压陷、焦花、粘底在条面或顶面上的凹陷或凸出超过 2 mm,区域最大投影尺寸同时大于 20 mm×30 mm。

表 7-8　烧结多孔砖的孔型

孔型	空洞尺寸/mm		最小外壁厚/mm	最小肋厚/mm	空洞率/%		空洞排列
	孔宽度尺寸 b	孔长度尺寸 L			砖	砌块	
矩形条孔或矩形孔	≤13	≤40	≥12	≥5	≥28	≥33	1. 所有孔宽应相等,孔采用单向或双向交错排列; 2. 空洞排列上下、左右应对称,分布均匀,手抓孔的长度方向尺寸必须平行于砖的条面

注:1. 矩形孔的孔长 L、孔宽 b 满足等式 $L \geqslant 3b$ 时,为矩形条孔。

2. 孔四个角应做成过度圆角,不得做成直尖角。

3. 如设有砌筑砂浆槽,则砌筑砂浆槽不计算在空洞率内。

4. 规格大的砖和砌块应设置手抓孔尺寸为(30～40) mm×(75～85) mm。

3. 烧结空心砖

烧结空心砖是孔洞率等于或大于 35%,孔的尺寸大而数量少的砖。砌筑时,孔洞水平方向放置,故又称为水平孔空心砖,常用于非承重部位。其以黏土、页岩或煤矸石为主要原料,生产工艺与烧结多孔砖相似。

烧结空心砖的技术要求应符合《烧结空心砖和空心砌块》(GB 13545—2014)的规定，规格尺寸(长度、宽度及高度)应符合 390 mm、290 mm、240 mm，190 mm、180mm、175mm、140 mm、115 mm、90 mm 的要求，如图 7-1 所示。烧结空心砖根据表观密度分为 800 kg/m^3、900 kg/m^3、1 000 kg/m^3 及 1 100 kg/m^3 四个级别。

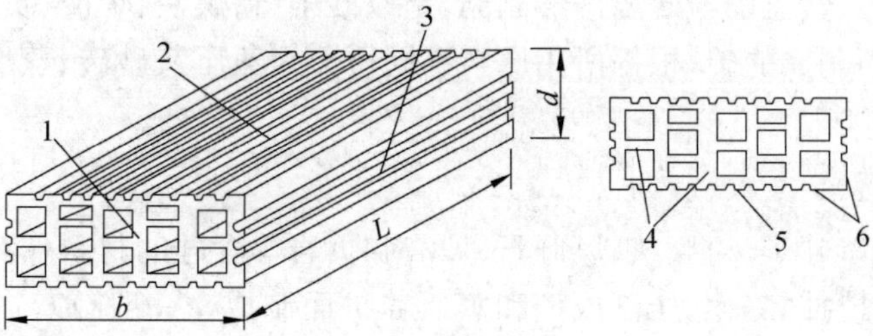

图 7-1　烧结空心砖

1—顶面；2—大面；3—条面；4—肋；5—凹线槽；6—外壁；

L—长度；b—宽度；d—高度

1)强度等级

烧结空心砖根据其抗压强度分为 MU10.0、MU7.5、MU5.0 及 MU3.5 四个强度等级，见表 7-9。

表 7-9　烧结空心砖的强度等级

强度等级	抗压强度/MPa		
	抗压强度平均值 $\bar{f}\geqslant$	变异系数 $\delta\leqslant0.21$	变异系数 $\delta>0.21$
		抗压强度标准值 $f_k\geqslant$	单块最小抗压强度值 $f_{min}\geqslant$
MU10.0	10.0	7.0	8.0
MU7.5	7.5	5.0	5.8
MU5.0	5.0	3.5	4.0
MU3.5	3.5	2.5	2.8

2)尺寸偏差

烧结空心砖的尺寸偏差要求见表 7-10。

表 7-10　烧结空心砖的尺寸偏差要求　　单位：mm

尺　　寸	样本平均偏差	样本极差≤
>300	±3.0	7.0
>200～300	±2.5	6.0
100～200	±2.0	5.0
<100	±1.7	4.0

烧结空心砖和空心砌块的孔洞率一般在 40%以上，因其质量较轻、强度不高，故多用作非承重墙，如多层建筑的内隔墙或框架结构的填充墙等。

7.2.2 非烧结砖

不经焙烧而制成的砖均为非烧结砖，如碳化砖、免烧免蒸砖、蒸压(养)砖等，其中应用较多的是蒸压(养)砖。蒸压(养)砖属硅酸制品，是以砂子、粉煤灰、炉渣、页岩和石灰加水拌和成型，经蒸压(养)而制成的砖，根据所用原料不同可分为蒸压灰砂砖、蒸压粉煤灰砖、蒸压炉渣砖等。

1. 蒸压灰砂砖

蒸压灰砂砖是以砂子、粉煤灰、煤矸石、炉渣和页岩等含硅的材料作基料，以石灰作胶黏材料，经磨细、混合搅拌、陈化、压制成型和蒸压养护而制成。一般石灰占 10%～20%，砂占 80%～90%。磨细的二氧化硅和氢氧化钙在高温高湿条件下反应生成具有胶凝性的水化硅酸钙凝胶，水化硅酸钙凝胶与 $Ca(OH)_2$ 晶体共同将参与反应的砂粒黏结起来，从而使砖具有强度。

《蒸压灰砂实心砖和实心砌块》(GB 11945—2019)规定，灰砂砖按砖浸水 24 h 后的抗压强度和抗折强度分为 MU30、MU25、MU20、MU15、MU10 五个强度等级，根据尺寸偏差和外观质量、强度及抗冻性分为合格品和不合格品。

强度等级大于 MU15 的砖可用于基础及其他建筑。MU10 的砖仅可用于砌筑防潮层以上的墙体。长期受热 200 ℃以上、受急冷急热或有酸性介质侵蚀的建筑部位应避免使用灰砂砖。

灰砂砖利用工业废料，具有能耗低，且蓄热能力强，隔声性能优越的优点，是较好的绿色建材之一。

2. 蒸压粉煤灰砖

蒸压粉煤灰砖是以粉煤灰为主要原料，石灰、石膏和水泥为胶黏材料，再掺入集料、适量石膏、外加剂和颜料等，经坯料制备、压制成型，常压或高压蒸汽养护而制成的实心砖。

根据《蒸压粉煤灰砖》(JC 239—2014)的规定，粉煤灰砖按抗压强度和抗折强度分为 MU30、MU25、MU20、MU15、MU10 五个强度等级。根据尺寸偏差、外观质量、强度等级、干燥收缩分为合格品和不合格品。一般要求合格品的线性干燥收缩值应不大于 0.5 mm/m，碳化系数应不小于 2.85，吸水率应不大于 20%。

粉煤灰砖可用于工业与民用建筑的墙体和基础。用粉煤灰砖砌筑的建筑物，应适当增设圈梁及伸缩缝或其他措施，以避免或减少收缩裂缝。粉煤灰砖不得用于长期受热(200 ℃以上)、受急冷急热和有酸性介质侵蚀的建筑部位。

3. 蒸压炉渣转

蒸压炉渣转是以煤燃烧后的炉渣为主要原料，加入适量的石灰或电石渣、石膏等材料，经混合、搅拌、成型、蒸汽养护等而制成的砖。炉渣砖按抗压强度和抗折强度分为 MU20、MU15、MU10 和 MU7.5 四个强度等级。

炉渣砖可以用于建筑物的墙体和基础，但是用于基础或易受冻融和干湿循环的部位时必须使用 MU15 及以上强度等级的砖。防潮层以下的建筑部位也应采用 MU15 及以上强度等级的炉渣砖。

7.3 砌 块

建筑砌块多为直角六面体，根据墙体砌筑要求，砌块分为主砌块和辅助砌块两种，以实现错缝搭砌的要求。主砌块规格要求长度、宽度或高度有一项或一项以上分别大于 365 mm、240 mm 或 115 mm，但高度不大于长度或宽度的 6 倍，长度不超过高度的 3 倍。其中主规格的高度大于 115 mm 而又小于 380 mm 的砌块，简称为小型砌块；主规格的高度为 380～980 mm的砌块，称为中型砌块；主规格的高度大于 980 mm 的砌块，称为大型砌块，常用砌块规格如图 7-2 所示。

图片
砌块

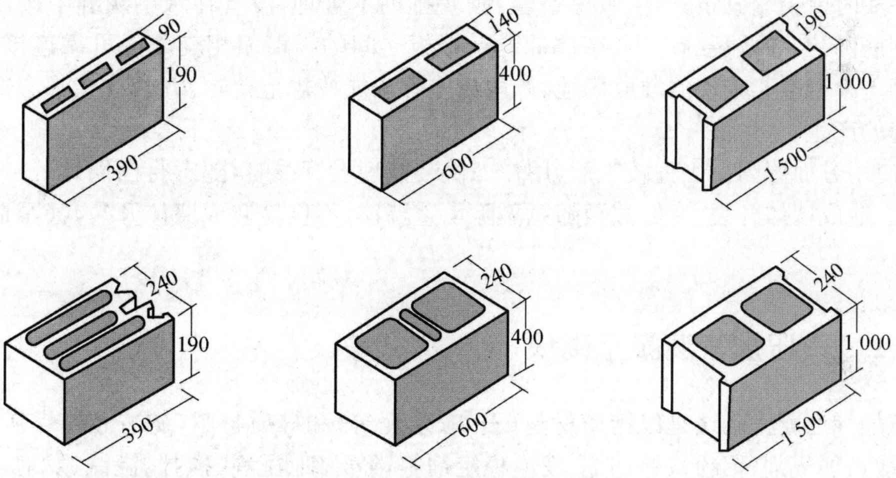

(a)小型砌块　　(b)中型砌块　　(c)大型砌块

图 7-2　常见砌块及规格

7.3.1 普通混凝土小型空心砌块

普通混凝土小型空心砌块是用水泥作胶黏料，砂、石作集料，经搅拌、振动成型、养护等工艺过程制成的。其外形尺寸比砖大，具有设备简单、砌筑速度快的优点，符合建筑工业化发展中墙体改革的要求。普通混凝土小型空心砌块有承重砌块和非承重砌块两类，为减轻自重，非承重砌块可用炉渣或其他轻质集料配制。

普通混凝土小型空心砌块的主规格尺寸为 390 mm×190 mm×190 mm，承重空心砌块的最小外壁厚应不小于 30 mm，最小肋厚应不小于 25 mm。普通混凝土小型空心砌块根据尺寸允许偏差和外观质量可分为合格品和不合格品，按强度等级可分为 MU5.0、MU7.5、MU10.0、MU15.0、MU20.0、MU25.0、MU30.0、MU35.0 和 MU40 九个强度等级。

普通混凝土小型空心砌块可用来砌筑多层建筑的内、外承重墙，也可用来砌筑框架、框剪结构的填充墙。与烧结砖相比，砌块砌筑的墙体较易产生裂缝，主要原因如下。

(1)原材料原因。混凝土小型空心砌块是由碎石或卵石为粗骨料制成的混凝土，它既有混凝土的脆性，又有干缩性，在 28 d 自然养护后，其干缩约完成 60%，因而这样的混凝土小型空心砌块用在墙体中就难免产生裂缝。

(2)设计原因。砌块对地基的不均匀沉降非常敏感，设计中如果对地基的不均匀沉降估计不足，则易在墙体中产生阶梯形裂缝及在底层窗台墙体中产生竖向裂缝。此外，由于目前大部分屋面在檐口处没有隔热措施，从而导致顶层横墙产生阶梯性裂缝。对屋面保温材料随意选择而不考虑减少温差的作用，也会导致裂缝的产生。在混凝土柱和混凝土小型空心砌块的相接处，缺少相应控制裂缝产生的措施。

(3)施工原因。砌筑工人之间技术水平的差别造成砌筑质量不稳定，也是造成墙体质量问题的重要因素。在施工中，所用砂浆强度低、砌块表面浮灰等污物未处理干净、砌筑时铺灰过大，均会使砂浆与砌块间黏结力差，导致裂缝产生；砌块出厂存放期不够，在砌块体积收缩尚未完成时就上墙砌筑，产生收缩裂缝；砌块排列不合理，没有在水平灰缝中按规定加拉结筋或钢筋网片，导致裂缝产生；墙体、圈梁、楼板之间的纵横墙相交处无可靠连接，施工现场对混凝土小型空心砌块的堆放场地、遮雨措施等未能按规范要求实施，这些都会造成墙体水平裂缝的产生。

(4)使用方面原因。工程竣工后，用户二次装修埋设管线时，随意打凿墙体，破坏了墙体的整体性，造成墙体开裂；有的甚至随意敲除承重墙体，不仅易造成墙体开裂，甚至造成安全隐患。

7.3.2 蒸压加气混凝土砌块

蒸压加气混凝土砌块是以钙质材料(石灰、水泥等)和硅质材料(矿渣和粉煤灰)为主要材料，并加入加气剂(铝粉)、外加剂、发泡稳定剂等，经磨细、配料、搅拌、浇注、发泡、成型、切割、蒸压养护而成的多孔硅酸盐砌块。

根据《蒸压加气混凝土砌块》(GB/T 11968—2020)的规定，蒸压加气混凝土砌块的规格尺寸应符合以下规定：长度(L)为 600 mm，宽度(B)为 100 mm、125 mm、150 mm、200 mm、250 mm、300 mm及 120 mm、180 mm、240 mm，高度(H)为 200 mm、240 mm、250 mm、300 mm。

砌块按尺寸偏差分为Ⅰ型和Ⅱ型。Ⅰ型适用于薄灰缝砌筑，Ⅱ型适用于厚灰缝砌筑。砌块的尺寸允许偏差和外观质量应符合表 7-11 的规定。

表 7-11 砌块的尺寸偏差和外观

项目			Ⅰ型	Ⅱ型
尺寸允许偏差/mm	长度	L	±3	±4
	宽度	B	±1	±2
	高度	H	±1	±2
缺棱掉角	最小尺寸/mm	≤	10	30
	最大尺寸/mm	≤	20	70
	三个方向尺寸之和不大于 120 mm 的掉角个数/个	≤	0	2

续表

项目		Ⅰ型	Ⅱ型
裂缝长度	裂纹长度/mm ≤	0	70
	任意面不大于 70 mm 裂纹条数/条 ≤	0	1
	每块裂纹总数/条 ≤	0	2
损坏深度/mm ≤		0	10
平面弯曲/mm ≤		1	2
表面疏松、分层、表面油污 ≤		无	无
直角度/mm ≤		1	2

蒸压加气混凝土砌块按抗压强度有 A1.5、A2.0、A2.5、A3.5、A5.0 五个级别，见表 7-12。按干密度有 B03、B04、B05、B06、B07 五个级别，见表 7-13。砌块的干密度应符合表 7-14 的规定。

表 7-12　砌块的立方体抗压强度　　单位：MPa

强度等级		A1.5	A2.0	A2.5	A3.5	A5.0
抗压强度	平均值 ≥	1.5	2.0	2.5	3.5	5.0
	最小值 ≥	1.2	1.7	2.1	3.0	4.2

表 7-13　砌块的强度等级

<table>
<tr><td>干密度级别</td><td>B03</td><td>B04</td><td>B05</td><td>B06</td><td>B07</td></tr>
<tr><td rowspan="3">强度级别</td><td rowspan="3">A1.5</td><td>A2.0</td><td>A2.5</td><td rowspan="2">A3.5</td><td rowspan="3">A5.0</td></tr>
<tr><td>A2.5</td><td>A3.5</td></tr>
<tr><td>A3.5</td><td>A5.0</td><td>A5.0</td></tr>
</table>

表 7-14　砌块的干密度　　单位：kg/m^3

干密度级别	B03	B04	B05	B06	B07
干密度 ≤	350	450	550	650	750

蒸压加气混凝土砌块可用于多层建筑物的承重墙和非承重墙及隔墙，可作为低层建筑的承重墙和框架结构、现浇混凝土结构建筑的外墙填充、内墙隔断，也可用于抗震圈梁构造柱多层建筑的外墙或保温隔热复合墙体。加气混凝土砌块不得用于建筑基础和处于浸水、高湿和有化学侵蚀的环境中，也不能用于承重制品表面温度高于 80℃的建筑部位。因为风化和冻融会影响蒸压加气混凝土砌块的寿命，长期暴露在大气中，日晒雨淋，干湿交替，蒸压加气混凝土砌块会风化而产生开裂破坏，在局部受潮时，冬季有时会产生局部冻融破坏。

7.3.3 轻骨料混凝土小型空心砌块

轻骨料混凝土小型空心砌块是指以水泥为胶凝材料，加入轻粗骨料（页岩陶粒、黏土陶粒、粉煤灰陶粒、大颗粒膨胀珍珠岩、浮石、煤矸石、煤渣等）和轻砂（或无砂），经搅拌、制坯、养护制成干表观密度不大于 1950 kg/m^3 轻骨料混凝土制作的小砌块。

目前，常用的轻集料混凝土小型空心砌块按其孔的排数分为单排孔、双排孔、三排孔和四排孔等；按砌块密度等级分为 500、600、700、800、900、1000、1200、1400 八级；按砌块强度等级分为 MU1.5、MU2.5、MU3.5、MU5.0、MU7.5、MU10.0 六级；按所用轻集料不同可分为陶粒混凝土小砌块、火山渣混凝土小砌块和煤渣混凝土小砌块等。

轻骨料混凝土小型空心砌块因其轻质、高强、绝热性能好、抗震性能好等特点，而广泛应用于非承重结构的围护和框架结构的填充墙，也可用于既承重又保温或专门保温的墙体。轻集料混凝土小型空心砌块强度等级小于 MU5.0 的多用在框架结构中的非承重隔墙和非承重墙，如框架填充墙等，可增加墙体的保温性能；强度等级为 MU7.5、MU10.0 的主要用于砌筑多层建筑的承重墙体，如承重保温墙等。

7.3.4 粉煤灰砌块

粉煤灰砌块是以粉煤灰、石灰为主要原料，掺加适量石膏、外加剂和集料等，经坯料配制、轮碾碾练、机械成型、水化和水热合成反应而制成的实心粉煤灰砖。

粉煤灰砖制品的颜色为本色，即青灰色，和青色黏土砖相似，也可根据用户需要加入颜料做成多种彩色砖。

粉煤灰砖的吸水率一般为 8.26%～14.0%，比黏土砖略低（黏土砖为 14.29%～16.7%），其长期浸泡在水中，强度会继续上涨，但吸水速度较慢，一般要 24 h 才能达到饱和状态。经 15 次冻融循环后，外观基本完整，抗压强度达 8～16 MPa，干质量损失小于 2.0%，它的抗冻性和耐水性都是良好的。

粉煤灰砌块的导温系数很小，它阻止热流和温度波透过的能力强，通过粉煤灰砌块维护结构的热流量小，衰减倍数大，延迟时间长，与传统材料相比，在相同厚度条件下，粉煤灰砌块土内表面的平均温度和波动温度均较小。

7.4 建筑陶瓷

7.4.1 陶瓷的概念与分类

建筑陶瓷是指建筑物室内、外装饰用的较高级的烧土制品，它属于精陶或粗陶类。其主要品种有外墙面砖、内墙面砖、地砖、陶瓷锦砖、陶瓷壁画。陶瓷制品根据陶瓷原料杂质的含量、烧结温度高低和结构紧密程度可分为陶质、瓷质和炻质三大类。

1. 陶质制品

陶质制品多为多孔结构，吸水率大(低的为9%～12%，高的可达18%～22%)，表面粗糙。根据其原料杂质含量的不同及施釉状况，可分为粗陶和精陶。

粗陶一般不施釉，建筑常用的烧结黏土砖、瓦均为粗陶制品；细陶一般要经素烧、施釉和釉烧工艺，根据放釉状况呈白、乳白、浅绿等颜色，建筑上所用的釉面砖(内墙砖)即为此类。

2. 瓷质制品

瓷质制品焙烧温度较高、结构紧密，基本上不吸水，其表面均施有釉层。瓷质制品多为日用制品、美术用品等。

3. 炻质制品

介于陶质制品和瓷质制品之间，结构较陶瓷制品紧密，吸水率较小(细炻小于2%，粗炻为4%～8%)。建筑饰面用的外墙面砖、地砖和陶瓷锦砖(马赛克)等均属于此类。

7.4.2 陶瓷的原料

1. 可塑性物料(黏土)

(1)高岭土。也称为瓷土，为高纯度黏土，烧成后呈白色，主要用于制造瓷器。

(2)陶土。也称为微晶高岭土，较纯净，烧成后略呈浅灰色，主要用于制造陶器。

(3)砂质黏土。含有大量细砂、尘土、有机物、铁化物等，是制造普通砖瓦的原料。

(4)耐火黏土。也称为耐火泥，含杂质较少，颜色多，但经熔烧后多为白色、灰色或淡黄色，是制造耐火制品、陶瓷制品及耐酸制品的主要原料。

2. 瘠性物料

瘠性物料也称非可塑性物料，是在焙烧过程中起骨架作用的物料，如石英。

3. 助熔物料

助熔物料在焙烧过程中可降低可塑性物料的烧结温度，同时增加制品的密实性和强度，但会降低制品的耐火度、体积稳定性和高温下抵抗变形的能力。

4. 有机物料

有机物料能提高物料的可塑性，还能碳化成强还原剂，起辅助熔剂的作用。

7.4.3 陶瓷墙地砖

1. 陶瓷墙地砖的分类

根据使用部位的不同大体分为外墙面砖、内墙面砖和地面砖。

(1)外墙面砖。外墙面砖根据表面装饰方法的不同可分为单色砖(表面无釉外墙贴面砖)、彩釉砖(表面有釉外墙贴面砖)、立体彩釉砖(既有彩釉，表面又有突起的纹饰或图案)、仿花岗岩釉面砖(表面有花岗岩花纹的釉面砖)。外墙面砖是以陶土为原料焙烧而成的炻质制品，按照质量的好坏可分为优等品、一等品和合格品三个等级。它装饰性强、坚固耐用、色彩鲜艳、防水、易清洗,对建筑物有良好的保护作用。

(2)内墙面砖。内墙面砖是用瓷土或优质陶土焙烧而成的,一般都上釉,表面平整、光滑、不易沾污,耐水性、耐腐蚀性好,易清洗。内墙面砖的吸水率不大于20%。按照质量等级可划分为优等品、一等品和合格品三个等级。

(3)地面砖。地面砖一般比外墙面砖厚,并要求具有较高的抗压强度和抗冲击强度,并且耐磨性很高、不易起尘、质地密实均匀,吸水性一般小于4%。

2.陶瓷墙地砖的选用要点

陶瓷墙地砖应符合放射性元素场所的释放标准。A类适用于一切场合,B类适用于空气流通的高大公共空间,C类只能用于室外。

(1)内墙砖的选用要点。

①设计方面。需考虑整体风格、空间大小、采光情况及投入的经济费用。一般来说,仿古砖、花纹复杂的瓷砖适用于装修较豪华及面积较大的空间;纯色的、图案简洁的瓷砖,适宜用在现代感强、风格明快的家居中,面积较小的厨房和浴室,可以选择白色或浅色。

②质量指标。吸水率不大于20%,经抗釉裂性试验后,釉面应无裂纹或剥落;优等品色差要基本一致,一级品不明显;表面是否可见缺陷(标准是有剥边、落脏、釉彩斑点、坯粉釉偻、橘釉、图案缺陷、正面磕碰等),无可见缺陷为优等品,瓷砖最好选择全瓷砖(坯体为白色),坯体为红色的是陶土砖,强度稍差。

(2)地砖的选用要点。

①设计方面。考虑与整体风格的协调性,不要太多的对比色调,另外要考虑使用场所的安全性,如防滑功能。

②质量指标。吸水率平均值不大于0.4%,单个值不大于0.6%。

7.4.4 陶瓷锦砖

陶瓷锦砖又称为马赛克,是将各种颜色、多种几何形状的小块瓷片贴在牛皮纸上的装饰砖。其质地坚实、色泽美观、图案多样,而且耐酸、耐碱、耐磨、耐水、耐高压、耐冲击。一般每联尺寸为305.5 mm×305.5 mm,每联的铺贴面积为0.093 m^2。无釉锦砖的吸水率不大于0.2%,有釉锦砖的吸水率不大于0.1%,有釉锦砖耐急冷急热的性能好。

马赛克按照材质可以分为陶瓷马赛克、大理石马赛克、玻璃马赛克等。

(1)陶瓷马赛克。它是最传统的一种马赛克,以小巧玲珑著称,但较为单调,档次较低。

(2)大理石马赛克。它是中期发展的一种马赛克品种,图案丰富多彩,但其耐酸碱性差、防水性能不好,所以市场反映并不是很好。

(3)玻璃马赛克。玻璃的色彩斑斓给马赛克带来蓬勃生机。它依据玻璃的品种不同,又分为多种小品种。

①熔融玻璃马赛克。以硅酸盐等为主要原料,在高温下熔化成型并呈乳浊或半乳浊状,内含少量气泡和未熔颗粒的玻璃马赛克。

②烧结玻璃马赛克。以玻璃粉为主要原料,加入适量黏结剂等压制成一定规格尺寸的生坯,在一定温度下烧结而成的玻璃马赛克。

③金星玻璃马赛克。内含少量气泡和一定量的金属结晶颗粒,具有明显遇光闪烁的玻

璃马赛克。

7.4.5 常用瓷砖优劣的鉴别方法

图片
常用瓷砖的鉴别方法

(1)看包装箱上所标尺寸和颜色与箱内的砖是否一致。

(2)任选一块砖，看其表面是否平整完好，釉面是否均匀，仔细查看釉面的光亮度，有无缺釉等现象(缺釉也称为咬边现象)。

(3)任何两块砖拼合对齐时的缝隙由砖四周边缘规整度决定，缝隙越小越好。

(4)把一箱砖全部取出平摆在一个平面上，从稍远处看这些砖的整体效果、色泽是否一致。

(5)拿一块砖敲击另一块砖，或用其他硬物击敲，如果声音异常，说明砖内有重皮或裂纹，重皮是因为砖成型时料里的空气未排出造成料与料之间结合不好。

(6)陶质墙地砖可通过在砖的背面倒水，待一定时间后，观察正面是否有明显的渗水现象，如果出现明显渗水现象则说明质量不佳；还可用油性笔在砖的正面涂画，待干后擦拭，观察是否仍留有明显的痕迹，如果有则说明抗污性能不佳。

7.4.6 清理与维护用品

陶瓷需要日常的清理与维护，所需的清洁剂可参照表7-15。

表7-15 陶瓷的清理与维护所需清洁剂

污染类型	日常沾污	茶水、咖啡、冰淇淋、油脂、啤酒	沉淀物、铁锈、灰浆	油漆、绘图笔	酱油、醋、炭末	墨水	泥水
清洁剂	洗洁精、肥皂水	碱性清洁剂	硫酸或盐酸溶液	松节油、丙酮	酸或碱溶液	草酸	亚麻子油

思考与练习

1. 简述天然石材的主要技术性质。
2. 什么是烧结普通砖的泛霜和石灰爆裂？它们对建筑物有什么影响？
3. 建筑工程中常用的非烧结砖有哪些？
4. 砌块砌筑的墙体较易产生裂缝的主要原因有哪些？
5. 什么是陶瓷制品？陶瓷制品按原料可分为哪几类？
6. 怎样鉴别瓷砖的优劣？

模块 8 建筑防水材料

学习目标

- ◉ 掌握石油沥青的主要技术性质、标准及应用。
- ◉ 了解煤沥青和改性沥青的概念及应用。
- ◉ 掌握防水卷材的种类、技术性能及应用范围。
- ◉ 了解防水涂料和密封材料的应用。

防水材料是指在建筑物中能防止雨水、地下水和其他水分侵入建筑物的材料。它在建筑物和构筑物中起着防潮、防漏、保护建筑物和构筑物及其构件不受水侵蚀破坏的作用。按其构造做法可分为构件自身防水和防水层防水两大类。防水材料层的做法又分为刚性材料防水和柔性材料防水。刚性材料防水采用防水砂浆、抗渗混凝土或预应力混凝土等;柔性材料防水采用铺设防水卷材、涂抹防水材料。

随着现代技术的发展,防水材料的品种和数量也越来越多,根据其外观可分为防水卷材、防水涂料、密封材料、刚性防水材料及堵漏止水材料。

8.1 沥　　青

沥青是一种憎水性的有机胶凝材料,具有防潮、防水、防腐的性能,它是由一些极其复杂的高分子碳氢化合物及其非金属(氧、氮、硫等)衍生物所组成的混合物,在常温下呈黑色或黑褐色的固体、半固体或液体状态。沥青几乎完全不溶于水,具有良好的不透水性,能与混凝土、砂浆、砖、石料、木材、金属等材料牢固地黏结在一起,具有一定的塑性,能适应基材的变形;具有较好的抗腐蚀能力,能抵抗一般酸、碱、盐等的腐蚀;具有良好的电绝缘性。因此,沥青材料及其制品被广泛应用于建筑工程的防水、防潮、防渗、防腐及道路工程。

沥青材料可分为地沥青和焦油沥青两大类。地沥青包括石油沥青、天然沥青;焦油沥青包括煤沥青、改性沥青等。

8.1.1 石油沥青

石油沥青是石油经蒸馏提炼出各种轻质油品(汽油、煤油等)及润滑油以后的残留物,经过再加工得到的褐色或黑褐色的粘稠状液体或固体状物质,略有松香味,能溶于多种有机溶剂,如三氯甲烷、四氯化碳等。

1.石油沥青的分类

石油沥青按原油的成分分为石蜡基沥青、沥青基沥青和混合基沥青;按石油加工方法不同分为残留沥青、蒸馏沥青、氧化沥青、裂解沥青和调和沥青;按用途分为普通石油沥青、建筑石油沥青和道路石油沥青。

2.石油沥青的组分

石油沥青的化学成分很复杂,很难把其中的化合物逐个分离出来。因此,为了便于研究,通常将其中的化合物按化学成分和物理性质进行分类,成分和性质比较接近的划分为一组,划分后的这些组称为组分。

1)油分

油分赋予沥青以流动性,油分越多,沥青的流动性就越大。油分含量的多少直接影响沥青的柔软性、抗裂性及施工难度。油分在一定条件下可以转化为树脂甚至沥青质。

2)树脂

树脂又分为中性树脂和酸性树脂,中性树脂使沥青具有一定塑性、可流动性和黏结性,其含量增加,沥青的黏结力和延伸性也随之增加。沥青树脂中还含有少量的酸性树脂,它是沥青中活性最大的部分,能改善沥青对矿质材料的浸润性,特别是提高了与碳酸盐类岩石的黏附性,增加了沥青的可乳化性。

3)沥青质

沥青质是由地下原油演变或加工得到的硬而脆的无定形固体物质,它决定着沥青的热稳定性和黏结性。沥青质的含量越多,沥青的软化点越高,也就越硬、越脆。也就是说,沥青质含量增加时,沥青的黏度和黏结力增加,硬度和温度稳定性提高。

石油沥青的性质与各组分之间的比例密切相关。液体沥青中油分和树脂多,流动性好;而固体沥青中树脂和沥青质多,特别是因为沥青质多,所以热稳定性和黏性好。

石油沥青中这几个组分的比例并不是固定不变的,在温度、光照、湿度等外界因素的作用下,组分会不断改变,即由油分向树脂、由树脂向沥青质转变,油分、树脂逐渐减少,而沥青质逐渐增多,使沥青的流动性、塑性逐渐变小,脆性增加直至脆裂,这个现象称为沥青材料的老化。

此外,石油沥青中常常含有一定的石蜡,会降低沥青的黏性和塑性,同时增加沥青的温度敏感性,所以石蜡是石油沥青的有害成分。

3.石油沥青的胶体结构

油分、树脂和沥青质是石油沥青的三大组分,其中油分和树脂可以相互溶解,树脂能浸润沥青质,并在沥青质的超细颗粒表面形成树脂薄膜。根据沥青中各组分的化学组成和相对含量的不同,胶体结构可分为溶胶型、凝胶型和溶-凝胶型三种类型。

1)溶胶型结构

沥青中沥青质分子量较低,并且含量很少(<10%),同时有一定数量的芳香度较高的胶质,这样使胶团能够完全胶溶而分散在芳香酚和饱和酚的介质中。在此情况下,胶团相距较远,它们之间吸引力很小(甚至没有吸引力),胶团可以在分散介质黏度许可范围之内自由运动,这种胶体结构的沥青,称为溶胶型沥青。

2)凝胶型结构

沥青中沥青质含量很高(>30%),并有相当数量芳香度高的胶质形成胶团。这样的沥青中胶团浓度很大,它们之间相互吸引力增强,使胶团靠得很近,形成空间网络结构。此时,液态的芳香酚和饱和酚在胶团的网络中成为"分散相",连续的胶团成为"分散介质"。这种胶体结构的沥青,称为凝胶型沥青。

3)溶-凝胶型结构

介于溶胶与凝胶之间,沥青中沥青质含量适当(在15%~25%之间),并有较多数量芳香度较高的胶质。这样形成的胶团数量增多,胶体中胶团的浓度增加,胶团距离相对靠近,它们之间存在一定的吸引力。

通常,大部分沥青要求组分重新组配,使之符合溶-凝胶型结构,这类沥青在高温时具有较低的感温性,低温时又具有较好的形变能力。

图片

沥青指标的检测仪器

4.石油沥青的技术性质

1)黏滞性

黏滞性是指沥青材料在外力作用抵抗发生黏性变形的能力,它是沥青材料最为重要的性质。沥青的黏滞性与其组分及所处的温度有关。当沥青质含量较高,并含有适量的树脂且油分含量较少时,沥青的黏滞性较大。在一定的温度范围内,温度升高,黏滞性随之降低,反之则增大。

半固体和固体沥青的黏性用针入度表示,液体沥青的黏性用黏滞度表示。针入度和黏滞度是划分沥青牌号的主要指标。

针入度值越小,表明黏度越大,塑性越好。针入度是在温度为 25 ℃时,以附重 100 g 的标准针,经 5 s 沉入沥青试样中的深度,每 1/10 mm 定为 1 度。其测定示意图如图 8-1 所示。针入度一般为 5~200 度。

黏滞度是液体沥青在一定温度下经规定直径的孔,漏下 50 mL 所需的秒数,其测定示意图如图 8-2 所示。

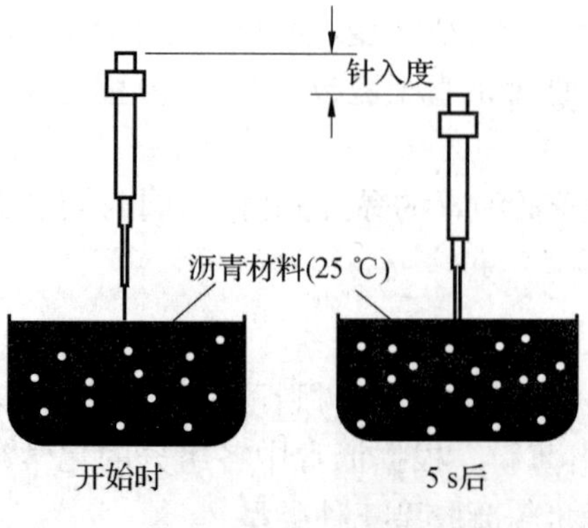

图 8-1　针入度测定

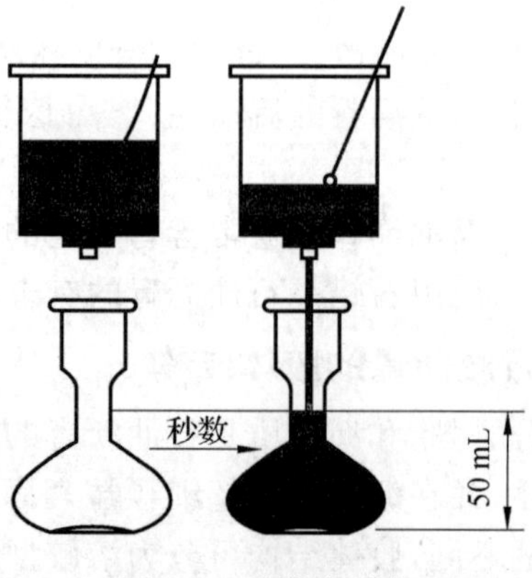

图 8-2　黏滞度测定

2)塑性

塑性是指沥青在受到外力作用时，产生变形而不破坏，去除外力后，仍保持变形后形状的性质。沥青的塑性用延伸度表示，简称延度。沥青延度是把沥青试样制成“∞”字形标准试模(中间最小截面积为 1 cm^2)，在规定的拉伸速度(5 cm/min)和规定温度(25 ℃)下拉断时伸长的长度，以 cm 为单位。延度指标测定的示意图如图 8-3 所示。延度值愈大，表示沥青塑性愈好。

石油沥青塑性的大小和组分有关，沥青中树脂含量高，则沥青的塑性较大。温度升高时，沥青的塑性增大。塑性小的沥青在低温或负温下易产生开裂，塑性大的沥青能随建筑物的变形而变形，不致产生开裂。

3)温度稳定性

温度稳定性是指沥青在高温下，黏滞性和塑性随温度而变化的快慢程度。变化程度越大，沥青的温度稳定性越差。它是沥青性质的重要指标之一。

温度稳定性用软化点表示。软化点为沥青受热由固态转变为具有一定流动态时的温度。软化点越高，沥青的温度稳定性越好，即表明沥青的耐热性能越好。软化点可以通过环球法测得，试验测定示意图如图 8-4 所示。将沥青试样装入规定尺寸的铜杯中，上置规定尺寸和质量的铜球，放在水或甘油中，以每分钟升高 5 ℃的速度加热至沥青软化下垂达 25.4 mm时的温度(℃)，即为软化点。

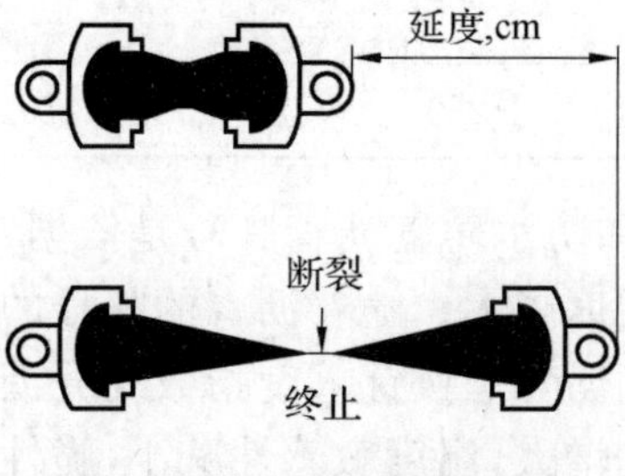

图 8-3 “∞”字形延度指标测定

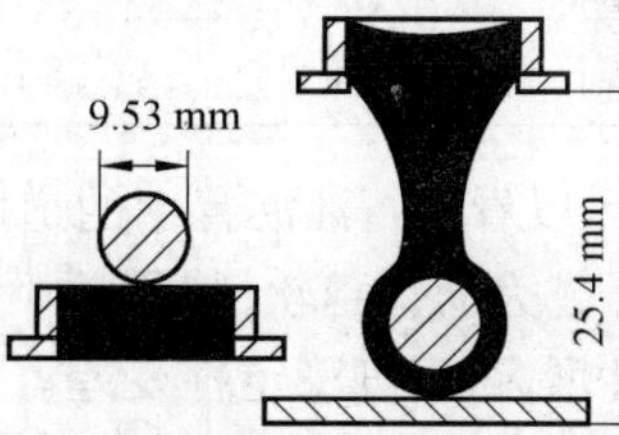

图 8-4 软化点测定

工程中要求沥青随温度变化而产生的黏滞性和塑性的变化幅度应较小，以避免沥青材料夏季流淌或冬季变脆甚至开裂等现象。在使用时，往往加入滑石粉、石灰粉或其他矿物填料，以增强沥青的温度稳定性。

4)大气稳定性

大气稳定性是指石油沥青在温度、阳光、空气等的长期作用下性能的稳定程度。大气稳定性好的沥青，沥青层的耐久性就好，耐用时间就长。

石油沥青的大气稳定性以沥青试样在 160 ℃下加热蒸发 5 h 后的质量蒸发损失百分率和蒸发后针入度比表示。蒸发损失百分率越小，蒸发后针入度比越大，则表示沥青大气稳定性越好，即老化越慢。

以上四大指标是评定沥青质量的主要指标，此外，还有脆点、溶解度、闪点和燃点等，都对沥青的使用产生影响。

5.石油沥青的技术标准及应用

1)石油沥青的分类及技术标准

根据目前我国现行的标准，石油沥青按照用途和性质分为道路石油沥青、建筑石油沥青、防水防潮石油沥青和普通石油沥青四类。各类沥青是按其技术性质来划分牌号的，各牌号的主要质量标准见表 8-1。

表 8-1　各种石油沥青的质量标准

质量标准	道路石油沥青					建筑石油沥青			防水防潮石油沥青			
	200	180	140	100	60	40	30	10	3 号	4 号	5 号	6 号
针入度(25 ℃，100 g) /0.1 mm	200～300	150～200	110～150	80～110	50～80	36～50	26～35	10～25	25～45	20～40	20～40	30～50
延度(25 ℃) /cm ≥	20	100	100	90	70	3.5	2.5	1.5	—	—	—	—
软化点/℃	30～48	35～48	38～51	42～55	45～58	≥60	≥75	≥90	≥85	≥90	≥100	≥95
溶解度/% ≥	99					99			98	98	95	92
蒸发损失(163 ℃，5 h)/% ≤	1					1			1			
蒸发后针入度比/‰ ≥	报告					65			—	—	—	—
闪点/℃ ≥	180	200	230			260			250	270	270	270

从表 8-1 可以看出石油沥青中的道路、建筑和防水防潮沥青牌号是依据针入度的大小来划分的，牌号越大沥青越软；牌号越小沥青的硬度越大。随着沥青的牌号的增大，沥青的黏性减小，塑性增大，温度稳定性变差。防水防潮沥青是按针入度指数划分沥青牌号的，增加了保证低温变形性能的脆性指标。随着牌号的增大，温度敏感性减小，脆性降低，应用温度范围扩大。

2)石油沥青的选用

选用石油沥青应根据工程性质(房屋、道路、防腐)及当地气候条件、所处工程部位(层面、地下)来选用。在满足上述要求的前提下，尽量选用牌号高的石油沥青，以保证有较长的使用年限。因为牌号高的沥青比牌号低的沥青含油分多，其挥发、变质所需时间较长，不易变硬，所以抗老化能力强，耐久性好。

通常情况下，建筑石油沥青多用于建筑屋面工程和地下防水工程、沟槽防水，以及作为建筑防腐蚀材料；道路石油沥青多用来拌制沥青砂浆和沥青混凝土，用于道路路面、车间地坪及地下防水工程。根据工程需要，还可以将建筑石油沥青与道路石油沥青掺和使用。

一般屋面用的沥青，软化点应比本地区屋面可能达到的最高温度高 20 ℃～25 ℃，以避免夏季流淌，如可选用 10 号或 30 号石油沥青。一些不易受温度影响的部位，或气温较低的地区，可选用牌号较高的沥青，如地下防水防潮层可选用 60 号或 100 号沥青。几种牌号的石油沥青的应用见表 8-2。

表 8-2　几种牌号石油沥青的应用

品　　种	牌　　号	主要应用
道路石油沥青	200、180、140、100、60	主要在道路工程中作胶凝材料
建筑石油沥青	30、10	主要用于制造油纸、油毡、防水涂料和嵌缝膏等，使用在防水及防腐工程中
普通石油沥青	75、65、55	含蜡量较高，黏结力差，一般不用于建筑工程中

当某一牌号的石油沥青不能满足工程技术要求时，可采用两种牌号的石油沥青进行掺配。两种沥青掺配的比例可用下式估算：

$$\text{较软沥青掺量}(\%)=\frac{\text{较硬沥青软化点}-\text{要求沥青软化点}}{\text{较硬沥青软化点}-\text{较软沥青软化点}}\times 100\%$$

$$\text{较硬沥青掺量}(\%)=100\%-\text{较软沥青掺量}$$

按确定的配比进行试配，测定掺配后沥青的软化点，最终掺量以试配结果(掺量-软化点曲线)来确定。如果有三种沥青进行掺配，可先计算其中两种的掺量，然后再与第三种沥青进行掺配。

8.1.2　煤沥青

煤沥青是炼焦或生产煤气的副产品，其主要成分有油分、脂胶、游离碳等，是芳香族碳氢化合物及氧、硫和氮等衍生物的混合物。烟煤干馏时所挥发的物质冷凝为煤焦油，煤焦油经分馏加工，提取出各种油质后的产品即为煤沥青。根据蒸馏程度不同，煤沥青分为高温沥青、中温沥青和低温沥青三种。

煤沥青和石油沥青外观相似，但由于组分不同，其性能也不相同，主要区别见表 8-3。

表 8-3　石油沥青与煤沥青的主要区别

性　　质	石油沥青	煤 沥 青
密度/(g/cm^3)	近于 1.0	1.25～1.28
燃烧	烟少、无色、有松香味、无毒	烟多、黄色、臭味大、有毒
锤击	韧性较好	韧性差，较脆
颜色	呈灰亮褐色	浓黑色
溶解	易溶于煤油与汽油中，呈棕黑色	难溶于煤油与汽油中，呈黄绿色
温度稳定性	较好	较差
大气稳定性	较好	较低
防水性	好	较差(含酚、能溶于水)
抗腐蚀性	差	强

煤沥青由于具有很好的防腐能力和良好的黏结能力，可用于配制各种防腐涂料、胶黏剂、防水涂料、油膏以及制作油毡等，适用于地下防水层或作为防腐材料。同时，将石油沥青与煤沥青按适当比例混合可形成一种稳定胶体，称为混合沥青。混合沥青可以综合两种沥

青的优点，既提高了石油沥青与矿物材料的黏结性，又提高了煤沥青的大气稳定性及低温塑性，此种沥青已用于高等级公路路面工程。

8.1.3 改性沥青

对沥青进行氧化、乳化、催化，或者掺入橡胶、树脂、矿物料等物质，使得沥青的性质得到不同程度的改善，所得到的产品称为改性沥青。

建筑上使用的沥青必须具有一定的物理性质，在低温条件下应有良好的弹性和塑性，在高温条件下要有足够的强度和稳定性，在加工和使用中具有抗老化能力，与各种矿物和结构表面有较强的黏附力，具有对构件变形的适应性和耐疲劳性等。通常，石油加工厂制备的沥青不一定能全面满足这些要求，致使沥青防水屋面渗漏现象严重，使用寿命短。为此，常添加高分子的聚合物对沥青进行改性。按掺加的高分子材料的不同，改性沥青可分为橡胶改性沥青、树脂改性沥青、橡胶树脂共混改性沥青三类。

1. 橡胶改性沥青

橡胶是沥青的重要改性材料，它和沥青有较好的混溶性，并能使沥青具有橡胶的很多优点，如高温变形性小、常温弹性较好、低温柔性较好。常用的品种如下。

(1)氯丁橡胶改性沥青。在石油沥青中掺入氯丁橡胶后，可使其气密性、低温柔性、耐化学腐蚀性、耐光性、耐臭氧性、耐候性和耐燃性等得到很大改善。

(2)丁基橡胶改性沥青。丁基橡胶沥青具有优异的耐分解性，并有较好的低温抗裂性和耐热性，多用于道路路面工程、制作密封材料和涂料。

(3)再生橡胶改性沥青。将再生橡胶掺入沥青中，可大大提高沥青的气密性、低温柔性、耐光性、耐热性、耐臭氧性、耐气候性。再生橡胶沥青可以制成卷材、片材、密封材料、胶黏剂和涂料等。

(4)热塑性丁苯胶(SBS)改性沥青。SBS热塑性橡胶兼有橡胶和塑料的特性，常温下具有橡胶的弹性，在高温下又能像塑料那样熔融流动，成为可塑的材料。SBS的掺入量一般为5%～10%，采用SBS橡胶改性沥青，其耐高、低温性能均有较明显的提高，制成的卷材的弹性和耐疲劳性也大大提高，是目前应用最成功和用量最大的一种改性沥青，主要用于制作防水卷材，也可用于制作防水涂料等。

2. 树脂改性沥青

用树脂改性沥青可以增加沥青的耐寒性、耐热性、黏结性和不透气性。树脂改性沥青在生产各种卷材、密封材料和防水涂料等产品时均需应用。

由于石油沥青中含芳香性化合物较少，使得树脂与石油沥青的相溶性较差，故可用的树脂品种较少。常用的树脂有聚乙烯(PE)、环氧树脂、聚丙烯(PP)、无规聚丙烯(APP)等。APP很容易与沥青混溶，并且对改性沥青软化点的提高很明显，耐老化性也很好。

3. 橡胶树脂共混改性沥青

将橡胶和树脂同时用于沥青改性，可使沥青兼具橡胶和树脂的特性。由于树脂比橡胶便宜，橡胶和树脂又有较好的混溶性，故能取得满意的综合效果。

橡胶、树脂和石油沥青在加热熔融状态下，沥青与高分子聚合物之间发生相互侵入的扩散，沥青分子填充在聚合物大分子的间隙内，同时聚合物分子的某些链节扩散进入沥青分子中，从而形成凝聚网状混合结构，由此而获得较优良的性能。橡胶树脂共混改性沥青主要用于制作片材、卷材、密封材料、防水涂料。

8.2 防水卷材

防水卷材是一种具有一定宽度、厚度的可卷曲的片状防水材料，是建筑防水材料重要品种之一。由于这种材料的尺寸大、施工效率高、防水效果好，并具有一定的延伸、耐高温、较高的抗拉强度和抗撕裂能力等优良的特性，因此在防水材料的应用中处于主导地位，在建筑防水工程的实践中起着重要作用，是一种面广量大的防水材料。沥青防水卷材是一种传统的防水材料，但其性能上存在着一些缺陷，正在逐渐被淘汰。目前，高聚物改性沥青防水卷材和合成高分子防水卷材由于性能优越，应用日益广泛，是防水卷材的发展方向。

8.2.1 防水卷材的基本性能要求

防水卷材的技术性能指标很多，现仅对防水卷材的主要技术性能指标进行介绍。

(1)抗拉强度。抗拉强度是指当建筑物防水基层产生变形或开裂时，防水卷材所能抵抗的最大应力。

(2)延伸率。延伸率是指防水卷材在一定的应变速率下拉断时所产生的最大相对变形率。

(3)抗撕裂强度。当基层产生局部变形或有其他外力作用时，防水卷材常常受到纵向撕扯，防水卷材抵抗纵向撕扯的能力就是抗撕裂强度。

(4)不透水性。防水卷材的不透水性反映卷材抵抗压力水渗透的性质，通常用动水压法测量。基本原理是当防水卷材的一侧受到0.3 MPa的水压力时，防水卷材的另一侧无渗水现象即为不透水性合格。

(5)温度稳定性。温度稳定性是指防水卷材在高温下不流淌、不起泡、不发黏，低温下不脆裂的性能，即在一定温度变化下保持原有性能的能力，常用耐热度、耐热性等指标表示。

8.2.2 沥青防水卷材

沥青防水卷材是在基胎(原纸或纤维织物等)上浸涂沥青后，在表面撒布分装或片状格里材料制成的一种防水卷材。沥青防水卷材有石油沥青纸胎油毡、石油沥青玻璃纤维(或玻璃布)胎油毡、铝箔面油毡、改性沥青聚乙烯胎防水卷材、沥青复合胎防水卷材等品种。

传统的沥青纸胎防水卷材是采用低软化点石油沥青浸渍原纸，用高软化点沥青涂盖油纸的两面，再撒以隔离材料而制成的一种纸胎油毡。由于纸胎抗拉强度低，易腐烂，耐久性差，极易造成建筑物防水层渗漏，现已基本上被淘汰。

石油沥青玻璃纤维胎油毡是采用玻璃纤维薄毡为胎基，浸涂石油沥青，表面撒以矿物粉料或覆盖以聚乙烯薄膜等隔离材料制成的一种防水卷材。玻璃布油毡是采用玻璃布为胎基，浸涂石油沥青，表面撒以矿物粉料或覆盖以聚乙烯薄膜等隔离材料制成的一种防水卷材，具有拉力大及耐霉菌性好的优点，主要用于铺设地下防水、防潮层、金属管道的防腐保护层。

铝箔面油毡是用玻璃纤维毡为胎基，浸涂氧化沥青，表面用压纹铝箔贴面，底面撒以细颗粒矿物料或覆盖以聚乙烯膜制成的防水卷材。

沥青复合胎柔性防水卷材是以沥青为基料，以两种材料复合为胎体，细砂、矿物粒料、聚酯膜、聚乙烯膜等为覆面材料，以浸涂、辊压工艺而制成的防水卷材。

8.2.3 高聚物改性沥青防水卷材

利用改性沥青做防水卷材已经是一个世界性的趋势，我国于2001年把原来建筑防水的使用年限由3年调整到5年，也推动了改性沥青防水卷材在我国的发展。通过合成高分子材料来改变沥青的性质是获得新型防水卷材的主要途径。

通过对比高聚物改性的改性沥青与传统的氧化沥青，可以发现高聚物改性沥青弥补了传统沥青温度稳定性差、延伸率低的不足，这种改性沥青防水卷材具有高温不流淌、低温不脆裂、拉伸强度高和延伸率较大而且能制成4～5 mm的单层屋面防水卷材等优点。改性沥青防水卷材主要有以下两种。

图文
SBS防水卷材铺设方法

1.热塑性丁苯胶(SBS)改性沥青油毡

SBS改性沥青油毡也称弹性体改性沥青防水卷材或SBS卷材，是以玻纤毡、聚酯毡等增强材料为胎体，以SBS改性石油沥青为浸渍涂盖层，以塑料薄膜为防黏隔离层，经过选材、配料、共熔、浸渍、复合成型、收卷曲等工序加工而成的一种柔性防水卷材。SBS卷材按胎基不同，分为聚酯胎(PY)、玻纤胎(G)和玻纤增强聚酯毡(PYG)三种；按上表面隔离材料不同，分为聚乙烯膜(PE)、细砂(S)与矿物粒(片)料(M)三种。按材料性能分为Ⅰ型和Ⅱ型。卷材按不同胎基、不同上表面材料分为六个品种，见表8-4。

表8-4　SBS卷材品种(GB 18242—2008)

上表面材料	胎基	
	聚酯胎	玻纤胎
聚乙烯膜	PY-PE	G-PE
细砂	PY-S	G-S
矿物粒(片)料	PY-M	G-M

SBS是对沥青改性效果最好的高聚物，它是一种热塑性弹性体，是塑料、沥青等脆性材料的增韧剂，加入到沥青中的SBS(添加量一般为沥青的10%～15%)与沥青相互作用，使沥青产生吸收、膨胀，形成分子键合牢固的沥青混合物，从而显著改善沥青的弹性、延伸率、高温稳定性和低温柔韧性、耐疲劳性和耐老化等性能。

SBS改性沥青油毡通常采用冷贴法施工。其延伸率高，可达150%，大大优于普通纸胎油毡，对结构变形有很高的适应性；有效使用范围广，为－38 ℃～119 ℃；耐疲劳性能优异，疲劳循环1万次以上仍无异常；卷材公称宽度为1 000 mm，聚酯毡卷材公称厚度为3 mm、4 mm、5 mm，玻纤毡卷材公称厚度为3 mm和4 mm，每卷卷材公称面积为15 m^2、10 m^2 和7.5 m^2 三种。

SBS改性沥青油毡除用于一般工业与民用建筑防水外，尤其适用于高级和高层建筑物的屋面、地下室、卫生间等的防水防潮，以及桥梁、停车场、屋顶花园、游泳池、蓄水池、隧道等建筑的防水。又由于该卷材具有良好的低温柔韧性和极高的弹性、延伸性，因此更适合于北方寒冷地区和结构易变形的建筑物的防水。

2. 无规聚丙烯(APP)改性沥青油毡

APP改性沥青油毡也称塑性体改性沥青防水卷材或APP防水卷材，是以聚酯毡或玻纤毡为胎基、APP为改性剂，两面覆以聚乙烯薄膜或撒布细砂为隔离材料所制成的建筑防水卷材。在石油沥青中加入25%～35%的APP可以大幅度提高沥青的软化点，并能明显改善其低温柔韧性。

该类卷材的特点是具有良好的弹塑性、耐热性和耐紫外线老化性，其软化点在150 ℃以上，温度适应范围为−15 ℃～130 ℃，耐腐蚀性好，自燃点较高(265 ℃)。

APP卷材的品种、规格与SBS卷材相同。与SBS防水卷材相比，除在一般工业与民用建筑的屋面和地下防水工程，以及道路、桥梁等建筑物的防水中使用外，APP改性沥青防水卷材由于耐热度更好，而且有着良好的耐紫外线老化性能，故更适用于高温或有太阳辐照地区的建筑物的防水。

8.2.4 合成高分子防水卷材

合成高分子防水卷材是以合成橡胶、合成树脂或两者的共混体为基础，加入适量的助剂和填充料等，经过特定工序而制成的防水卷材，该类防水卷材具有强度高、延伸率大、弹性高、高低温特性好、防水性能优异等特点，而且彻底消除了沥青基防水卷材施工条件差、污染环境等缺点，是值得大力推广的新型高档防水卷材，目前多用于高级宾馆、大厦、游泳池、厂房等要求有良好防水性的屋面、地下等防水工程。

根据主体材料的不同，合成高分子防水卷材一般可分为橡胶型、塑料型和橡塑共混型防水材料三大类，各类又分别有若干品种。下面介绍一些常用的合成高分子防水卷材。

1. 三元乙丙橡胶(EPDM)防水卷材

三元乙丙橡胶防水卷材是以三元乙丙橡胶为主要原料，掺入适量的丁基橡胶、硫化剂、促进剂、补强剂和软化剂等，经密炼、拉片、过滤、挤出(或压延)成型、硫化等工序制成的弹性体防水卷材，有硫化型(JL)和非硫化型(JF)两类。

三元乙丙橡胶防水卷材具有优良的耐候性、耐臭氧性和耐热性，是耐老化性能最好的一种卷材，使用寿命可达30年以上；同时还具有质量轻(1.2～2.0 kg/m^2)、弹性好、抗拉强度高(>7.5 MPa)、抗裂性强(延伸率在450%以上)、耐酸碱腐蚀等优点，属于高档防水材料。

三元乙丙橡胶防水卷材广泛应用于工业和民用建筑的屋面工程，适合于外露防水层的单层或是多层防水，如易受振动、易变形的建筑防水工程；也可用于地下室、桥梁、隧道等工程的防水，并可以冷施工。三元乙丙橡胶防水卷材的技术性质见表8-5。

表 8-5　三元乙丙橡胶防水卷材的技术性质(GB 18173.1—2012)

项目名称			指标值	
			JL1	JF1
拉伸强度/MPa	常温(23 ℃)	≥	7.5	4.0
	高温(60 ℃)	≥	2.3	0.8
拉断伸长率/%	常温(23 ℃)	≥	450	400
	低温(−20 ℃)	≥	200	200
撕裂强度/(kN/m)		≥	25	18
低温弯折			−40 ℃无裂纹	−30 ℃无裂纹
不透水性(30 min)			0.3 MPa 无渗漏	0.3 MPa 无渗漏

注:JL1 为硫化型三元乙丙橡胶防水卷材,JF1 为非硫化型三元乙丙橡胶防水卷材。

2. 聚氯乙烯防水卷材

聚氯乙烯防水卷材是以聚氯乙烯(PVC)树脂为主要原料,掺加填充料和适量的改性剂、增塑剂、抗氧剂、紫外线吸收剂等,经过捏合、混炼、造粒、挤出或压延、冷却卷曲等工序加工而成的防水卷材。

聚氯乙烯防水卷材根据产品的组成可分为均质卷材(H)、带纤维背衬卷材(L)、织物内增强卷材(P)、玻璃纤维内增强卷材(G)、玻璃纤维内增强带纤维背衬卷材(GL)。聚氯乙烯防水卷材的特点是价格便宜、抗拉强度和断裂伸长率较高,对基层伸缩、开裂、变形的适应性强;低温柔韧性好,可在较低的温度下工作和应用;卷材的搭接除了可用黏结剂外,还可以用热空气焊接的方法,接缝处严密。聚氯乙烯防水卷材的技术性能见表 8-6。

表 8-6　聚氯乙烯防水卷材的主要技术性能要求(GB 12952—2011)

序号	项目			指标				
				H	L	P	G	GL
1	中间胎基上面树脂层厚度/mm		≥	—		0.40		
2	拉伸性能	最大拉力/(N/cm)	≥	—	120	250	—	120
		拉伸强度/MPa	≥	10.0	—	—	10.0	—
		最大拉力时伸长率/%	≥	—	—	15	—	—
		断裂伸长率/%		200	150	—	200	100
3	热处理尺寸变化率/%		≤	2.0	1.0	0.5	0.1	0.1
4	低温弯折性			−25°无裂纹				
5	不透水性			0.3 MPa,2 h 不透水				
6	抗冲击性能			0.5 kJ/m²,不透水				
7	抗静态荷载			—	—	20 kg 不渗水		
8	接缝剥离强度/(N/mm)		≥	4.0 或卷材破坏		3.0		
9	直角撕裂强度/(N/mm)		≥	50	—	—	50	—
10	梯形撕裂强度/N		≥	—	150	250	—	220
11	吸水率(70 ℃,168 h)/%	浸水后	≤	4.0				
		晾置后	≥	−0.40				

与三元乙丙橡胶防水卷材相比，除在一般工程中使用外，聚氯乙烯防水卷材更适用于刚性层下的防水层及旧建筑混凝土构件屋面的修缮工程，以及有一定耐腐蚀要求的室内地面工程的防水、防渗工程等。

3. 氯化聚乙烯-橡胶共混防水卷材

氯化聚乙烯-橡胶共混防水卷材是以氯化聚乙烯树脂和合成橡胶为主体，加入适量的硫化剂、促进剂、稳定剂、软化剂和填充料，经混炼、过滤、压延或挤出成型、硫化等工序制成的高弹性防水卷材。

氯化聚乙烯-橡胶共混防水卷材不仅具有氯化聚乙烯所特有的高强度和优异的耐臭氧性能，而且具有橡胶类材料所特有的高弹性、高延伸性和良好的低温柔韧性。这种材料特别适用于寒冷地区或变形较大的建筑防水工程，也可用于地下工程防水，但在复杂平面和异型表面铺设困难，对与基层黏结和接缝黏结技术要求高。如施工不当，常有卷材串水和接缝不良的情况出现。

合成高分子防水卷材除以上三种典型的品种外，还有很多其他的产品，如氯磺化聚氯乙烯防水卷材和氯化聚乙烯防水卷材等，按照《屋面工程设计规范》(GB 50207—2012)的规定，合成高分子防水卷材适用于防水等级为Ⅰ级、Ⅱ级和Ⅲ级的屋面防水工程。

8.3 防水涂料

防水涂料以沥青、合成高分子等为主体，在常温下呈无定形流态或半固态，涂布在构筑物表面，通过溶剂挥发或反应固化后能形成坚韧防水膜，使基材表面与水隔离，并能抵抗一定的水压力，从而起到防水和防潮的作用。

8.3.1 防水涂料的组成和分类

防水涂料根据不同的组分可以分为单组分防水涂料和双组分防水涂料。根据成膜物质的不同可以分为沥青基防水涂料、高聚物改性沥青防水涂料和合成高分子材料防水涂料。根据涂料的介质不同，又可分为溶剂型防水涂料、水乳型防水涂料和反应型防水涂料。

以沥青为主要成分的防水涂料，受沥青性能本身的限制，使用寿命通常较短。目前，应用较为广泛的主要是聚合物改性沥青防水涂料和高分子防水涂料。高分子防水涂料价格较高，但其弹性和防水效果均好，是近年来防水涂料发展的重点。

8.3.2 防水涂料的基本性能要求

防水涂料的品种不同，其性能也各不相同。但无论何种防水涂料，要满足防水工程的要求，必须具备以下基本性能。

(1)固体含量。固体含量指防水涂料中所含具体的比例。固体含量多少与成膜厚度及涂膜质量密切相关。

(2)柔性。柔性指防水涂料成膜后的膜层在低温下保持柔韧性的性能。它反映防水涂料在低温下的施工和使用性能。

(3)耐热度。耐热度指防水涂料成膜后的防水薄膜在高温下不发生软化变形和不流淌的性能。它反映防水涂膜的耐高温性能。

(4)延伸性。延伸性指防水涂膜适应基层变形的能力。防水涂料成膜后必须具有一定的延伸性,以适应由于温差、干湿等因素造成的基层变形,来保证防水效果。

(5)不透水性。不透水性指防水涂料膜在一定水压(静水压或动水压)和一定时间内不出现渗漏的性能,是防水涂料满足防水功能要求的重要指标。

8.3.3 常用防水涂料

1.沥青类防水涂料

沥青类防水涂料是指以沥青为基料配制而成的水乳型或溶剂型防水涂料,主要适用于防水等级为Ⅲ级、Ⅳ级屋面防水及卫生间防水等。

(1)冷底子油。冷底子油是用建筑石油沥青加入汽油、煤油及轻柴油等溶剂,或用软化点 50 ℃～70 ℃的煤沥青加入苯溶合而配成的沥青涂料。由于施工后形成涂膜很薄,一般不单独使用,往往用作沥青卷材施工时打底的基层处理剂,故称冷底子油。它的黏度小,能渗入到混凝土、砂浆、木材等材料的毛细孔隙中,待溶剂挥发后,便与基材牢固结合,使基底表面憎水并具有黏结性,为黏结同类防水材料创造有利条件。冷底子油应随配随用,通常由30%～40%的 30 号或 10 号石油沥青与 60%～70%的有机溶剂配制而成。

(2)膨润土沥青乳液。以优质石油沥青为基料,膨润土为分散剂,经搅拌而成。这种厚质涂料可在潮湿无积水基层上施工,涂膜耐水性很好,黏结力强,耐热性好,不污染环境。一般和胎体增强材料配合使用,用于屋面、地下工程、厕浴间等防水防渗工程。

(3)水乳型沥青防水涂料。水乳型沥青防水涂料及水性沥青防水涂料,系以乳化沥青为基料的防水材料,是借助于乳化剂作用,在机械强力搅拌下,将熔化的沥青微粒均匀地分散于溶剂中,使其形成稳定的悬浮体。这类涂料对沥青基本上没有改性或改性作用不大。它主要有石灰乳化沥青、膨润土沥青乳液和水性石棉沥青防水涂料等,主要用于工业与民用建筑屋面、地下室和卫生间防水等。

(4)橡胶沥青防水涂料。采用各种橡胶乳液(如氯丁橡胶、丁苯橡胶、再生胶)以及 APP、SBS 都可以对沥青进行改性,较大地提高橡胶在沥青中的含量,不仅使此类产品有优良的耐热性及低温柔性,还具有良好的抗拉强度及延伸率。新型的溶剂型橡胶沥青防水涂料精选沥青与橡胶共混,纸纤维绒毛作为填料,高沸点溶剂产品长期保持柔性,它作为改性沥青防水卷材的冷胶黏剂,又具有涂料防水层的作用,对提高防水层性能有很大好处,它完全不产生污染,是一种可持续发展的产品。

2.合成高分子防水涂料

(1)丙烯酸防水涂料。丙烯酸防水涂料是一种水性防水涂料,它以丙烯酸酯作为成膜物质,加入各种助剂、填料及颜料而成,优点是防水性能良好、耐候性好、化学稳定性优良,产品对环境不产生污染,对人员无危害。

(2)聚氨酯防水涂料。聚氨酯防水涂料是防水涂料中最重要的一类涂料,无论是双组分还是单组分都属于以聚氨酯为成膜物质的反应型防水涂料，它们具有耐水解性、可延伸性、流展性、耐老化性、适当的强度和硬度，因此，它几乎满足作为防水材料的全部特性。

双组分聚氨酯防水涂料多数供工程应用于屋面防水，单组分聚氨酯防水涂料则多数用于建筑的砖石结构、金属结构部分及聚氨酯屋面防水层的修补。

(3)有机硅防水涂料。有机硅主要分为硅油、硅橡胶、硅树脂和硅烷偶联剂四大类。不同类型的有机硅展现不同的性能品质，固化交联也各不相同，有多种方式。有机硅防水涂料是以硅橡胶乳液为主要成膜物质，其他高分子乳液为辅助成膜物质，添加助剂、填料而成的乳液型防水涂料。有机硅的价格一般高于其他高分子材料，因此，目前市场上的有机硅防水涂料品种不多，但是由于硅橡胶具有优良的抗拉强度、延伸率、耐腐蚀及耐老化性，特别是它可以做到无毒级产品，因此，该产品多数用于地下防水工程，不对水质造成污染。

8.4 密封涂料

密封材料是指填充在建筑物接缝处及其他缝隙内，同时对构件具有黏结、固定作用的定性材料和非定型材料。这种材料应该具有良好的黏结性、抗下垂性、水密性、气密性，易于施工；还要求具有良好的弹塑性，能长期经受被粘构件的伸缩和振动，在接缝发生变化时不断裂、剥落；并要有良好的耐老化性能，不受热及紫外线的影响；长期保持密封所需要的黏结性和内聚力等。

建筑密封材料按形态的不同可分为定型密封材料和不定型密封材料两大类。定型密封材料是将密封材料按密封工程特殊部位的不同要求制成带、条、方、圆、垫片等形状。定型密封材料按密封机理的不同可分为遇水膨胀型和非遇水膨胀型两类。不定型密封材料在常温下呈膏体状态，按照原材料及其性质可分为塑性、弹性和弹塑性密封材料三类。

8.4.1 密封材料的基本性能要求

建筑密封胶是对建筑构件和建筑材料间接缝起嵌缝密封、承受接缝位移变形应力并黏结的功能性胶黏剂，与普通胶黏剂的最大区别是承受接缝的位移变形应力，因此密封材料具有水密性和气密性之外，还应具有良好的黏结性，良好的耐高温性、耐低温性和耐老化性能以及一定弹塑性和拉伸压缩循环性能。

密封材料应具有良好的施工性，具体体现在以下四个方面。

(1)挤出性。用挤注枪施工时，应挤出流畅，尤其是低温施工时，更应注意调整密封膏的稠度，以保证施工省力、省时，充满接缝。

(2)自流平性。在填注水平接缝时，密封膏应有流平及充满缝隙的性能。

(3)抗下垂性。在填充垂直缝和顶板缝时，要求密封膏不流淌，不明落，不下坠。当施工温度较高或接缝过宽时，不宜一次填充，应分 2～3 次，以达到抗下垂的目的。

(4)密封膏应有适当的同化速度。密封材料的选用，主要考虑其黏结性能和使用部位。应根据被粘基层的材质、表面状态和性质来选择不同的密封材料；而室外的接缝要求密封材料有较高的耐候性和耐老化性，伸缩缝要求具有较好的弹塑性和拉伸—压缩循环性能，对有酸碱介质环境的建筑物部位的密封则要求有较好的耐腐蚀性能。

8.4.2 常用密封材料

1. 定型密封材料

定型密封材料就是将具有水密性、气密性的密封材料按基层接缝的规格制成一定的形状(条形、环形等),其主要应用于构件接缝、穿墙管接缝、门窗、结构缝等需要密封的部位。

这种密封材料具有良好的弹性及强度,能够承受结构及构件的变形、振动和位移产生的脆裂和脱落;同时具有良好的气密性、水密性和耐久性,且尺寸精确、使用简便、成本低。

1)遇水不膨胀的止水带

止水带也称为封缝带,是处理建筑物或地下构筑物接缝(伸缩缝、施工缝、变形缝)用的一类定型防水密封材料。常用的品种有橡胶止水带、塑料止水带和聚氯乙烯胶泥防水带等。

(1)橡胶止水带。橡胶止水带是以天然橡胶或合成橡胶为主要原料,掺入各种助剂及填料,经塑炼、混炼、模压而成。其具有良好的弹塑性、耐磨性和抗撕裂性,适应变形能力强,防水性能好。但使用温度和使用环境对其物理性能有较大的影响,当作用于止水带上的温度超过 50 ℃,以及受强烈的氧化作用或受油类等有机溶剂的侵蚀时,则不宜使用该产品。

橡胶止水带是利用橡胶的高弹性和压缩性,在各种荷载的作用下产生压缩变形而制成的止水构件,它已广泛用于水利水电工程、堤坝涵闸、隧道地铁、高层建筑的地下室和停车场等工程的变形缝中。

(2)塑料止水带。目前多为软质聚氯乙烯塑料止水带,它是由聚氯乙烯树脂、增塑剂、稳定剂等原料经塑炼、造粒、挤出、加工成型而制成的。

塑料止水带的优点是原料来源丰富、价格低廉、耐久性好、物理力学性能能够满足使用要求,可用于地下室、隧道、涵洞、溢洪道、沟渠等构筑物变形缝的隔离防水。

(3)聚氯乙烯胶泥防水带。聚氯乙烯胶泥防水带是以煤焦油和聚氯乙烯树脂为基料,按照一定比例加入增塑剂、稳定剂和填充料,混合后再加热搅拌,在 130 ℃～140 ℃的温度下塑化成型为一定的规格的聚氯乙烯胶带。其与钢材有良好的黏结性、防水性能好、弹性大、温度稳定性好,适用于各种构造变形缝、混凝土墙板的垂直和水平接缝的防水工程,以及建筑墙板、穿墙管、厕浴间等建筑接缝密封防水。

2)遇水膨胀的定型密封材料

该材料是以橡胶为主要原料制成的一种新型的条状密封材料。改性后的橡胶除了保持原有橡胶防水制品优良的弹性、延伸性、密封性以外,还具有遇水膨胀的特性。当结构变形量超过止水材料的弹性复原时,结构和材料之间就会产生一道微缝,膨胀止水条遇到缝隙中的渗漏水后,体积能在短时间内膨胀将缝隙涨填密实,阻止渗漏水通过。

(1)SPJ 型遇水膨胀橡胶。SPJ 型遇水膨胀橡胶较普通橡胶具有更卓越的特性和优点:局部遇水或受潮后会产生比原来大 2～3 倍的体积膨胀率,并充满接触部位所有不规则的表面、空穴及间隙,同时产生一定的接触压力,阻止水分渗漏;材料膨胀系数值不受外界水分的影响,比任何普通橡胶更具有可塑性和弹性;有很高的抗老化和耐腐蚀性,能长期阻挡水分和化学物质渗透;具备足够的承受外界压力的能力及优良的机械性能,且能长期保持弹性和防水性能。

SPJ 型遇水膨胀橡胶广泛应用于钢筋混凝土建筑防水工程的变形缝、施工缝和穿墙管线的防水密封，盾构法钢筋混凝土管片的接缝防水，顶管工程的接口处，明挖法箱涵、地下管线的接口密封，水利、水电、土建工程防水密封等处。

(2)BW 遇水膨胀止水条。BW 系列遇水膨胀橡胶止水条分为 PZ 制品型遇水膨胀橡胶止水条和 PN 腻子型(属不定型密封材料)遇水膨胀橡胶止水条。

BW 系列遇水膨胀橡胶止水条是以进口特种橡胶、无机吸水材料、高黏性树脂等十余种材料经密炼、混炼、挤出而成，它是在国外产品的基础上研制成功的一种断面为四方形的条状自黏性遇水膨胀型止水条，依靠其自身的黏性可直接粘贴在混凝土施工缝的基面上。该产品遇水后会逐渐膨胀，形成胶黏性密封膏，一方面堵塞一切渗水的孔隙，另一方面使其与混凝土界面的粘贴更加紧密，从根本上切断渗水通道。该产品的膨胀倍率高，移动补充性强，置于施工缝、后浇缝后，具有较强的平衡自愈功能，可自行封堵因沉降而出现的新的微小缝隙。对于已完工的工程，如缝隙渗漏水，可用遇水膨胀橡胶止水条重新堵漏。使用该止水条费用低且施工工艺简单，耐腐蚀性最佳。

(3)PZ-CL 遇水膨胀止水条。PZ-CL 遇水膨胀止水条橡胶制品是防止土木建筑物漏水、浸水最为理想的新型材料。当这种橡胶浸入水中时，亲水基因会与水反应生成氢键，自行膨胀，将空隙填满。对以往采用其他方法无法解决的施工部位，都可以使用该产品。其特点如下。

①可靠的止水性能。一旦与浸入的水相接触，其体积会迅速膨胀，达到完全止水。

②施工的安全性。因为具有弹力和复原力，故易适应构筑物的变形。

③对宽面的适用性。可在各种气候和各种构件条件下使用。

④优良的环保性。耐化学介质性、耐久性优良，不含有害物质，不污染环境。

PZ-CL 遇水膨胀止水条橡胶制品广泛应用于土木建筑物(构筑物)的变形缝、施工缝、穿墙管线防水密封，盾构法钢筋混凝土的接缝，防水密封垫，顶管工程的接口材料，明挖法箱涵、地下管线的接口密封，水利、水电、土建工程防水密封等处。

在浇筑混凝土前，膨胀橡胶应避免雨淋，不得与带有水分的物体接触。施工前为了使其与混凝土可靠接触，施工面应保持干燥、清洁、平整。

除了上面介绍的常用定型产品外，还有许多新型产品，如膨润土遇水膨胀止水条、缓膨型遇水膨胀止水条、带注浆管遇水不膨胀止水条等。

2.不定型密封材料

不定型密封材料通常为膏状材料，俗称密封膏或嵌缝膏。该类材料应用范围广，特别是与定型材料复合使用时既经济又有效。不定型密封材料的品种很多，其中有塑性密封材料、弹性密封材料和弹塑性密封材料。弹性密封材料的密封性、环境适应性、抗老化性能都好于塑性密封材料，弹塑性密封材料的性能居于两者之间。

1)改性沥青油膏

改性沥青油膏也称为橡胶沥青油膏，是以石油沥青为基料，加入橡胶改性材料和填充料等，经混合加工而成，是一种具有弹塑性、可以冷施工的防水嵌缝密封材料，是目前我国产量最大的品种。

它具有良好的防水防潮性能，黏结性好，延伸率高，耐高低温性能好，老化缓慢，适用于各种混凝土屋面、墙板及地下工程的接缝密封等，是一种较好的密封材料。

2)聚氯乙烯胶泥

聚氯乙烯胶泥实际上是一种聚合物改性的沥青油膏，是以煤焦油为基料，以聚氯乙烯为改性材料，掺入一定量的增塑剂、稳定剂及填料，在 130 ℃～140 ℃的温度下塑化而成的热施工嵌缝材料。它是目前屋面防水嵌缝中使用较为广泛的一类密封材料，通常随配方的不同在 60 ℃～110 ℃的温度下进行热灌。配方中若加入少量溶剂，油膏会变软，可冷施工，但收缩性较大，所以一般要加入一定的填料以抑制收缩。填料通常用碳酸钙和滑石粉。

胶泥的价格较低，生产工艺简单，原材料来源广，施工方便，防水性好，有弹性，耐寒和耐热性较好。为了降低胶泥的成本，可以选用废旧聚氯乙烯塑料制品来代替聚氯乙烯树脂，这样得到的密封油膏习惯上称作塑料油膏。其适用于各种工业厂房和民用建筑的屋面防水嵌缝，以及受酸碱腐蚀的屋面防水，也可用于地下管道的密封和卫生间等。

3)聚硫橡胶密封材料

聚硫密封材料(聚硫建筑密封胶)是由液态聚硫橡胶(多硫聚合物)为主剂，以金属过氧化物(多数为二氧化铅)为固化剂，加入增塑剂、增韧剂、填充剂及着色剂等配制而成，是目前世界上应用最广、使用最成熟的一类弹性密封材料。聚硫密封材料分为单组分和双组分两类，目前我国双组分聚硫密封材料的品种较多。

产品按照伸长率和模量分为 A 类和 B 类。A 类是高模量、低伸长率的聚硫密封膏，B 类是高伸长率和低模量的聚硫密封膏。密封膏具有优异的耐候性，极佳的气密性和水密性，良好的耐油、耐溶剂、耐氧化、耐湿热和耐低温性能，能适应基层较大的伸缩变形，施工适用期可调整，垂直使用时具有不流淌性，水平使用时具有自流平性，属于高档密封材料。

该产品除了适用于较高防水要求的建筑密封防水外，还适用于高层建筑的接缝及窗框周边防水、防尘密封，中空玻璃、耐热玻璃周边密封，游泳池、贮水槽、上下管道以及冷库等接缝密封，以及混凝土墙板、屋面板、楼板、地下室等部位的接缝密封。

4)有机硅建筑密封膏

有机硅建筑密封膏是以有机硅橡胶为基料配制成的一类高弹性高档密封膏。有机硅密封膏分为双组分和单组分两种，其中以单组分应用较多。

该类密封膏具有优良的耐热、耐寒、耐老化及耐紫外线等耐候性能，与各种基材(如混凝土、铝合金、不锈钢、塑料等)有良好的黏结力，并且具有良好的伸缩耐疲劳性能、气密性、水密性，防水、防潮、抗震。其适用于金属幕墙、预制混凝土、玻璃窗及窗框四周、游泳池、贮水槽、地坪及构筑物的接缝密封。

5)聚氨酯弹性密封膏

聚氨酯弹性密封膏是由多异氰酸酯与聚醚通过加成反应制成预聚体后，加入固化剂、助剂等在常温下交联固化而成的一类高弹性建筑密封膏。聚氨酯弹性密封膏分为单组分和双组分两种，其中以双组分的应用较广，单组分的目前已较少应用。其性能比其他溶剂型和水乳型密封膏优良，可用于防水要求中等和偏高的工程。

聚氨酯弹性密封膏对金属、混凝土、玻璃、木材等均有良好的黏结性能，具有弹性大、延伸率大、黏结性好、耐低温、耐水、耐油、耐酸碱、抗疲劳及使用年限长等优点。其与聚硫、有机硅等反应型建筑密封膏相比，价格较低。

聚氨酯弹性密封膏广泛应用于墙板、屋面、伸缩缝等沟缝部位的防水密封工程，以及给排水管道、蓄水池、游泳池、道路桥梁、机场跑道等工程的接缝密封与渗漏修补，也可用于玻璃、金属材料的嵌缝。

6)丙烯酸密封膏

丙烯酸密封膏中最为常用的是水乳型丙烯酸密封膏,它是以丙烯酸乳液为黏结剂,掺入少量表面活性剂、增塑剂、改性剂以及填料、颜料经搅拌研磨而成的。

该类密封材料具有良好的黏结性能、弹性和低温柔韧性能,无溶剂污染、无毒、不燃,可在潮湿的基层上施工,操作方便,特别是具有优异的耐候性和耐紫外线老化性能,属于中档建筑密封材料,其适用范围广、价格便宜、施工方便,综合性能明显优于非弹性密封膏和热塑性密封膏,但要比聚氨酯、聚硫、有机硅等密封膏差一些。因为该密封材料中含有约15%的水,所以在温度低于0 ℃时不能使用,而且要考虑因水分散发所产生的体积收缩,故比较适宜对由吸水性较大的材料(如混凝土、石料、石板、木材等多孔材料)构成的接缝进行密封。

水乳型丙烯酸密封膏主要用于外墙伸缩缝、屋面板缝、石膏板缝、给排水管道与楼屋面接缝等处的密封。

思考与练习

1. 石油沥青有哪几类?各有什么用途?
2. 石油沥青的组分是什么?它们对石油沥青的性质有什么影响?
3. 石油沥青与煤沥青的区别有哪些?
4. 怎样判断沥青质量的好坏?
5. 防水卷材有哪些基本性能要求?
6. 简述APP改性沥青防水卷材和SBS改性沥青防水卷材的应用。
7. 常用的建筑防水涂料有哪几种?分别有些什么特点?
8. 简述常用密封材料的种类及主要用途。

模块 9 合成高分子材料

学习目标

◉ 了解合成高分子材料的基本知识。

◉ 掌握建筑中常用的塑料、胶黏剂的种类、性质和应用。

◉ 了解塑料、胶黏剂的组分和各组分的作用。

高分子材料是以高分子化合物为基础，由相对分子质量较高的化合物构成的材料，包括橡胶、塑料、纤维、涂料、胶黏剂和高分子基复合材料。

高分子材料按来源分为天然高分子材料、半合成高分子材料（改性天然高分子材料）和合成高分子材料。

9.1 高分子材料基本知识

9.1.1 合成高分子化合物的定义及分类

合成高分子材料是以不饱和的低分子碳氢化合物为主要成分，含少量氧、氮、硫等，经人工加聚或缩聚而合成的分子量很大的物质，常称为高分子聚合物。高分子聚合物具有密度小、比强度高、耐水性及耐化学腐蚀性强、抗渗性及防水性好、耐磨性强、绝缘性好、易加工等特点，但在环境影响下易发生老化，且具有可燃性，是较为常用的代用材料和改性材料。

1.按合成方法的不同分类

高分子聚合物按合成方法不同分为加聚聚合物和缩聚聚合物。加聚聚合物是一种或几种含有双键的单体在引发剂或光、热、辐射等作用下，经聚合反应合成的聚合物。其中，用一种单体聚合成的称为均聚物，如聚氯乙烯；由两种或两种以上的单体聚合成的称为共聚物，如聚甲基丙烯酸甲酯等。

缩聚聚合物是由含有两个或两个以上官能团的单体，在催化作用下经化学反应而合成的聚合物，如酚醛树脂、环氧树脂等。

2.按与热有关的性质分类

高分子聚合物按与热有关的性质可分为热塑性聚合物和热固性聚合物。

热塑性聚合物是指可反复受热软化、冷却硬化的聚合物，一般是线性分子结构，如聚乙烯、聚丙烯等。

热固性聚合物是指经一次受热软化后，在热和催化剂或热和压力作用下发生化学反应而变成坚硬的体型结构，之后再受热也不软化，在强热作用下即分解破坏的聚合物，如酚醛树脂、不饱和聚酯树脂等。

此外，高分子聚合物按其所表现的性状不同可分为塑料类、合成橡胶类及合成纤维类等。

9.1.2 高分子化合物的主要性质

高分子化合物的结构决定其具有独特的性能。单体分子经加聚或缩聚反应得到的高分子聚合物都是线型长链状化合物，其结构大体有三种：线型长链状不带支链的、带支链的和体型网状的。线型高分子加热可熔化，也可溶于有机溶剂，易于结晶，合成纤维和大多数塑料都是线型高分子。支链高分子在很多性能上与线型高分子相似，但支链的存在使高分子的密度减小，结晶能力降低。体型高分子具有不熔、不溶、耐热性高和刚性好的特点，适用于工程和结构材料。

合成高分子在聚合反应中得到的是不同聚合度的高分子的混合物，使其结构具有不均一性，或称多分散性。其具有热塑性、热固性、耐磨性、绝缘性、相对密度小、比强度高等特殊的性能。

高分子化合物相对密度小，比金属材料轻得多，但强度高，有的工程塑料的强度超过钢铁和其他金属材料。例如，玻璃钢的强度比合金钢大 17 倍，比铝大 15 倍，比铁钢大 1 倍。由于质轻、强度高、耐腐蚀、价廉，所以高分子材料在不少场合已逐步取代金属材料的位置，全塑汽车的问世就是典型的例子。

高分子化合物的化学反应性能较差，对化学试剂显得比较稳定，具有耐酸、耐腐蚀等特性，著名的“塑料王”聚四氟乙烯，即使把它放在王水中煮也不会变质，其耐酸程度远超过金。

高分子具有绝缘性，电线的包皮、电源插座等都是用塑料制成的。其对多种射线（如 α、β、γ、X 射线）有抵抗能力，可以抗辐射。

9.1.3 合成高分子化合物的命名

合成高分子常用的命名方法有以下三种。

(1)加聚反应产物在单体前加“聚”字，如聚乙烯、聚氯乙烯、聚丙烯等；缩聚反应的产物是在简化的单体名称后面加“树脂”二字，如酚醛树脂、环氧树脂等。

(2) 用英文名称的缩写字母表示，如聚氯乙烯（PVC）、聚四氟乙烯（PTFE）、聚甲基丙烯酸甲酯（PMMA）、酚醛树脂（PF）、环氧树脂（EP）等。

(3)商业上喜欢用商品名称，如聚氯乙烯（氯纶）、聚乙酸乙烯酯（维尼纶）、聚丙烯（丙纶）、聚丙烯腈（腈纶）、聚乙烯（乙纶）、聚四氟乙烯（氟纶）等。

9.2 塑　　料

塑料在建筑中有着广泛的应用，已成为继水泥、钢材、木材之后的第四种建筑材料。可作为装修装饰材料，用于制造门窗、隔墙板、楼梯扶手、栏杆、踢脚板、塑料地砖地板、塑料地板革、塑料壁纸；可制成涂料及建筑胶黏剂；可作为防水工程材料，如塑料止水带、嵌缝材料、塑料防潮膜等；也可制成各种类型的水暖设备，如管道、卫生洁具及隔热隔声材料；还可作为工程材料，如土工布、塑料模板、聚合物混凝土等。

9.2.1 塑料的组成

塑料是一种以高分子聚合物为主要成分，内含各种助剂，在一定条件下可塑制成一定形状，并在常温下能保持形状不变的材料。

1. 合成树脂

合成树脂是塑料中的基本组分，在单组分塑料中树脂的含量几乎为10%，多组分塑料中树脂的含量占30%～70%。树脂不仅起着胶黏其他组分的作用，而且树脂的种类、性质、数量、用量不同，其物理力学性能、用途及成本也不同。

建筑塑料中常用的合成树脂有聚氯乙烯、聚乙烯、酚醛树脂、环氧树脂等。

2. 填料

填料又称填充料，可改善和增强塑料的性能(如提高机械强度、硬度或耐热性等)，降低塑料的成本。填料可分为有机填料和无机填料两类，在多组分塑料中常加入填料，其掺量为40%～70%，主要是一些化学性质不活泼的粉状、片状或纤维状的固体物质。在建筑工程塑料中，按一定配方加入填料可降低成本，增加制品体积，改善加工性能，提高某些物理性能。几乎所有的填料都能改善塑料的耐热性，但会降低其力学性能，并使加工变得困难。

常用的有机填料有玻璃纤维、云母、木粉、棉布、纸张和木材单片等，无机填料有滑石粉、石墨粉、碳酸钙、陶土粉等。

3. 增塑剂

为增加塑料的柔顺性和可塑性，减小脆性而加入的化合物称为增塑剂。增塑剂为分子量小、高沸点、难挥发的液体或低熔点的固态有机化合物。增塑剂降低塑料制品的机械性能和耐热性等，所以在选择增塑剂的种类和加入量时应根据塑料的使用性能来决定。

常用的增塑剂有邻苯二甲酸二丁酯、邻苯二甲酸二辛酯、二苯甲酮、樟脑等。

4. 着色剂

在塑料中加入着色剂后，可使其具有鲜艳的色彩和美丽的光泽。所选用的着色剂应色泽鲜明、分散性好、着色力强、耐热耐晒，在塑料加工过程中稳定性良好，与塑料中的其他组分不起化学反应，同时，还应不降低塑料的性能。

常用的着色剂有有机染料、无机染料，有时也采用能产生荧光或磷光的颜料，如钛白粉、氧化铁红、群青、铬酸铅等。

5. 润滑剂

在塑料加工时，为降低其内摩擦和增加流动性，便于脱模和使制品表面光滑美观，可加入0.5%～1%的润滑剂。

常用的润滑剂有高级脂肪酸及其盐类，如硬脂酸钙、硬脂酸镁等。

6. 稳定剂

为防止塑料过早老化，延长塑料的使用寿命，常加入少量稳定剂。塑料在热、光、氧和其他因素的长期作用下，会过早地产生降解、氧化断链、交链等现象，而使塑料性能降低，丧失机械强度，甚至不能继续使用。这种因结构不稳定而使材料变质的现象，称为老化。稳定剂应是耐水、耐油、耐化学侵蚀的物质，能与树脂相溶，并在成型过程中不发生分解。

常用的稳定剂有光屏蔽剂(碳黑)、紫外线吸收剂(水杨酸苯酯等)、能量转移剂(含 Ni 或 Co 的络合物)、热稳定剂(硬脂酸铅等)、抗氧剂(酚类化合物，如抗氧剂 2246、CA 等)。

7. 固化剂和固化促进剂

固化剂又称硬化剂，是调节和促进固化反应的单一物质或混合物，使合成树脂中的线性分子结构交联成体型分子结构，从而使树脂具有热固性。

固化剂的种类很多，通常随塑料的品种及加工条件不同而异，如环氧树脂常用的固化剂有胺类(乙二胺、间苯二胺)，热塑性酚醛树脂常用的固化剂为乌洛托品(六亚甲基四胺)。

8. 其他添加剂

为使塑料具有某种特定的性能或满足某种特定的要求而掺入的其他添加剂。如掺入抗静电剂(季铵盐类)，可使塑料安全，不易吸尘；掺入发泡剂(异氰酸酯或某些偶氮化合物)可制得泡沫塑料；掺入阻燃剂(某些卤化物、磷化物)可阻滞塑料制品的燃烧，并使之具有自熄性；掺入香酯类物品，可制得经久发出香味的塑料。

9.2.2 塑料的特性

塑料作为设计材料使用，具有许多优良的特性。它不仅可部分代替传统材料，而且还能生产出具有独特性能的各种制品。

塑料的优势如下。

(1)质量轻。密度约为铝的1/2、钢的1/5。

(2)经济性。塑料制品在安装使用过程中，施工和维修保养费用低。

(3)导热性低。密实塑料的导热系数一般为0.12～0.80。

(4)比强度高。塑料及制品单位密度的强度高。

(5)装饰性好。塑料能制成线条清晰、色彩鲜艳、光泽明亮的图案。

(6)多功能性。塑料制品可兼多种性能，如装饰性、隔热、隔声。

(7)耐腐蚀性好。塑料对酸、碱、盐类的侵蚀具有较强的抵抗性。

(8)电绝缘性好。塑料是良好的电绝缘材料，在电器线路、控制开关、电缆等方面应用广泛。

塑料的劣势如下。

(1)易燃。塑料一般可燃，且在燃烧时产生大量烟雾和有毒气体。

(2)刚度小。相比钢材，塑料的弹性模量小，刚度小。

（3）易老化。塑料制品在阳光、空气、热及环境介质中的酸、碱、盐等作用下，其机械性能变差，易发生硬脆、破坏等现象。

（4）毒性。纯树脂对生物是无害的，但合成树脂的工艺受到破坏时，剩余的单体或低分子量的物质对健康可能造成危害。

（5）塑料无法被自然分解。

9.2.3 塑料的分类

1.按使用特性分类

塑料按使用特性分为通用塑料、工程塑料、特种塑料。

（1）通用塑料。通用塑料是指产量大、用途广、成型性好、价格便宜的塑料。通用塑料有五大品种，即聚乙烯（PE）、聚丙烯（PP）、聚氯乙烯（PVC）、聚苯乙烯（PS）及丙烯腈-丁二烯-苯乙烯共聚合物（ABS）。

（2）工程塑料。工程塑料是指能承受一定外力作用，具有良好的机械性能和耐高、低温性能，尺寸稳定性较好，可以用做工程结构的塑料，如聚酰胺。工程塑料又分为通用工程塑料和特种工程塑料两大类。

（3）特种塑料。特种塑料是指具有特种功能，可用于航空、航天等特殊应用领域的塑料。如氟塑料和有机硅具有突出的耐高温、自润滑等特殊功用，增强塑料和泡沫塑料具有高强度、高缓冲性等特殊性能。

2.按理化特性分类

塑料按理化特性分为热塑性塑料和热固性塑料。

（1）热塑性塑料。热塑性塑料是指加热后会熔化，可流动至模具冷却后成型，再加热后又会熔化的塑料，即可运用加热及冷却，使其产生可逆变化。

（2）热固性塑料。热固性塑料是指在受热或其他条件下能固化或具有不溶（熔）特性的塑料，如酚醛塑料、环氧塑料等。

3.按加工方法分类

根据各种塑料不同的成型方法，可以分为膜压塑料、层压塑料、注射塑料、挤出塑料、吹塑塑料、浇铸塑料和反应注射塑料等多种类型。

膜压塑料多为物性和加工性能与一般固性塑料相类似的塑料；层压塑料是指浸有树脂的纤维织物，经叠合、热压而结合成为整体的材料；注射塑料、挤出塑料和吹塑塑料多为物性和加工性能与一般热塑性塑料相类似的塑料；浇铸塑料是指能在无压或稍加压力的情况下，倾注于模具中能硬化成一定形状制品的液态树脂混合料；反应注射塑料是用液态原材料，加压注入模腔内，使其反应固化成一定形状制品的塑料。

9.2.4 常用的建筑塑料

1.聚乙烯塑料（PE）

聚乙烯是由乙烯加成反应聚合制得的一种热塑性树脂。

聚乙烯无臭、无毒，具有优良的耐低温性能，化学稳定性好，能耐大多数酸碱的侵蚀，常温下不溶于一般溶剂，电绝缘性能优良，但耐热老化性差。

聚乙烯用途十分广泛，主要用来制造薄膜、容器、管道、电线电缆、日用品等，并可作为电视、雷达等的高频绝缘材料。

2. 聚氯乙烯塑料(PVC)

聚氯乙烯是由氯乙烯单体聚合而成的，其化学稳定性好，抗老化性能好，具有阻燃性、自熄性、耐化学药品性高、机械强度高等优点，但耐热性较差，通常使用温度为 60 ℃以下。

根据增塑剂的掺量不同，可制得软、硬两种聚氯乙烯塑料。软聚氯乙烯可以做地面材料和装饰材料，可以作为门窗框及制成止水带，用于防水工程的变形缝处。硬聚氯乙烯塑料有较高的机械性能和良好的耐腐蚀性能、耐油性和抗老化性，易焊接。

3. 聚甲基丙烯酸甲酯(PMMA)

聚甲基丙烯酸甲酯又称有机玻璃，是透光率最高的一种塑料，因此可代替玻璃，且不易破碎，但其表面硬度比无机玻璃差，容易划伤。

有机玻璃机械强度较高，耐腐蚀性、耐气候性、抗寒性和绝缘性均较好，成型加工方便。其缺点是质脆、不耐磨、价格较贵，可用来制作广告牌、灯箱、展览台、橱窗、室内装饰及浴室隔断。

4. 酚醛树脂(PF)

酚醛树脂是由苯酚和甲醛在酸性或碱性催化剂的作用下缩聚而成的，多具有热固性。其优点是易溶于醇，不溶于水，对水、弱酸、弱碱溶液稳定，黏结强度高，耐光、耐热、耐腐蚀，但绝缘性好。加入填料和固化剂后可制成酚醛塑料制品(俗称电木)，因选用催化剂的不同，可分为热塑性塑料和热固性塑料。其主要用于生产压塑粉、层压塑料，制造隔声、隔热材料等及常见的高压电插座、压层板等。

5. 脲甲醛树脂(UF)

脲甲醛树脂又称脲醛树脂，是尿素与甲醛反应得到的聚合物。固化后的脲醛树脂呈半透明状，无毒、无色、耐光性好，长期使用不变色，热成型时也不变色，可加入各种着色剂以制备各种色泽鲜艳的制品。其缺点是易于吸水，因而耐水性和电性能较差，耐热性也不高。

脲醛树脂除了用做模压塑料、层压塑料、泡沫塑料外，还可用于制作水溶性板材黏合剂，也可用作织物的防缩防皱处理剂。

6. 不饱和聚酯树脂(UP)

不饱和聚酯树脂是在激发剂作用下，由二元酸或二元醇制成的树脂与其他不饱和单体聚合而成。

7. 环氧树脂(EP)

环氧树脂泛指分子中含有两个或两个以上环氧基团的有机高分子化合物，多以多环氧氯丙烷和二烃基二苯基丙烷为主要原料制成。其黏结作用较强，耐侵蚀性也较好，稳定性很高，再加入硬化剂之后能与大多数材料胶合。固化后的环氧树脂具有良好的物理化学性能，广泛应用于国防、国民经济各部门，用于浇注、浸渍、层压料、黏结剂、涂料等用途。

9.3 胶 黏 剂

胶黏剂又称黏合剂、黏结剂，是一种能在两个物体表面间形成薄膜，并能把它们紧密黏结在一起的具有优良黏合性能的物质。

9.3.1 胶黏剂的组成

1. 黏料

黏料是胶黏剂的基本组成物质，也称基料，它使胶黏剂具有黏结特性。黏料一般由一种或几种聚合物配合组成，用于结构受力部位的胶黏剂以热固性树脂为主，用于非结构和变形较大部位的以热塑性树脂和橡胶为主。

2. 固化剂与硫化剂

固化剂用于热固性树脂，使线型分子转变为体型分子；硫化剂用于橡胶，使橡胶形成网型结构。

3. 填料

加入填料可以改善胶黏剂的性能(如强度、耐热性、抗老化性、固化收缩率等)，可降低胶黏剂的成本。

4. 稀释剂

稀释剂用于调节胶黏剂的黏度，增加胶黏剂涂敷浸润性。稀释剂有活性和非活性两种，前者参与固化或硫化反应，后者只起到稀释作用。一般情况下，稀释剂的用量越大，黏结强度越低。

此外，为使胶黏剂具有更好的性能或某些特殊性能，还可加入其他添加剂，如增塑剂、增韧剂、防霉剂、防腐剂等。

9.3.2 胶黏剂的分类

1. 按基料的组成分类

胶黏剂按基料的组成分为有机胶黏剂和无机胶黏剂两大类。

有机胶黏剂又可分为天然和合成两类。天然类包括植物胶(淀粉、松香、生漆等)、动物胶(虫胶、鱼胶、骨胶等)和矿物胶(沥青胶、地蜡胶等)；合成类包括热塑性树脂型(聚醋酸乙烯酯、聚乙烯醇缩醛、聚酰胺等)、热固性树脂型(环氧、酚醛、脲醛、不饱和聚酯、有机硅等)、橡胶型(丁苯橡胶、氯丁橡胶、再生胶等)和混合型(酚醛-环氧、环氧-丁腈、环氧-聚酰胺等)。

无机胶黏剂包括硅酸盐类(硅酸钠、硅酸钾等)、磷酸盐类(磷酸氧化铜胶黏剂)、硼酸盐类和玻璃陶瓷及其他低熔点胶等。

2. 按用途分类

胶黏剂按用途分为结构型胶黏剂、非结构型胶黏剂和特种胶黏剂。

(1)结构型胶黏剂。其胶黏强度高,至少与被粘物本身的材料强度相当。一般剪切强度大于 15 MPa,不均匀扯离强度大于 3 MPa,如环氧树脂胶黏剂。

(2)非结构型胶黏剂。其有一定的胶黏强度,但不能承受较大的力,如聚醋酸乙烯酯等。

(3)特种胶黏剂。特种胶黏剂指能满足某种特殊性能和要求的胶黏剂。根据不同用途的需要,可具有导电、导磁、耐腐蚀、耐高温、耐超低温、厌氧、光敏、防腐等特性。

3. 按固化条件分

胶黏剂按固化条件可分为室温固化胶黏剂、低温固化胶黏剂、高温固化胶黏剂、光敏固化胶黏剂、电子束固化胶黏剂等。

9.3.3 常用的建筑胶黏剂

1. 聚醋酸乙烯(PVAC)胶黏剂

聚醋酸乙烯乳液胶黏剂俗称白乳胶,是由醋酸乙烯乳液聚合而成的。其无毒、无味,黏结强度高,常温下固化速度快,但耐水性和耐热性差。聚醋酸乙烯胶黏剂可单独使用,也可与水泥、羧甲基纤维素等复合使用,常用做非结构型胶黏剂,黏结各种非金属材料,如木材、塑料壁纸、陶瓷饰面材料等,还可配置乳液涂料、乳液腻子等。

2. 环氧树脂(ER)胶黏剂

环氧树脂是指分子结构至少含有两个环氧基的线型高分子化合物。凡以环氧树脂为基料配置的胶黏剂都称为环氧树脂胶黏剂,目前应用最多的是由二酚基丙烷(简称双酚 A)与环氧氯丙烷在碱性催化剂作用下缩聚而成的双酚 A 环氧树脂,它在加入固化剂前是热塑性的,固化后是热固性的。

环氧树脂胶黏剂与金属、木材、塑料、橡胶、混凝土等均有很高的黏结力,有万能胶之称。其黏结强度高,收缩率小,有较好的稳定性和电绝缘性,能在室温至高温条件下用不同的固化剂固化。但其固化后脆性较大,耐热性、耐紫外线较差,抗冲击强度较低,这些缺点可通过加入不同的添加剂来改善。

环氧树脂胶黏剂不仅用做结构胶黏剂,黏结金属、陶瓷、玻璃、混凝土等多种材料,还可用于混凝土构件补强、裂缝修补、配置涂料及作为防水、防腐材料等。

3. 丙烯酸酯树脂胶黏剂

丙烯酸酯树脂胶黏剂以丙烯酸树脂为基料配制而成。常用的 α-氨基丙烯酸酯胶黏剂为无色透明的液体,黏结力强,固化速度快,胶黏表面不必打毛,使用方便,且容易清除。但其耐热性、耐水性差,性脆,不宜大面积黏结。其可用于黏结多种金属和非金属材料,特别是对 ABS 塑料、有机玻璃、聚苯乙烯等与金属之间的黏结,能得到较为理想的胶黏强度。

4. 橡胶胶黏剂

橡胶胶黏剂是以橡胶为基料配制而成的胶黏剂。几乎所有的天然橡胶和合成橡胶都可以用来配制胶黏剂。橡胶胶黏剂富有柔韧性,有优异的耐蠕变、耐挠曲及耐冲击震动等特性,起始黏结性高,但耐热性差。常用的橡胶胶黏剂有氧化天然橡胶胶黏剂、氯丁橡胶胶黏剂、丁苯橡胶胶黏剂、丁腈-氯化胶等。橡胶胶黏剂用于橡胶、金属和非金属等多种材料的黏结。

5.聚乙烯羟基塑料胶黏荆(ME型热熔胶)

聚乙烯羟基塑料胶黏剂是以EVA(乙烯-醋酸乙烯共聚物)为主体的单组分胶，具有耐酸、耐碱、耐老化、常温固化快、强度高等特点。这是一种固体状热熔型胶黏剂，主要用于聚丙烯、聚乙烯管材、板材的黏结，以及此类塑料与金属的黏结。

思考与练习

1.高分子化合物有哪几种命名方式?

2.与传统建筑材料相比，建筑塑料有哪些优缺点?

3.塑料可以分为哪几类?

4.简述胶黏剂的组分及各组分的作用。

5.简述建筑中常用的胶黏剂的种类及用途。

模块 10 环保节能材料

学习目标

- ◉ 掌握节能环保材料的性能特点和应用。
- ◉ 熟悉节能环保材料的主要类型。
- ◉ 了解新型节能环保材料的发展。

10.1 环保节能材料的基本知识

生态材料也称为绿色材料和健康材料，指的是采用清洁生产技术，少用天然资源和能源，大量使用工业或城市废弃物生产的无毒害、无污染、有利于人体健康的材料。根据绿色材料的特点可分为诸多种类，其中包含节能材料（节省能源和资源型）和环保材料（环保利废型）。

10.1.1 环保节能材料的特点

与传统的建筑材料相比，节能环保材料应具备如下基本特征。

(1)生产所用原料使用天然资源少，大量使用废渣、垃圾及废液等废弃物。

(2)采用低能耗制造工艺和不污染环境的生产技术。

(3)产品的配制或生产过程中，不使用甲醛、卤化物溶剂或芳香族碳氧化合物。

(4)产品的设计以改善生态环境、提高生活质量为宗旨，产品不损害人体健康。

(5)产品可循环或回收再利用，废弃物对环境无污染。

10.1.2 环保节能材料的产生和发展

1.时代发展的必然选择

自 20 世纪中期开始，臭氧层破坏、温室效应、酸雨等一系列全球性环境问题的日益加剧，使人们逐步认识到了保护地球环境的必要性。

建筑材料在生产、使用过程中，一方面消耗大量的能源，产生大量的粉尘和有害气体，污染大气和环境；另一方面，在使用中会挥发有害气体，会对长期居住的人的健康产生影响。

生产和使用节能、环保材料，对保护环境和改善人们的居住质量，以及做到可持续发展是至关重要的。在现代建筑工程中，大量的节能、环保材料被应用。

随着我国经济实力的逐渐增强和科技水平的不断提高，政府对在建筑领域方面采用先进的节能技术、节能材料节约能源日益认同和重视。尤其是近年来，国家鼓励发展建筑节能技术，新颁布的《严寒和寒冷地区居住建筑节能设计标准(含光盘)》(JGJ 26—2010)要求新设计的采暖居住建筑的保温性能要比1991年的建筑提高50%，同时有步骤地改造旧建筑。业内专家分析认为，我国要发展新型建筑隔热保温材料，各种泡沫塑料将成为主体。

2.国外节能环保材料及产品现状

美国、日本及西欧的一些发达国家都投入很大力量研究与开发节能环保建筑材料。以北美地区为代表的大型建筑材料生产企业早就对节能环保材料的生产给予了高度重视，并进行了积极的工作。他们除了要求实用功能及外表美观之外，更强调建筑材料对人体、环境无毒害、无污染。工业发达国家的节能环保建筑材料产品已由初期的地毯、涂料、胶黏剂等逐步发展到墙体、吊顶、门窗等制品。同时，也开发出许多绿色建筑材料新产品，如可以抗菌、除臭的光催化杀菌陶瓷，可控离子释放型抗菌玻璃，电制臭氧除臭、杀菌陶瓷等新型陶瓷装饰装修材料和卫生洁具。这些材料用于居室，尤其是厨房、厕所以及鞋柜等细菌容易繁殖产生霉变、臭味的地方，可以很好地改善室内居住环境，同时也是公共场所理想的装饰装修材料。

国外在节能环保材料的研究和应用方面比较迅速，但是也存在一些问题。例如，节能环保材料的概念不统一，而概念是人们进一步研究和开发的基础，因此迫切需要建立统一的节能环保建筑材料的概念。各国节能环保材料的标准也不尽相同，各国之间节能环保建筑材料存在贸易壁垒，因此，为了发展国际贸易，消除贸易壁垒，需要建立全球一致的节能环保材料认证，便于消费者能够进行比较、选择，真正促进节能环保材料的发展。

10.2 常见的环保节能材料

节能环保材料多用在建筑外围护结构和装饰装修工程中。根据种类和作用的不同可将常见的节能环保材料划分为吸声材料、绝热材料、透光材料、保温材料和粉煤灰材料等。

10.2.1 绝热材料

在建筑中，通常将防止室内热量流向室外的材料称为保温材料，将防止室外热量进入室内的材料称为隔热材料，保温材料和隔热材料统称为绝热材料。对于采暖房屋，其墙体和屋顶等围护结构需要采用保温材料，而处于炎热气候环境下的空调房屋和冷库等，则要求围护结构具有良好的隔热性能。

在建筑中合理使用绝热材料可以减少热损失、节约能源、减小外墙厚度、减轻自重，从而节约材料、降低造价。有些国家认为绝热材料是继煤炭、石油、天然气、核能之后的第五大能源。

1.绝热材料的基本要求

(1)导热性低。导热性低是绝热材料最基本的要求。导热性是指材料传递热量的能力，材料的导热性能用导热系数表示，导热系数低于 0.23 W/(m·K)的材料称为绝热材料。它受本身物质构成、孔隙率及材料所处环境的温度和湿度等影响。

(2)表观密度小。绝热材料的表观密度不宜大于 600 kg/m^3。材料中固体物质的导热能力比空气大得多，故表观密度小的材料孔隙率大，导热系数小。

(3)具有一定的强度。绝热材料的抗压强度不应小于 0.3 MPa，以满足建筑物构造和施工安装上的需要。在实际应用中，由于绝热材料的抗压强度一般都很低，因此常将绝热材料与承重材料复合使用。

2.绝热材料的类型

绝热材料的种类很多，按材质可分为无机绝热材料和有机绝热材料。

1)无机绝热材料

无机绝热材料主要由矿物质原料制成，呈纤维状、散粒状或多孔状。该类绝热材料具有不易燃烧、不易腐朽生虫、价格便宜等优点。

(1)石棉及其制品。石棉是蕴藏在中性或酸性火成岩矿床中的一种非金属矿物，其具有耐火、耐热、耐酸、耐碱、防腐、隔声、绝缘及保温隔热等特性。石棉多制成石棉纸、石棉板、石棉毡或石棉块材等。

(2)岩棉、矿渣棉及其制品。由熔融的岩石经喷吹制成的称为岩棉，由熔融矿渣经喷吹制成的称为矿渣棉。岩棉和矿渣棉统称为矿物棉。将矿物棉与有机胶黏剂结合可以制成矿棉板、矿物毡、矿物筒等制品。

(3)玻璃棉及其制品。将玻璃熔化后从流口流出的同时，用压缩空气喷吹形成的乱向玻璃纤维，也称玻璃棉。以玻璃棉为基料，加入适量胶黏剂，经压制、固化、切割等工艺，可制成板、毡、毯、管壳等保温制品。这些制品具有质轻、导热系数低、吸声性能好、不燃烧、耐腐蚀等性能，是优良的绝热和吸声材料。

(4)硅酸铝棉及其制品。硅酸铝棉即直径 3～5 μm 的硅酸铝纤维，又称陶瓷纤维。其是近年来大力发展的新型轻质高效保温材料，在该棉中加入适量黏结剂，以不同工艺可制成板、毡、毯、管套、纸、绳等制品。

(5)膨胀珍珠岩及其制品。地下喷出的熔岩在地表急剧冷却后形成的酸性火山玻璃质岩石，其结构呈珍珠状裂隙，故得名为珍珠岩。膨胀珍珠岩是珍珠岩矿石经破碎、筛分、预热、高温使其体积骤然膨胀而形成的一种白色或灰白色的松散颗粒。膨胀珍珠岩具有质轻、绝热、不易燃、无臭味、无毒等特点。

(6)微孔硅酸钙制品。微孔硅酸钙制品是用粉状二氧化硅材料、石灰、纤维增强材料及水等经搅拌、成型、蒸压处理和干燥等工序而制成的。其可用于围护结构及管道保温工程。

(7)泡沫玻璃。泡沫玻璃是由玻璃粉料和发泡剂，经配料、装模、煅烧、冷却而制成的多孔材料。其导热系数小、抗压强度高、耐久性强，并且加工性好，易锯切、钻孔等，在建筑上主要用于墙体、地板、天花板及屋顶保温，适用于寒冷地区的低层建筑物。

(8)多孔混凝土。多孔混凝土主要有泡沫混凝土和加气混凝土。泡沫混凝土是用水泥、水和松香泡沫剂或粉煤灰、石灰、石膏和泡沫剂，经搅拌、成型、养护而制成的。加气混凝土是用硅质的粉煤灰或磨细的砂加石灰，掺入发气剂(铝粉)经蒸压而制成的。

2)有机绝热材料

有机绝热材料多是以天然的植物质材料或合成高分子材料为原料，经加工而成的。其保温效果较好，但存在易变质、易燃烧的缺点。

(1)软木板。软木板是用栓皮栎、黄菠萝的树皮，经切碎脱脂热压而制成的，如图 10-1 所示。其具有导热系数及表观密度较小，吸水性差，防水、防腐性好等优点。软木板常用热沥青错缝粘贴，适用于冷藏库及某些重要工程的保温。

(2)纤维板。纤维板是用木材废料破碎、浸泡、研磨成木浆，经热压而制成的，如图 10-2 所示。纤维板一般用于墙体和吊顶，也可用于包装箱和冷藏库等。

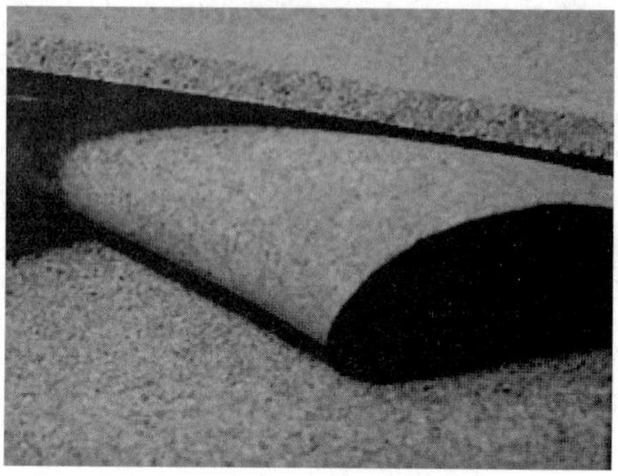

图 10-1　软木板

图 10-2　纤维板

(3)木丝板。木丝板是用木材下脚料刨成木丝加黏结剂(植物胶、水泥等)冷压而制成的，其常用于墙体或吊顶，如图 10-3 所示。

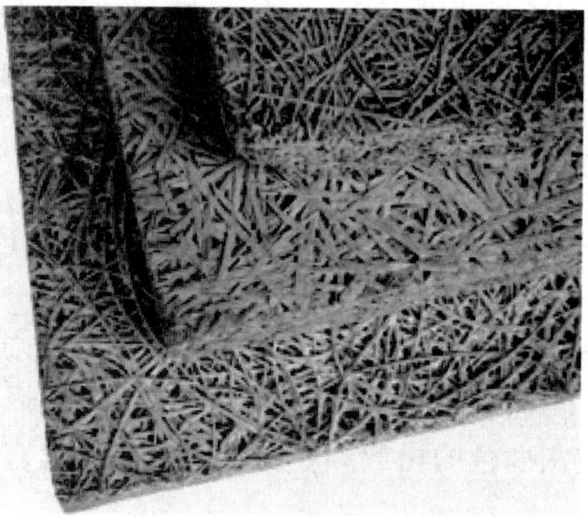

图 10-3　木丝板

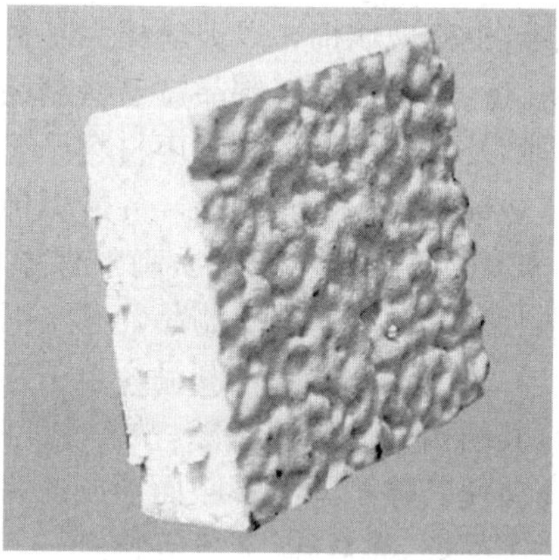

图 10-4　泡沫塑料

(4)泡沫塑料。泡沫塑料是以各种树脂为基料，加入一定剂量的发泡剂、催化剂等辅助材料，经加热发泡而制成的，如图 10-4 所示。其表观密度很小，保温隔热性能好，加工使用方便。泡沫塑料适用于工业厂房屋面、墙面、冷藏库及管道的保温隔热。

3. 主要绝热材料的性能指标

主要绝热材料的性能指标见表 10-1。

表 10-1　绝热材料的性能指标

品　　种	性能指标			
	使用温度/℃	施工密度/(kg/m³)	抗压强度/MPa	热导率(常温)/[W/(m·K)]
矿棉制品	600	100	—	0.035～0.044
玻璃棉(超细)制品	350	60	—	0.030
水泥珍珠岩制品	500	350	≥0.4	0.074
微孔硅酸钙制品	<650	<250	>1.0	0.056
轻质保温棉	1 400	—	—	0.60
陶瓷纤维制品	1 050	155	—	0.081
泡沫玻璃	−200～500	<180	>0.7	0.050
水泥蛭石制品	<650	500	0.3～0.6	0.094
加气混凝土	<200	500	>0.4	0.126
聚氨酯泡沫	−196～130	<65	≥0.5	0.035
炭化软木	<130	120	>1.5	<0.058
黏土砖	—	1 800	—	1.58

10.2.2　吸声材料

吸声材料是指对空气中传播的声能具有较强的吸收作用,能降低噪声性能的材料,如图 10-5所示。吸声材料主要用于音乐厅、影剧院、大会堂、播音室等内部的墙面、地面、天棚等部位,适当地采用吸声材料能改善音质,获得良好的音响效果。

图片
常用的吸声材料

图 10-5　常见的吸声材料

1.吸声系数

声音在传播过程中,一部分逐渐扩散,一部分因空气分子的吸收而削弱,在室内则是被材料表面所吸收(当声波遇到材料表面时,一部分被反射,另一部分穿透材料,其余部分声能转化为热能被材料吸收)。衡量材料吸声性能的重要指标是吸声系数。被材料吸收的声能 E(包括部分穿透材料的声能在内)与原先传递给材料的全部声能 E_0 之比,称为吸声系数,用公式表示如下:

$$\alpha=\frac{E}{E_0} \tag{10-1}$$

一般材料的吸声系数为 0～1。

材料的吸声性能除了与材料本身的性质、内部结构、厚度及材料表面状况有关外,还与声波的入射角和频率有关。因此,吸声系数用声音从各个方向入射的平均值表示,并应指出是对哪一频率的吸收。同一材料,对于高、中、低频率的吸声系数也不同。为了全面反映材料的吸声性能,规定取 125 Hz、250 Hz、500 Hz、1 000 Hz、2 000 Hz 和 4 000 Hz 六个频率的吸声系数平均值来表示材料的吸声性能。凡吸声系数大于 0.2 的材料都认为是吸声材料。

2. 吸声系数的影响因素

材料的吸声性能主要受到材料的孔隙特征、材料的表观密度及材料的厚度影响。

(1)材料的孔隙特征。吸声材料大多为疏松多孔的材料，如矿渣棉、毯子等。为发挥吸声材料的作用，材料的气孔应是开放的，且应相互连通，气孔越多、越细小，吸声性能越好。

(2)材料的表观密度。多孔材料表观密度的增加意味着微孔的减少，能提高低频吸声效果，降低高频吸声效果。

(3)材料的厚度。多孔材料的低频吸声系数一般随着厚度的增加而提高，但厚度对高频影响不显著。所以，为提高吸声性能而无限制地增加厚度是不适宜的。

3. 吸声材料的类型

吸声材料的种类很多，按其材料结构状况可分为表 10-2 中所列的几类。

表 10-2　吸声材料的类型

<table>
<tr><th>种　类</th><th>结构状况</th></tr>
<tr><td rowspan="3">多孔吸声材料</td><td>纤维状</td></tr>
<tr><td>颗粒状</td></tr>
<tr><td>泡沫状</td></tr>
<tr><td rowspan="4">共振吸声材料</td><td>单个共振器</td></tr>
<tr><td>穿孔板共振吸声结构</td></tr>
<tr><td>薄板减震吸声结构</td></tr>
<tr><td>薄膜共振吸声结构</td></tr>
<tr><td>特殊吸声材料</td><td>空间吸声体、吸声尖劈等</td></tr>
</table>

1)多孔吸声材料

多孔吸声材料从表到里都具有大量内外连通的微小间隙和连续气泡，有一定的通气性。有呈松散状的超细玻璃棉、矿棉、麻绒等；有的已加工成板状材料，如玻璃棉毡、穿孔吸声装饰纤维板、软质木纤维板、木丝板；另外还有微孔吸声砖、矿渣膨胀珍珠岩吸声砖、泡沫玻璃等。其基本类型见表 10-3。

表 10-3　多孔吸声材料的基本类型

<table>
<tr><th colspan="2">主要种类</th><th>常用材料举例</th><th>使用情况</th></tr>
<tr><td rowspan="5">纤维材料</td><td rowspan="2">有机纤维材料</td><td>动物纤维：毛毡</td><td>价格昂贵，使用较少</td></tr>
<tr><td>植物纤维：麻绒、海草</td><td>防火、防潮性能差，原料来源丰富</td></tr>
<tr><td rowspan="2">无机纤维材料</td><td>玻璃纤维：中粗棉、超细棉、玻璃棉毡</td><td>吸声性能好，保温隔热，不自燃，防腐防潮，应用广泛</td></tr>
<tr><td>矿渣棉：散棉、矿棉毡</td><td>吸声性能好，松散材料易自重下沉，施工扎手</td></tr>
<tr><td>纤维材料制品</td><td>软质木纤维板、矿棉吸声板、岩棉吸声板、玻璃棉吸声板</td><td>装配式施工，多用于室内吸声装饰工程</td></tr>
</table>

续表

主要种类		常用材料举例	使用情况
颗粒材料	砌块	矿渣吸声砖、膨胀珍珠岩吸声砖、陶瓷土吸声砖	多用于砌筑截面较大的消声器
	板材	膨胀珍珠岩吸声装饰板	质轻、不燃、保温、隔热、强度偏低
泡沫材料	泡沫塑料	聚氨酯及脲醛泡沫塑料	吸声性能不稳定，吸声系数使用前需实测
	其他	泡沫玻璃	强度高、防水、不燃、耐腐蚀、价格昂贵，使用较少
		加气混凝土	微孔不贯通，使用较少
		吸声剂	多用于不易施工的墙面等处

2)共振吸声材料

(1)薄膜、薄板共振吸声结构。薄膜、薄板共振吸声结构是将皮革、人造革、塑料薄膜等材料固定在框架上，背后留有一定的空气层而形成的结构。这些材料具有不透气、柔软、受张拉时有弹性等特点。

(2)共振吸声结构。共振吸声结构中间封闭有一定体积的空腔，并通过有一定深度的小孔与声场相联系。

(3)穿孔板组合共振吸声结构。这种结构是在各种穿孔板、狭缝板背后设置空气层形成吸声结构，属于空腔共振吸声类结构。穿孔板具有适合于中频的吸声特性。

3)特殊吸声材料

空间吸声体与一般吸声结构的区别在于它不是与顶棚、墙体等壁面组成的吸声结构，而是一种悬挂于室内的吸声结构，它自成体系。

10.2.3　建筑节能玻璃

建筑窗户是外围护结构的开口部，是人与自然沟通的渠道。尽管建筑窗户面积一般只占建筑外围护结构面积的1/5～1/3，但在多数建筑中，通过窗户散失的采暖和制冷能量占到整个建筑围护结构能耗的一半以上，因而窗户是建筑节能的关键部位。节能玻璃在建筑中除了起到传统的装饰作用，还具有良好的保温绝热功能。除用作一般门窗外，常作为幕墙玻璃。

1.中空玻璃

中空玻璃又称密封隔热玻璃，它是由两片或多片性质与厚度相同或不同的平板玻璃，切割成预定尺寸，中间夹充填干燥剂的金属隔离框，用胶黏剂压合后，四周边部再用胶接、焊接或熔接的办法密封，所制成的玻璃构件。

中空玻璃因其玻璃层间形成有干燥气体空间的制品，其中干燥的、不对流的气体层阻断热传导的通道，从而有效降低其热传导系数，以达到节能的目的。

中空玻璃有很多品种，按层数分有2层、3层和多层数种；按所用的玻璃原片种类分，除普通浮法玻璃外，还有夹层、钢化、镀膜、压花玻璃等；按颜色可分为无色、茶色、灰色、金色、银色及复合式等；按隔离框厚度包括 6 mm、9 mm、12 mm、16 mm 等。

2. 真空玻璃

真空玻璃是目前节能效果最好的玻璃。它是在密封的两片玻璃之间形成真空层，从而使得玻璃与玻璃之间的传导热接近于零，同时真空玻璃的原片一般至少有一片是低辐射玻璃，因为低辐射玻璃可以减少辐射传热，这样通过真空玻璃的各种形式的传热会很少，会达到非常好的节能效果。

由于真空玻璃的特殊构造，它具有优异的保温隔热性能，其性能指标明显优于中空玻璃。与中空玻璃相比，真空玻璃具有更好的防结霜结露性能，真空玻璃的内层玻璃由于有真空层的隔绝，冬天时温度不会降至过低，因此相对于中空玻璃室内的水蒸气不太容易在玻璃上凝结，并且不会出现中空玻璃可能出现的内结露现象。另外，由于真空层的隔绝，相对于中空玻璃，真空玻璃具有更好的隔绝噪声的能力。真空玻璃除具有良好的隔热、隔声、防露、防雾性能外，还有很好的抗风压性能。但是，目前国内尚未形成生产能力，所以在使用上尚未推广。

3. 镀膜玻璃

镀膜玻璃在建筑上的应用主要有两种形式，一种是热反射玻璃，另一种是低辐射玻璃。

热反射玻璃是在玻璃表面用热解、蒸发、化学处理等方法喷涂金、银、铜、镍、铬、铁等金属或金属氧化物薄膜而成，使其具有一定的反射效果，能将太阳能反射回大气中从而达到阻挡太阳能进入室内的目的。热反射玻璃的反射率为 30%～40%，装饰性好，具有单向透像作用，还有良好的耐磨性、耐化学腐蚀性和耐候性。越来越多的高层建筑的幕墙采用热反射玻璃，但使用的同时要注意避免因透光率过低而影响采光效果，以及因为反射率过高可能出现的光污染等问题。

低辐射玻璃是在玻璃表面镀上多层金属或其他化合物而成的，其也可符合一定的阳光控制功能，成为阳光控制低辐射玻璃。低辐射玻璃有较低的 K 值，保温性好，在保证可见光透过率的同时，可反射太阳中的热辐射，有选择地降低遮阳系数。

4. 吸热玻璃

吸热玻璃是在玻璃本体中掺入金属离子使其对太阳能有选择地吸收，同时呈现出不同的颜色(灰色、茶色、蓝色、绿色等)。吸热玻璃既能吸收大量红外线辐射，又能吸收太阳的紫外线，还能保持良好的光透过率。吸热玻璃的节能是通过太阳光透过玻璃时，将光能转化为热能而被玻璃吸收，然后热能以对流和辐射的方式散发出去从而减少太阳能进入室内。吸热玻璃在建筑工程中应用广泛，凡既需采光又需隔热的部位，均可采用。

5. 泡沫玻璃

泡沫玻璃是一种以废平板玻璃和瓶罐玻璃为原料，经高温发泡成型的多孔轻质玻璃材料。泡沫玻璃是一种性能稳定的建筑外墙和屋面隔热、隔声、防水材料，具有防水、防火、无毒、耐腐蚀、不老化、无放射性、绝缘、防电磁波、防静电，与各类砂浆黏结性好的特性。

泡沫玻璃根据用途可分为隔热泡沫玻璃、吸声泡沫玻璃、装饰泡沫玻璃和粒状泡沫玻璃；根据所用原料不同可分为普通泡沫玻璃、石英泡沫玻璃、熔岩泡沫玻璃等。在建筑行业，泡沫玻璃可用作建筑物的屋面，围护结构和地面的隔热材料，建筑物墙壁、顶棚的吸声装饰。

10.3 新型节能环保材料的发展

10.3.1 新型墙体材料

墙体材料在房屋建材中约占70%,是建筑材料的重要组成部分。新型墙体材料的发展应有利于生态平衡、环境保护和节约能源,要充分利用本地资源,综合利用粉煤灰及其他工业废渣生产墙体材料,加快轻质、高强、利废的新型墙体材料的发展步伐。如利用资源丰富的粉煤灰、煤矸石、矿渣等,取代黏土生产粉煤灰烧结砖、煤矸石烧结砖、矿渣砖。

就其品种而言,新型墙体材料主要包括砖、块、板等,如黏土空心砖、掺废料的黏土砖、非黏土砖、建筑砌块、加气混凝土、轻质板材、复合板材等。其中加气混凝土是集承重和绝热为一体的多功能材料,而用板材做墙体材料是今后墙材发展的趋势,因此加气混凝土制品作为今后墙体材料的首选,有着巨大的发展前景。又如蒸压轻质加气混凝土板具有质轻、保温、隔热、防火等优良性能,应用于新结构体系如钢结构中,被认为是理想的维护结构材料。

因此,要适应建筑应用的需要,将新型墙体材料的发展与提高建筑性能和改善建筑功能结合起来,使其具有更强的生命力,因地制宜地发展各种新型墙体材料,从而达到节能、保护耕地、利用工业废渣的综合目的。

10.3.2 保温隔热材料

墙体特别是外墙的传热在建筑物总体传热中占的比例最大,我国多采用保温节能墙体。墙体保温方式根据保温层位置的不同可分为外墙外保温、外内保温和中空夹心复合墙体保温等3种。目前我国的外墙保温技术发展很快,是节能工作的重点。

近年来,我国保温隔热材料的产品结构有明显的变化:泡沫塑料类保温隔热材料所占比例逐年增长;矿物纤维类保温隔热材料的产量增长较快,但其所占比例基本维持不变;硬质类保温隔热材料制品所占比例逐年下降。我国目前常用的外保温技术体系包括胶粉聚苯颗粒外保温、现浇混凝土复合无网聚苯颗粒外保温、现浇混凝土复合有网聚苯颗粒外保温、岩棉聚苯颗粒外保温、外表面喷涂泡沫聚氨酯和保温涂料等。在上述几种保温体系中,保温涂料综合了涂料以及保温材料的双重特点,干燥后形成有一定强度及弹性的保温层,符合外保温材料的要求。

10.3.3 节能门窗和节能玻璃

从目前节能门窗的发展来看,门窗的制造材料从单一的木、钢、铝合金等发展到了复合材料,如铝合金-木材复合、铝合金-塑料复合、玻璃钢等。目前,我国市场上主要的节能门窗有PVC门窗、UPVC门窗、铝木复合门窗、铝塑复合门窗、玻璃钢门窗等。就玻璃钢门窗而言,其型材具有极高的强度和极低的膨胀系数,具有广阔的发展前景。

除结构外,对门窗节能性能影响最大的是玻璃的性能。目前,国内外研究并推广使用的节能玻璃主要有中空玻璃、真空玻璃和镀膜玻璃等。

(1)中空玻璃在发达国家已经是新建住宅法定的节能玻璃,但我国中空玻璃的使用普及率还不到1%,从国内外的实践来看,推广使用中空玻璃将是实现门窗节能的一个重要途径。

(2)真空玻璃在节能方面要优于中空玻璃,从节能性能比较,真空玻璃比中空玻璃节电16%~18%。

(3)热反射镀膜玻璃的使用不仅具有节能和装饰效果,可起到防眩、单面透视和提高舒适度等效果,还可大量节约能源,有效降低空调的运营经费。

(4)镀膜低辐射玻璃是近年来发展起来的新型节能玻璃,采用真空磁控溅射法在玻璃表面镀上多层由金属或其他化合物组成的膜。这种玻璃对380~780 nm的可见光具有较高的透射率,同时对红外光(特别是中远红外光)具有较高的反射率,既可以保证室内的能见度,又能减少冬季室内热量向外发散,还能控制夏季户外热量过多地进入室内,提供舒适的居住生活环境,将是未来节能玻璃的主要应用品种。

10.3.4 水泥的发展和粉煤灰的利用

水泥工业在我国建材行业中能耗最大,因此要大力发展生态水泥。所谓生态水泥就是广泛利用各种废弃物,包括各种工业废料、废渣及城市垃圾制造的一种生态建材。这种水泥能够降低废弃物处理的负荷,既解决了废弃物造成的污染,又把生活垃圾和工业废弃物作为原材料,变成了有用的建设资源,从而降低了生产成本。生态水泥的主要品种有环保型高性能贝利特水泥、低钙型新型水硬性胶凝材料、碱矿渣水泥等。

粉煤灰是燃煤发电场的废弃物,由于其具有轻质多孔的特点和潜在的水硬性,可以作为多种建材的生产原料。开发粉煤灰建材不仅可以解决能源和资源问题,同时还可以解决这种工业废弃物造成的污染问题。今后在粉煤灰综合利用方面,需要重点开发研究的前沿技术课题有大掺量粉煤灰制品,各种免烧结、免蒸养自然养护工艺的粉煤灰砖制品和粉煤灰陶粒等。

10.3.5 建筑垃圾的综合利用

近几年,我国在建筑垃圾开发利用方面投入了相当大的资金,不少地区将建筑垃圾作为一种再生资源,对固体废弃物加以筛分、破碎后制成建筑垃圾砖或用作路基垫层及地基垫层;对不可埋垃圾则堆山造景加以利用。其中,建筑垃圾砖取代传统黏土实心砖作为砌体材料,净化了环境,节约了能源,保护了土地资源,是一种具有经济效益和社会效益的产品,从而使建筑业走上了一条良性循环的经济模式,成为建筑业可持续发展的动力。

思考与练习

1. 节能环保材料的基本特征有哪些?
2. 什么是绝热材料?建筑工程中对绝热材料的基本要求是什么?
3. 什么是吸声材料?吸声材料有哪些类型?
4. 影响吸声系数的因素有哪些?
5. 真空玻璃与中空玻璃相比有哪些优点?

模块 11 建筑材料检测

学习目标

- ◉ 理解材料检测试验的原理、仪器设备的类型。
- ◉ 掌握建筑材料检测的试验方法、仪器操作。
- ◉ 能够对试验数据进行处理，根据试验数据得出试验结论。

11.1 建筑材料基本性质检测

11.1.1 密度试验

1. 主要仪器设备

主要仪器设备有密度瓶（又名李氏瓶，见图 11-1，分度值为 0.1 mL）、筛子（900 孔/cm^2）、研钵、量筒、烘箱、干燥器、天平（称量 500 g，感量 0.001 g）、温度计、恒温水槽、漏斗和小勺等。

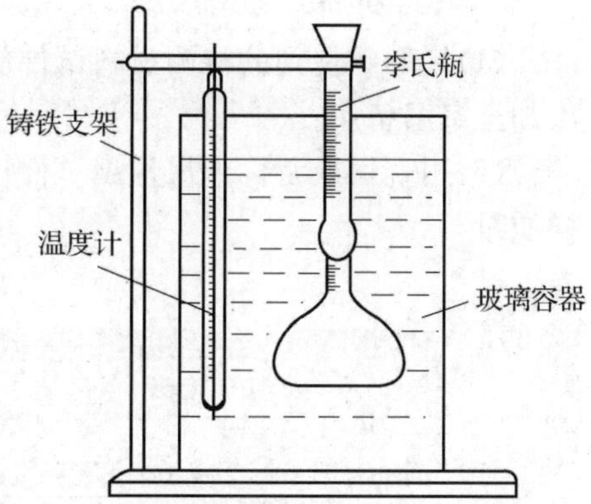

图 11-1 李氏瓶装置

2. 试验步骤

（1）试样制备。将试样研磨后，用筛子筛分，除去筛余物，放在（15±5）℃的烘箱中烘至恒量（恒量是指试样在烘干 1～3 h 的情况下，其前后质量之差不大于该项试验所要求的称量精度），再放入干燥器中冷却至室温备用。

（2）测定 V_0 值。在密度瓶中注入与试样不发生化学反应的液体，使液面达到 0～1 mL 刻度值之间。将密度瓶放入盛水的恒温水槽中，使刻度部分完全浸入水中，并用铸铁支架固定，调整水温到 20 ℃，30 min 后记录刻度示值 V_0。

（3）测定 m 值。用天平称取 60 ～90 g 试样，精确至 0.01 g。用小勺和漏斗小心地将试样徐徐送入密度瓶中，直至液面上升到 20 mL 刻度左右。再称剩余的试样质量，计算出装入瓶内的试样质量 m。

(4)测定 V 值。用瓶内的液体将黏附在瓶颈和瓶壁上的试样洗入瓶内液体中，转动密度瓶，使液体中的气泡排出，记下液面刻度 V_1，根据前后两次液面读数，算出液面上升的差值，即为瓶内试样所占的绝对体积 $V(V=V_1-V_0)$。

提示

试验过程中始终保持盛水容器中的水温为(20 ± 1) ℃。

3. 试验数据计算与评定

材料密度 ρ 按下式进行计算

$$\rho=\frac{m}{V} \tag{11-1}$$

式中，ρ 为材料的密度(g/cm^3，精确至 0.01 g/cm^3)；m 为装入瓶中试样的质量(g)；V 为装入瓶中试样的绝对体积(cm^3)。

密度试验用两个试样平行进行，以其计算结果的算术平均值作为最后结果。但两个试验结果之差不应大于 0.02 g/cm^3，否则应重新测试。

11.1.2 表观密度试验

1. 主要仪器设备

主要仪器设备有游标卡尺(精度 0.02 mm)、天平(感量 0.01 g)、烘箱、干燥器、漏斗、直尺等。

2. 试验步骤

(1)将形状规则的待测材料试件放入(105±5) ℃烘箱中烘至恒量，取出置入干燥器中，冷却至室温备用。

(2)用直尺或游标卡尺量出试件尺寸，按几何公式计算出试件的体积 V_0，再用天平称试样质量 m。

提示

①当试件为平行六面体时，应在每边的上、中、下 3 个位置分别测量，以 3 次所测数据的算术平均值作为试件尺寸计算体积；当试件为圆柱体时，按两个互相垂直的方向测其直径，各方向上、中、下各测量 3 次，以 6 次所测数据的平均值作为试件直径，再在互相垂直的两直径与圆周交界的四点上量其高度，取 4 次测量的平均值作为试件的高度。

②对于形状不规则的材料，可用排液法或水中称重法测量其体积，但在测定前，待测材料表面应用薄蜡层密封，以免测液进入材料内部开口孔隙而影响测定值。

3. 试验数据计算与评定

材料的表观密度 ρ_0 按下式进行计算

$$\rho_0=\frac{m}{V_0} \tag{11-2}$$

式中，ρ_0 为材料的表观密度(g/cm^3，精确至 0.01 g/cm^3)；m 为材料的质量(g)；V_0 为试件的

体积，包括材料在绝对密实状态下的体积加上孔隙体积(cm^3)。

当试件的组织均匀时，以3个试件测值的算术平均值作为试验结果；当试件组织不均匀时，应注明最大值及最小值。

11.1.3 堆积密度试验

1. 主要仪器设备

主要仪器设备有标准容器(容积为1 L)、天平(感量1 g)、烘箱、干燥器、漏斗、料勺、直尺等。

2. 试验步骤

(1)试样制备。用浅盘装样品约10 kg，放在(15±5) ℃的烘箱中，烘至恒量，再放入干燥器中冷却至室温，分成大致相等的两份备用。

(2)松散堆积密度的测定。称标准容器的质量 m_1。用标准漏斗或料勺将试样徐徐地装入容器内，漏斗出料口距容器口为5 cm，待容器顶上形成锥形，将多余的材料用直尺沿容器口中心线向两个相反方向刮平。称容器和材料的总质量 m。

(3)紧密堆积密度的测定。称标准容器的质量 m_1，将试样分两层装入标准容器内。装完一层后，在筒底垫放一根 $\phi 10$ 的钢筋，用手扶住标准容器，左右交替颠击地面各25下；再装第二层，将垫着的钢筋转动90°同法颠击；再加料至试样超出容器口，用直尺沿容器中心线向两个相反方向刮平，称其总质量 m_2。

提示

每次称量时应精确至1 g。

3. 试验数据计算与评定

堆积密度 ρ_0' 可按下式进行计算

$$\rho_0' = \frac{m_2 - m_1}{V_0'} \tag{11-3}$$

式中，ρ_0' 为材料的堆积密度(kg/m^3)；m_1 为容器的质量(kg)；m_2 为容器和试样的总质量(kg)；V_0' 为容器的容积(m^3)。

以两次试验结果的算术平均值作为堆积密度测定的结果，精确至10 kg/m^3。

容量筒容积的校准方法是将温度为(20±2) ℃的饮用水装满容量筒，用一块玻璃沿筒口推移，使其紧贴水面。擦干筒外壁水分，然后称出其质量，精确至1 g。容量筒容积 $V = m_1 - m_2$，精确至1 mL，其中 m_1 为容量筒、玻璃板和水的总质量，m_2 为容量筒和玻璃板的总质量。

11.1.4 吸水率试验

1. 主要仪器设备

主要仪器设备有天平(称量1 kg，感量0.1 g)、烘箱、干燥器等。

2. 试验步骤

(1)称取饱和面干试样两份,每份 500 g,分别进行试验。

(2)将试样放入已知质量为 m_1 的烧杯中,放入温度为(105 ±5) ℃的烘箱中烘至恒量,并在干燥器内冷却至室温后,称取干样与烧杯的总质量 m_2。

3. 试验数据计算与评定

吸水率 W 按式(11-4)或式(11-5)计算(精确至 0.1%)

$$W_1=\frac{500-(m_2-m_1)}{m_2-m_1}\times 100\% \tag{11-4}$$

$$W_2=\frac{500-(m_2-m_1)}{500}\times 100\% \tag{11-5}$$

式中,W_1 为以干试样为基准的饱和面干吸水率(%);m_1 为烧杯的质量(g);m_2 为烘干的试样与烧杯的总质量(g);W_2 为以饱和面干试样为基准的饱和面干吸水率(%)。

以两次试验结果的算术平均值作为测定值,精确至 0.1%,若两次结果之差值大于 0.2%,应重新取样进行试验。

11.2 气硬性胶凝材料性能检测

11.2.1 石灰性能检测

1. 细度

1)主要仪器设备

符合《试验筛 技术要求和检验 第 1 部分:金属丝编织网试验筛》(GB/T 6003.1—2012)规定的 R20 主系列 0.900 mm、0.125 mm 的试验筛各一套,羊毛刷(4 号),天平(称量 100 g,感量 0.1 g)。

2)试验步骤

(1)试样制备。生石灰粉或消石灰粉。

(2)称取试样 50 g,导入方孔套筛进行筛分。筛分时一只手捂住试验筛,并用手轻轻敲打,在有规律的间隔中水平旋转试验筛,并在固定的基座上轻敲试验筛,用羊毛刷轻轻地从筛上面刷,直至 2 min 内通过量小于 0.1 g 时为止。分别称量筛余物质量 m_1、m_2。

3)试验数据计算与评定

筛余质量分数 X_1、X_2 的计算公式如下:

$$X_1=\frac{m_1}{m}\times 100\% \tag{11-6}$$

$$X_2=\frac{m_1+m_2}{m}\times 100\% \tag{11-7}$$

式中,X_1 为 0.900 mm 方孔筛筛余量分数(%);X_2 为 0.125 mm 方孔筛、0.900 mm 方孔筛,两筛上的总筛余质量分数(%);m_1 为 0.900 mm 方孔筛筛余物质量(g);m_2 为0.125 mm方

孔筛筛余物质量(g)；m 为样品质量(g)。

2.生石灰消化速度

1)主要仪器设备

保温瓶(瓶胆全长为 162 mm，瓶身直径为 61 mm，口内径为 28 mm，容量为 200 mL，上盖白色橡胶塞，在瓶塞中心钻孔插温度计)、长尾水银温度计(量程为 150 ℃)、秒表、天平(称量 100 g，感量 0.1 g)、玻璃量筒(50 mL)。

2)试验步骤

(1)试样制备。将生石灰试样粉碎，全部通过圆孔筛，四分法缩取 50 g，在瓷体内研细，全部通过方孔筛，混匀装入磨口瓶内备用。将生石灰粉试样混匀，四分法缩取 50 g，装入磨口瓶内备用。

(2)检查保温瓶上盖及温度计装置，温度计下端应保证能插入式样中间。检查之后，在保温瓶中加入蒸馏水 20 mL。称取试样 10 g，精确至 0.2 g，倒入保温瓶的水中，立即开动秒表，同时盖上盖，轻轻摇动保温瓶数次，自试样倒入水中时算起，每隔 30 s 读一次温度，临近终点仔细观察，记录达到最高温度及温度开始下降时的时间，以达到最高温度所需的时间为消化速度。

3)试验数据计算与评定

以两次测定结果的算术平均值为结果，计算结果保留小数点后两位。

3.生石灰产浆量，未消化残渣含量

1)主要仪器设备

圆孔筛(孔径为 5 mm、20 mm)、生石灰浆渣测定仪、玻璃量筒(500 mL)、天平(称量 1 000 g，感量 1 g)、搪瓷盘(200 mm×300 mm)、钢板尺(300 mm)、烘箱(最高温度为 200 ℃)、保温套。

2)试验步骤

(1)试样制备。将 4 kg 试样破碎，全部通过 20 mm 圆孔筛，其中小于 5 mm 粒度的试样量不大于 30%，混匀备用，生石灰粉样混匀即可。

(2)称取已制备好的生石灰试样 1 kg，倒入装有 250 mL 清水的量筒中。盖上盖，静止消化 20 min 后，用圆木棒连续搅动 2 min，继续静止消化 40 min 后，再搅动 2 min，提起量筒用清水冲洗量筒内的残渣，至水流不浑浊时，将残渣移至搪瓷盘内，在 100 ℃～105 ℃烘箱中烘干至恒重，冷却至室温后用 5 mm 圆孔筛筛分，称量筛余物，计算未消化残渣含量。浆体静止 24 h 后，用钢板尺量出浆体高度。

3)试验数据计算与评定

产浆量计算公式为：

$$X_3=\frac{R^2\pi H}{1\times10^6} \tag{11-8}$$

式中，X_3 为产浆量(L/kg)；H 为浆体高度(mm)；R 为浆筒半径(mm)。

未消化残渣含量计算公式为：

$$X_4=\frac{m_3}{m}\times100\% \tag{11-9}$$

式中，X_4 为未消化残渣含量(%)；m_3 为未消化残渣质量(g)；m 为样品质量(g)。

4.消石灰粉体积安定性

1)主要仪器设备

天平(称量 200 g,感量 0.2 g)、量筒(250 mL)、牛角勺、蒸发皿(300 mL)、石棉网板(外径为 125 mm,石棉含量为 72%)、烘箱(最高温度为 200 ℃)。

2)试验步骤

称取试样 100 g,倒入 300 mL 蒸发皿内,加入清洁淡水约 120 mL,在 3 min 内搅和成稠浆,一次性浇注于两块石棉板上,其饼块直径为 50~70 mm,中心高为 8~10 mm。成饼后在室温下放置 5 min,将饼块移至另两块干燥的石棉网板上,然后放入烘箱中加热到 100 ℃~105 ℃烘干 4 h 取出。

3)试验结果评定

烘干后饼块用肉眼检查无溃散、裂纹、鼓包,称为体积安定性合格;若出现三种现象之一,则表示体积安定性不合格。

5.消石灰粉游离水

1)主要仪器设备

天平(称量 200 g,感量 0.2 g)、搪瓷盘、烘箱(最高温度为 200 ℃)。

2)试验步骤

称取试样 100 g,移入搪瓷盘内,在 100 ℃~105 ℃烘箱中烘干至恒重,冷却至室温后称量 m_1,计算游离水。

3)试验数据计算与评定

消石灰粉游离水质量分数计算公式为:

$$w_5=\frac{m-m_1}{m}\times 100\% \tag{11-10}$$

式中,w_5 为消石灰游离水质量分数(%);m_1 为烘干后样品质量(g);m 为样品质量(g)。

11.2.2 石膏性能检测

1.抗压强度的测定

1)主要仪器设备

(1)抗压夹具。抗压夹具应符合《水泥物理检验仪器抗压夹具》的要求。试验期间,上、下夹板应能无摩擦地相对滑动。

(2)压力试验机。示值相对误差不大于 1%。

2)试验步骤

将试件成型面侧立,置于抗压夹具内,并使抗压夹具的中心处于上、下夹板的轴心上,保证上夹板球轴通过试件受压面中心。开动压力试验机,使试件在开始加荷后 20~40 s 内破坏。

3)试验数据计算与评定

抗压强度 R_c 计算公式为:

$$R_c=\frac{P}{S}=\frac{P}{2500} \tag{11-11}$$

式中，R_c 为抗压强度(Mpa)；P 为破坏荷载(N)；S 为试件受压面积(2 500 mm^2)。

2. 石膏硬度测定

1)主要仪器设备

石膏硬度计(具有一个直径为 10 mm 的硬质钢球，当把钢球置于试件表面的一个固定点上时，能将一个固定荷载垂直加到该钢球上，使钢球压入被测试件。荷载精度为 2%，感量为 0.001 mm)。

2)试验步骤

将试件置于石膏硬度计上，并使钢球的加载方向与待测面垂直。在每个试件的侧面布置三个点，各点之间的距离为试件长度的 1/4，但最外点应至少距试件边缘 20 mm。先施加 10 N 荷载，然后在 2 s 内把荷载加到 200 N，静置 15 s。移去荷载 15 s 后，测量球痕深度。

3)试验数据计算与评定

石膏硬度计算公式为：

$$H=\frac{F}{\pi Dt}=\frac{200}{\pi\times 10t}=\frac{6.37}{t} \tag{11-12}$$

式中，H 为石膏硬度(N/ mm^2)；t 为球痕的平均深度(mm)；F 为荷载(200 N)；D 为钢球直径(10 mm)。

11.2.3 水玻璃性能检测

水玻璃是含水的多硅酸钠，为黏稠状液体。除水分外，其主要成分为氧化钠和二氧化硅(Na_2O ∶ SiO_2 一般为 1 ∶ 3.3)。市场上销售的水玻璃因含有铁的杂质常呈灰色或绿色。水玻璃的化学分析，一般只测水分、氧化钠和二氧化硅。

1. 水分

称取 2～3 g 二水石膏，置于瓷坩埚内，在 800 ℃～850 ℃的高温炉内灼烧 2～2.5 h，取出，放在干燥器中冷却至室温，称量。再按如上温度灼烧 0.5 h，取出冷却后称量。如此反复灼烧，直至恒量。

在瓷坩埚中称入 1～2 g 水玻璃试样，于电炉上用低温小心地蒸发至干。再将瓷坩埚放入 800 ℃～850 ℃的高温炉内灼烧 2～2.5 h，取出，放在干燥器中冷却至室温，称量。再按如上温度下灼烧 0.5 h，取出待冷却后称量。如此反复灼烧，直至恒量。

2. 氧化钠(中和法)

由于硅酸为弱酸，水玻璃中的硅酸钠水解后生成氢氧化钠而使溶液显碱性，因此可用盐酸标准滴定溶液滴定，借以求得试样中氧化钠的质量百分数。其化学反应式如下：

$$Na_2SiO_3+2H_2O=\!=\!=H_2SiO_3+2NaOH$$

$$HCl+NaOH=\!=\!=NaCl+H_2O$$

在一已知质量的干燥的称量瓶中，准确称入 1 g 试样，然后用煮沸后除去 CO_2 的热水冲洗，移入 250 mL 的锥形瓶中，再加入 100 mL 已冷却的煮沸后除去 CO_2 的水，并充分摇荡。待试样完全溶解后，加数滴溴甲酚绿-甲基红混合指示剂溶液，用 0.5 mol/L 盐酸标准滴定溶液滴定，至溶液由绿色变成微红色即为终点。

3. 二氧化硅(氟硅酸钾滴定法)

在一已知质量的干燥的称量瓶中,准确称入 0.3 g 试样,然后用 20～30 mL 热水将其冲至 300 mL 的塑料杯中。加入 10 mL 的 150 g/L 的氟化钾溶液及 10 mL 硝酸,称量瓶再用盐酸(1∶1)洗涤 3～5 次。冷却后,加入固体氯化钾,搅拌并压碎未溶颗粒,直至饱和。冷却,并放置 10 min。用快速滤纸过滤,塑料杯与沉淀用 50 g/L 氯化钾溶液洗涤 2～3 次。

将沉淀连同滤纸一起置于原塑料杯中,沿杯壁加入 10 mL 的 50 g/L 氯化钾-乙醇溶液及1 mL的 10 g/L 酚酞指示剂溶液,用 0.15 mol/L 氢氧化钠标准滴定溶液中和未洗尽的酸,仔细搅动滤纸并随之擦洗杯壁,直至溶液呈红色。然后加入 200 mL 沸水(此沸水预先用氢氧化钠溶液中和至酚酞呈微红色),以 0.15 mol/L 氢氧化钠标准滴定溶液滴定至微红色。

11.3 水泥性能检测

11.3.1 一般规定

1. 编号及取样

水泥出厂前按同品种、同强度等级编号和取样。袋装水泥和散装水泥应分别进行编号和取样。每一编号为一取样单位。水泥出厂编号按年生产能力规定为:①200×104 t 以上,不超过 4 000 t 为一编号;②120×104～200×104 t,不超过 2 400 t 为一编号;③60×104～120×104 t,不超过 1 000 t 为一编号;④30×104～60×104 t,不超过 600 t 为一编号;⑤10×104～30×104 t,不超过 400 t 为一编号;⑥10×104 t 以下,不超过 200 t 为一编号。

取样方法按《水泥取样方法》(GB/T 12573—2008)进行,可连续取,亦可从 20 个以上不同部位取等量样品,总量至少 12 kg。当散装水泥运输工具的容量超过该厂规定的出厂编号吨数时,允许该编号的数量超过取样规定吨数。

2. 试验条件

(1)试验室温度为 20 ℃±2 ℃,相对湿度应不低于 50%;水泥试样、拌和水、仪器和用具的温度应与试验室一致。

(2)湿气养护箱的温度为 20 ℃±1 ℃,相对湿度不低于 90%。试体养护池水温应在 20 ℃±1 ℃范围内。

(3)试验室温度和相对湿度及养护池水温在工作期间每天至少记录一次。养护箱或雾室的温度与相对湿度至少每 4 h 记录一次,在自动控制的情况下记录次数可以酌减至 1 d 记录两次。

(4)在温度给定范围内,控制所设定的温度应在此范围中。

11.3.2 水泥细度测定

1. 方法原理

本标准是采用45 μm和80 μm方孔标准筛对水泥试样进行筛析试验，用筛网上所得筛余物的质量百分数来表示水泥样品的细度。

视频
水泥的细度试验

2. 主要仪器设备

(1)试验筛。由圆形筛框和筛网组成，筛网符合《试验筛 金属丝编织网、穿孔板和电成型薄板 筛孔的基本尺寸》(GB/T 6005—2008)中R20/3、45 μm的要求，分负压筛、水筛和手筛三种。负压筛应附有透明筛盖，筛盖与筛上口应有良好的密封性。手工筛结构应符合《试验筛 技术要求和检验 第1部分:金属丝编织网试验筛》(GB/T 6003.1—2012)的规定，其中筛框高度为50 mm，筛子的直径为150 mm。

(2)负压筛析仪。负压筛析仪由筛座、负压筛、负压源及收尘器组成，其中筛座由转速为(30±2) r/min的喷气嘴、负压表、控制板、微电机及壳体等构成，筛析仪负压可调范围为4 000～6 000 Pa。喷气嘴上口平面与筛网之间的距离为2～8 mm。

(3)水筛架和喷头的结构尺寸应符合《水泥标准筛和筛析仪》(JC/T 728—2005)的规定，其中水筛架筛座的内径为140 mm。

(4)天平。最小分度值不大于0.01 g。

3. 试验步骤

试验前所用试验筛应保持清洁，负压筛和手工筛应保持干燥。试验时，80 μm筛析试验称取试样25 g，45 μm筛析试验称取试样10 g。

(1)负压筛析法。筛析试验前，应把负压筛放在筛座上，盖上筛盖，接通电源，检查控制系统，调节负压至4 000～6 000 Pa范围内。称取试样精度至0.01 g，置于洁净的负压筛中，放在筛座上，接通电源，开动筛析仪连续筛析2 min，在此期间如有试样附着在筛盖上，可轻轻地敲击筛盖使试样落下。筛毕，用天平称量全部筛余物。

(2)水筛法。筛析试验前，应检查水中无泥砂，调整好水压及水筛的位置，使其能正常运转，并控制喷头底面和筛网之间的距离为35～75 mm。称取试样精度至0.01 g，置于洁净的水筛中，立即用淡水冲洗至大部分细粉通过后，放在水筛架上，用水压为(0.05±0.02) MPa的喷头连续冲洗3 min。筛毕，用少量水把筛余物冲至蒸发皿中，等水泥颗粒全部沉淀后，小心倒出清水，烘干并用天平称量全部筛余物。

(3)手工筛析法。称取试样精度至0.01 g，倒入手工筛内。用一只手持筛往复摇动，另一只手轻轻拍打，往复摇动和拍打筛时应保持近于水平。拍打速度每分钟约120次，每40次向同一方向转动60°，使试样均匀分布在筛网上，直至每分钟通过的试样量不超过0.03 g为止，称量全部筛余物。对其他粉状物采用45～80 μm以外规格方孔筛进行筛析试验时，应指明筛子的规格、称样量、筛析时间等相关参数。

试验筛必须经常保持洁净，筛孔通畅，使用10次后要进行清洗。清洗金属框筛、铜丝网筛时应用专门的清洗剂，不可用弱酸浸泡。

4. 试验结果计算及处理

水泥试样筛余百分数按下式计算：

$$F=\frac{R_s}{W}\times 100 \tag{11-13}$$

式中，F 为水泥试样的筛余百分率(%)；R_s 为水泥筛余物的质量(g)；W 为水泥试样的质量(g)。

进行合格评定时，每个样品应称取两个试样分别筛析，取筛余平均值为筛析结果。若两次筛余结果的绝对误差大于0.5%时(筛余值大于5.0%时可放宽至1.0%)应再做一次试样，取两次相近结果的算术平均值作为最终结果。负压筛析法、水筛法和手工筛析法测定的结果发生争议时，以负压筛析法为准。

11.3.3 水泥标准稠度用水量测定

1. 方法原理

水泥标准稠度净浆对标准试杆(或试锥)的沉入具有一定阻力。通过试验不同含水量水泥净浆的穿透性，以确定水泥标准稠度净浆中所需加入的水量。

2. 主要仪器设备

标准法维卡仪、水泥净浆搅拌机、量筒或滴定管(精度为±0.5 mL)、天平(称量不小于1 000 g，感量不大于1 g)。

3. 试验步骤

1)标准法

(1)试验前的准备工作。维卡仪的滑动杆能自由滑动，试模和玻璃底板用湿布擦拭，将试模放在底板上，调整至试杆接触玻璃板时指针对准零点。搅拌机运行正常。

(2)水泥净浆的拌制。用水泥净浆搅拌机搅拌，搅拌锅和搅拌叶片先用湿布擦过，将拌和水倒入搅拌锅内，然后在5～10 s内小心将称好的500 g水泥加入水中，防止水和水泥溅出；拌和时先将锅放在搅拌机的锅座上升至搅拌位置，启动搅拌机，低速搅拌120 s，停15 s，同时将叶片和锅壁上的水泥浆刮入锅中间，接着高速搅拌120 s，停机。

(3)标准稠度用水量的测定步骤。拌和结束后立即取适量水泥净浆一次性装入已置于玻璃底板上的试模中，浆体超出试模上端时，用宽约25 mm的直边刀轻轻拍打超出试模部分的浆体5次以排除浆体中的孔隙，然后在试模上表面约1/3处略倾斜于试模分别向外轻轻锯掉多余净浆，再从试模边沿轻抹顶部一次，使净浆表面光滑。在锯掉多余净浆和抹平的操作过程中，注意不要压实净浆。抹平后迅速将试模和底板移到维卡仪上，并将其中心定在试杆下，降低试杆直至与水泥净浆表面接触，拧紧螺丝1～2 s后突然放松，使试杆垂直自由地沉入水泥净浆中。在试杆停止沉入或释放试杆30 s时记录试杆距底板之间的距离，升起试杆后立即擦净；整个操作应在搅拌后1.5 min内完成。以试杆沉入净浆并距底板(6±1) mm的水泥净浆为标准稠度净浆，其拌和水量为该水泥的标准稠度用水量(P)，按水泥质量的百分比计。

2)代用法

(1)试验前的准备工作。维卡仪的滑动杆能自由滑动。试锥调整至接触锥模顶面时指针对准零点。搅拌机运行正常。

(2)水泥净浆的拌制。同标准法。

(3)标准稠度的测定。采用代用法测定水泥标准稠度用水量时可用调整水量和不变水量两种方法中的任一种。

采用调整水量方法时拌和水量按经验找水,采用不变水量方法时拌和水量用 142.5 mL。拌和结束后,立即将拌制好的水泥净浆装入锥模中,用宽约 25 mm 的直边刀在浆体表面轻轻插捣 5 次,再轻振 5 次刮去多余的净浆;抹平后迅速放到试锥下面固定的位置上,将试锥降至净浆表面。拧紧螺丝 1～2 s 后突然放松,让试锥垂直自由地沉入水泥净浆中。到试锥停止下沉或释放试锥 30 s 时,记录试锥的下沉深度。整个操作应在搅拌后 1.5 min 内完成。

采用调整水量方法测定时,以试锥下沉深度(30±1) mm 时的净浆为标准稠度净浆。其拌和水量为该水泥的标准稠度用水量(P),按水泥质量的百分比计。如下沉深度超出范围时需另称试样,调整水量,重新试验,直至达到(30±1) mm 为止。采用不变水量方法测定时,根据下式(或仪器上对应标尺)计算得到标准稠度用水量 P。当试锥下沉深度小于 13 mm 时,应改用调整水量法测定。

$$P=(33.4-0.185S)\times 100\% \tag{11-14}$$

式中,P 为标准稠度用水量(%);S 为试锥下沉深度(mm)。

11.3.4 水泥凝结时间测定

1. 方法原理

试针沉入水泥标准稠度净浆至一定深度所需的时间。

2. 主要仪器设备

水泥净浆搅拌机、标准法维卡仪、量筒或滴定管(精度为±0.5 mL)、天平(称量不小于1 000 g,感量不大于 1 g)。

视频
水泥凝结时间的测定

3. 试验步骤

(1)试件的制备。以标准稠度用水量制成标准稠度净浆,装模刮平后,立即放入湿气养护箱中。记录水泥全部加入水中的时间作为凝结时间的起始时间。

(2)初凝时间的测定。试件在湿气养护箱中养护至加水后 30 min 时进行第一次测定。测定时,从湿气养护箱中取出试模放到试针下,降低试针与水泥净浆表面接触。拧紧螺丝 1～2 s 后突然放松,试针垂直自由地沉入水泥净浆。观察试针停止下沉或释放试针 30 s 时指针的读数。临近初凝时间时每隔 5 min(或更短时间)测定一次,当试针沉至距底板(4±1) mm 时,水泥达到初凝状态,由水泥全部加入水中至初凝状态的时间称为水泥的初凝时间,用分钟来表示。

(3)终凝时间的测定。为了准确观测试针沉入的状况,在终凝针上安装了一个环形附件(如图 11-2 所示)。在完成初凝时间测定后,立即将试模连同浆体以平移的方式从玻璃板取下,翻转 180°使直径大端向上、小端向下放在玻璃板上,再放入湿气养护箱中继续养护。临近终凝时间时每隔 15 min(或更短时间)测定一次,当试针沉入试体 0.5 mm 时(即环形附件开始不能在试体上留下痕迹时)，水泥达到终凝状态。由水泥全部加入水中至终凝状态的时间称为水泥的终凝时间，用分钟来表示。

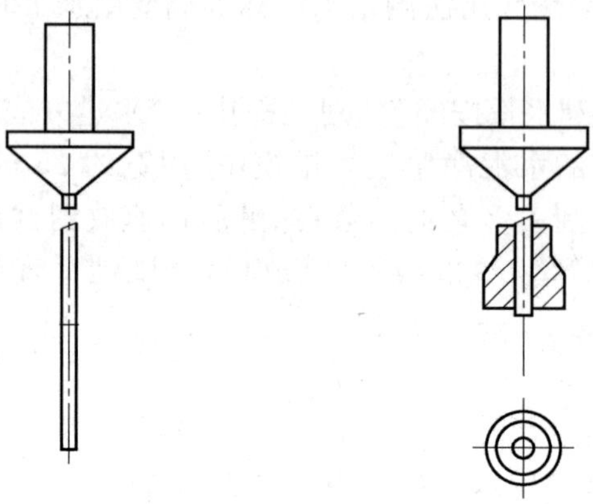

(1)初凝用试针　　(2)终凝用试针

图 11-2　测水泥凝结时间用试针

11.3.5　水泥体积安定性测定

1. 方法原理

雷氏法通过测定水泥标准稠度净浆在雷氏夹中沸煮后试针的相对位移来表征其体积膨胀的程度。

试饼法通过观测水泥标准稠度净浆试饼沸煮后的外形变化情况表征其体积安定性。

2. 主要仪器设备

水泥净浆搅拌机、标准法维卡仪、量筒或滴定管(精度为±0.5 mL)、天平(称量不小于1 000 g,感量不大于 1 g)、雷氏夹、沸煮箱、雷氏夹膨胀测定仪。

3. 试验步骤

1)标准法

(1)试验前的准备工作。每个试样需成型两个试件，每个雷氏夹需配备两个边长或直径约为 80 mm、厚度为 4～5 mm 的玻璃板，凡与水泥净浆接触的玻璃板和雷氏夹内表面都要稍稍涂上一层油(矿物油比较合适)。

(2)雷氏夹试件的成型。将预先准备好的雷氏夹放在已稍擦油的玻璃板上，并立即将已制好的标准稠度净浆一次装满雷氏夹，装浆时一只手轻轻扶持雷氏夹，另一只手用宽约为25 mm 的直边刀在浆体表面轻轻插捣 3 次，然后抹平，盖上稍涂油的玻璃板，接着立即将试件移至湿气养护箱内养护(24±2) h。

(3)煮沸。调整好沸煮箱内的水位，以保证在整个煮沸过程中不需中途添补试验用水，同时又能保证在(30±5) min 内升至沸腾。

脱去玻璃板取下试件，先测量雷氏夹指针尖端间的距离(A，精确到 0.5 mm)，接着将试件放在沸煮箱水中的试件架上，指针朝上，然后在(30±5) min 内加热至沸腾并恒沸

(180±5) min。

(4)结果判别。沸煮结束后,立即放掉沸煮箱中的热水,打开箱盖待箱体冷却至室温,取出试件进行判别。测量雷氏夹指针尖端的距离(C,精确到 0.5 mm),当两个试件煮后增加的距离($C-A$)的平均值不大于 5.0 mm 时,即认为该水泥安定性合格,当两个试件煮后增加的距离($C-A$)的平均值大于 5.0 mm 时,应用同一样品重做一次试验,以复检结果为准。

2)代用法

(1)试验前的准备工作。每个样品需准备两块边长约为 100 mm 的玻璃板,凡与水泥净浆接触的玻璃板都要稍稍涂上一层油。

(2)试饼的成型方法。将制好的标准稠度净浆取出一部分分成两等份,使之成球形,放在预先准备好的玻璃板上,轻轻振动玻璃板并用湿布擦过的小刀由边缘向中央抹,做成直径为 70～80 mm,中心厚约为 10 mm,边缘渐薄、表面光滑的试饼,接着将试饼放入湿气养护箱内养护(24±2) h。

(3)沸煮。调整好沸煮箱内的水位,以保证在整个煮沸过程中不需中途添补试验用水,同时又能保证在(30±5) min 内升至沸腾。

脱去玻璃板取下试饼,在试饼无缺陷的情况下将试饼放在沸煮箱水中的篦板上,在(30±5) min 内加热至沸腾并恒沸(180±5) min。

(4)结果判别。沸煮结束后,立即放掉沸煮箱中的热水,打开箱盖待箱体冷却至室温,取出试件进行判别。目测试饼未发现裂缝,用钢直尺检查也没有弯曲(使钢直尺和试饼底部紧靠,以两者间不透光为不弯曲)的试饼为安定性合格,反之为不合格。当两个试饼判别结果有矛盾时,该水泥的安定性为不合格。

11.3.6 水泥胶砂强度测定

1.方法原理

本方法是用来测定 40 mm×40 mm×160 mm 菱柱试体的水泥抗压强度和抗折强度。

试体是由按质量计的一份水泥、三份 ISO 标准砂,用 0.5 的水灰比拌制的一组塑性胶砂制成。胶砂用搅拌机搅拌,在振实台上成型。试体连模一起在湿气中养护 24 h,然后脱模在水中养护至强度试验。到试验龄期时将试体从水中取出,先进行抗折强度试验,折断后每截再进行抗压强度试验。

2.主要仪器设备

(1)水泥胶砂搅拌机。属行星式,应符合《行星式水泥胶砂搅拌机》(JC/T 681—2005)的要求。

(2)试模。试模由三个水平的模槽组成,可同时成型三条 40 mm×40 mm×160 mm 的棱形试体。为了控制料层厚度和刮平胶砂,应备有二个播料器和一把金属刮平直尺。

(3)振实台。

(4)抗折强度试验机。

(5)抗压强度试验机。具有按(2 400±200) N/s 速率的加荷能力,应有一个能指示试件破坏时的荷载并把它保持到试验机卸荷以后的指示器，可以用表盘里的峰值指针或显示器来实现。人工操纵的试验机应配有一个速度动态装置，以便于控制荷载增加。

(6)抗压强度试验机用夹具。当需要使用夹具时，应把它放在压力机的上下压板之间并与压力机处于同一轴线，以便将压力机的荷载传递至胶砂试件表面。夹具受压面积为40 mm×40 mm。夹具在压力机上要保持清洁，球座应能转动以使其上压板能从一开始就适应试体的形状并在试验中保持不变。

提示

(1)试验机的最大荷载以200～300 kN为佳，可以有两个以上的荷载范围，其中最低荷载范围的最高值大致为最高范围里的最大值的1/5。

(2)宜采用具有加荷速度自动调节方法和具有记录结果装置的压力机。

(3)可以润滑球座以便使其与试件接触更好，但在加荷期间不致因此而发生压板的位移。在高压下有效的润滑剂不适宜使用，以免导致压板的移动。

3.试验步骤

1)胶砂的制备

(1)配合比。胶砂的质量配合比应为一份水泥、三份标准砂和半份水(水灰比为0.5)。一锅胶砂制成三条试体，每锅材料中水泥450±2g，标准砂1 350±5g，水225±1mL。

(2)配料。水泥、砂、水和试验用具的温度与试验室相同，称量用的天平精度应为±1 g。当用自动滴管加225 mL水时，滴管精度应达到±1 mL。

(3)搅拌。每锅胶砂用搅拌机进行机械搅拌。先使搅拌机处于待工作状态，然后按以下的程序进行操作：把水加入锅里，再加入水泥，把锅放在固定架上，上升至固定位置。然后立即开动机器，低速搅拌30 s后，在第二个30 s开始的同时均匀地将砂子加入。当各级砂是分装时，从最粗粒级开始，依次将所需的每级砂量加完。把机器转至高速再拌30 s，停拌90 s(在第1个15 s内用一胶皮刮具将叶片和锅壁上的胶砂刮入锅中间)，在高速下继续搅拌60 s，各个搅拌阶段，时间误差应在±1 s以内。

2)试件的制备

(1)成型。胶砂制备后立即进行成型。将空试模和模套固定在振实台上，用一个适当的勺子直接从搅拌锅里将胶砂分两层装入试模，装第一层时，每个槽里约放300 g胶砂，用大播料器垂直架在模套顶部沿每个模槽来回一次将料层播平，接着振实60次。再装入第二层胶砂，用小播料器播平，再振实60次。移走模套，从振实台上取下试模，用金属刮平直尺以近似90°的角度架在试模模顶的一端，然后沿试模长度方向以横向锯割动作慢慢向另一端移动，一次将超过试模部分的胶砂刮去，并用同一直尺以近乎水平的状态将试体表面抹平。

(2)试件的养护。去掉留在试模四周的胶砂，立即将做好标记的试模放入雾室或湿箱的水平架子上养护，湿空气应能与试模各边接触。养护时不应将试模放在其他试模上。一直养护到规定的脱模时间时取出脱模。脱模前，用防水墨汁或颜料笔对试体进行编号和作其他标记。两个龄期以上的试体，在编号时应将同一试模中的三条试体分在两个以上龄期内。脱模应非常小心，应在成型后20～24 h之间脱模。

将做好标记的试件立即水平或竖直放在 20 ℃±1 ℃的水中养护，水平放置时刮平面应朝上。试件应放在不易腐烂的篦子上，并彼此间保持一定间距，以保证试件的六个面都能与水接触。养护期间试件之间间隔或试体上表面的水深不得小于 5 mm。

除 24 h 龄期或延迟至 48 h 脱模的试体外，任何到龄期的试体均应在试验（破型）前 15 min 从水中取出。擦去试体表面沉积物，并用湿布覆盖至试验为止。

3)强度试验

试体龄期是从水泥加水搅拌开始试验时算起。不同龄期强度试验在下列时间里进行：24 h±15 min、48 h±30 min、72 h±45 min、7 d±2 h、>28 d±8 h。

用抗折试验机以中心加荷法测定抗折强度。在折断后的棱柱体上进行抗压试验，受压面是试体成型时的两个侧面，面积为 40 mm ×40 mm。当不需要抗折强度数值时，抗折强度试验可以省去。但抗压强度试验应在不使试件受有害应力情况下折断的两截棱柱体上进行。

(1)抗折强度测定。将试体的一个侧面放在试验机支撑圆柱上，试体长轴垂直于支撑圆柱，通过加荷圆柱以(50±10) N/s 的速率均匀地将荷载垂直地加在棱柱体相对侧面上，直至折断。保持两个半截棱柱体处于潮湿状态直至抗压试验。

抗折强度 R_f 以 N/mm^2(MPa)表示，按下式进行计算：

$$R_f=\frac{1.5F_fL}{b^3} \tag{11-15}$$

式中，F_f 为折断时施加于棱柱体中部的荷载(N)；L 为支撑圆柱之间的距离(mm)；b 为棱柱体正方形截面的边长(mm)。

(2)抗压强度测定。抗压强度试验通过抗压试验机，在半截棱柱体的侧面上进行。半截棱柱体中心与压力机压板受压中心盖应在±0.5 mm 内，棱柱体露在压板外的部分约有 10 mm。在整个加荷过程中以(2 400±200) N/s 的速率均匀地加荷直至破坏。

抗压强度 R_c 以 N/mm^2(MPa)为单位，按下式进行计算：

$$R_c=\frac{F_c}{A} \tag{11-16}$$

式中，F_c 为破坏时的最大荷载(N)；A 为受压部分面积(mm^2，40 mm × 40 mm = 1 600 mm^2)。

4)试验结果的确定

(1)抗折强度。以一组三个棱柱体抗折结果的平均值作为试验结果。当三个强度值中有超出平均值±10%时，应剔除后再取平均值作为抗折强度的试验结果。

(2)抗压强度。以一组三个棱柱体上得到的六个抗压强度测定值的算术平均值为试验结果。如六个测定值中有一个超出六个平均值的±10%，就应剔除这个结果，而以剩下五个的平均数为结果。如果五个测定值中再有超过它们平均数±10%的，则此组结果作废。

(3)试验结果的计算。各试体的抗折强度记录至 0.1 MPa，按规定计算平均值，精确至 0.1 MPa。各个半棱柱体得到的单个抗压强度结果计算至 0.1 MPa，按规定计算平均值，精确至 0.1 MPa。

5)水泥试验结果判定

检验结果中的化学指标符合标准规定，安定性、凝结时间、强度合格则判定为合格品。上述检验结果中的任何一项技术要求不符合标准规定者则判定为不合格品。

11.4 混凝土性能检测

混凝土性能检测包括集料的性能检测及混凝土拌合物的和易性、抗压强度的测定。

11.4.1 取样、试样制备

1. 取样

(1)同一组混凝土拌合物的取样应从同一盘混凝土或同一车混凝土中取样。取样量应多于试验所需量的 1.5 倍，且不小于 20 L。

(2)取样应具有代表性，宜采用多次采样的方法。一般在同一盘混凝土或同一车混凝土中的约 1/4 处、1/2 处和 3/4 处分别取样，从第一次取样到最后一次取样的时间不宜超过 15 min，然后人工搅拌均匀。

(3)从取样完毕到开始做各项性能试验的时间不宜超过 5 min。

2. 制备试样

(1)试验用原材料和试验室温度应保持在(20±5) ℃，或与施工现场保持一致。

(2)拌和混凝土时，材料用量以质量计，称量精度：骨料为±1％；水、水泥及掺合料、外加剂均为±0.5％。

(3)从试样制备完毕到开始做各项性能试验的时间不宜超过 5 min。

(4)混凝土拌合物的制备应符合《普通混凝土配合比设计规程》(JGJ 55—2011)中的有关规定。

3. 记录

(1)取样记录。取样日期和时间、工程名称、结构部位、混凝土强度等级、取样方法、试样编号、试样数量、环境温度及取样的混凝土温度。

(2)试样制备记录。试验室温度，各种原材料品种、规格、产地及性能指标，混凝土配合比和每盘混凝土的材料用量。

11.4.2 细骨料检测

1. 砂子筛分析试验

砂筛应采用方孔筛。砂的公称粒径、砂筛筛孔的公称直径和方孔筛筛孔边长应符合表 11-1的规定。

表 11-1　砂的公称粒径、砂筛筛孔的公称直径和方孔筛筛孔边长尺寸

砂的公称粒径/mm	砂筛筛孔的公称直径/mm	方孔筛筛孔边长/mm
5.00	5.00	4.75
2.50	2.50	2.35
1.25	1.25	1.18
0.630	0.630	0.500
0.315	0.315	0.300
0.160	0.160	0.150
0.080	0.080	0.075

1)试验目的

评定普通混凝土用砂的颗粒级配，计算砂的细度模数并评定其粗细程度，为混凝土配合比设计提供依据。

2)主要仪器设备

(1)试验筛。孔径为 10.0 mm、5.00 mm、2.50 mm 的圆孔筛和孔径为 1.25 mm、0.630 mm、0.315 mm、0.160 mm 的方孔筛，以及筛的底盘和盖各一只，筛框为 300 mm 或 200 mm，其产品质量要求应符合现行的国家标准的规定。

(2)天平。称量为 1 000 g，感量为 1 g。

(3)鼓风烘箱。能使温度控制在(105±5) ℃。

(4)其他仪器。摇筛机，浅盘和硬、软毛刷等。

3)试验步骤

(1)仪器设备检查。检查试验筛各筛中有无残留砂子，各筛孔是否通畅，摇筛机和鼓风烘箱是否正常工作。

(2)制备试样。用于筛分析的试样，颗粒粒径不应大于 10 mm。试验前应将试样通过 10 mm 筛，并算出筛余百分率，然后称取每份不少于 550 g 的试样两份，分别倒入两个浅盘中，在(105±5) ℃的温度下烘干到恒重，冷却至室内温度备用。

(3)筛分试样。称取烘干试样 500 g(精确至 1 g)，将试样倒入按筛孔大小从上到下组合的套筛(附筛底)中，将套筛装入摇筛机内固紧，筛分时间为 10 min 左右。然后取出套筛，按筛孔大小顺序，在清洁的浅盘上逐个进行手筛，直至每分钟的筛出量不超过试样总量的 0.1%时为止。将通过的颗粒并入下一个筛，并和下一个筛中的试样一起过筛。按这样的顺序进行，直至每个筛全部筛完为止。

(4)称取各筛筛余试样的质量(精确至 1 g)，将所有各筛的分计筛余量和底盘中剩余量的总和与筛分前的试样总量相比，相差不得超过 1%。

4)试验结果计算及评定

(1)计算各筛的分计筛余百分率。各号筛的筛余量与试样总量之比的百分率，精确至 0.1%。

(2)计算累计筛余百分率。某号筛上的分计筛余百分率加上该号筛以上各筛余百分率之和，精确至 1%。

(3)根据各筛的累计筛余百分率评定该试样的颗粒级配。

(4)计算砂的细度模数。筛分析应采用两个试样平行试验。细度模数以两次试验结果的算术平均值为测定值(精确至0.1)。如两次试验所得的细度模数之差大于0.20,应重新取试样进行试验。

砂的颗粒级配可按公称直径为0.630 mm筛孔的累计筛余量(以质量百分率计,下同)分成三个级配区(见表11-2),且砂的颗粒级配应处于表11-2中的某一区内。砂的实际颗粒级配与表11-2中的累计筛余相比,除公称粒径为5.00 mm和0.630 mm累计筛余外,其余公称粒径的累计筛余可稍有超出分界线,但总超出量不应大于5%。

表11-2 砂的颗粒级配

筛孔尺寸/mm	累计筛余/%		
	1区	2区	3区
5.00	0～10	0～10	0～10
2.50	5～35	0～25	0～15
1.25	35～65	10～50	0～25
0.630	71～85	41～70	16～40
0.315	80～95	70～92	55～85
0.160	90～100	90～100	90～100

配制混凝土时宜优先选用2区砂。当采用1区砂时,应提高砂率,并保持足够的水泥用量,以满足混凝土的和易性。

2.砂子的表观密度试验

1)试验目的

测定砂的表观密度,为计算砂的空隙率和混凝土配合比设计提供依据。

2)主要仪器设备

(1)天平。称量为100 g,感量为0.1 g。

(2)李氏瓶。容量为250 mL。

(3)烘箱。能控制温度在(105±5) ℃。

(4)烧杯。500 mL。

(5)干燥器、浅盘、铝制料勺、温度计等。

3)试验步骤

(1)制备试样。将样品在潮湿状态下用四分法缩分至120 g左右,在(105±5) ℃的烘箱中烘干至恒重,并在干燥器中冷却至室温,分成大致相等的两份备用。

(2)向李氏瓶中注入冷开水至一定刻度处,擦干瓶颈内部附着水,记录水的体积(V_1)。

(3)称取烘干试样50 g(m_0),徐徐装入盛水的李氏瓶中。

(4)试样全部入瓶后,用瓶内的水将黏附在瓶颈和瓶壁的试样洗入水中,摇转李氏瓶以排除气泡,静置约24 h后,记录瓶中水面升高后的体积(V_2)。

4)试验结果计算与评定

表观密度ρ应按下式计算(精确至10 kg/m³):

$$\rho=\left(\frac{m_0}{V_2-V_1}-\alpha_t\right)\times 1\,000 \tag{11-17}$$

式中，m_0 为试样的烘干质量(g)；V_1 为水的原有体积(mL)；V_2 为倒入试样后水和试样的体积(mL)；α_t 为考虑称量时的水温对水相对密度影响的修正系数，取值可参照表 11-3。

表 11-3　不同水温下砂的表观密度温度修正系数

水温/℃	15	16	17	18	19	20	21	22	23	24	25
α_t	0.002	0.003	0.003	0.004	0.004	0.005	0.005	0.006	0.006	0.007	0.008

以两次试验结果的算术平均值作为测定值，如两次结果之差大于 20 kg/m³ 时，则应重新取样进行试验。

3. 砂子的堆积密度试验

1)试验目的

测定砂的堆积密度，为混凝土配合比设计和估计运输工具的数量或存放堆场的面积等提供依据。

2)主要仪器设备

(1)秤。称量为 5 000 g，感量为 5 g。

(2)容量筒。金属制，圆柱形，内径为 108 mm、净高为 109 mm、筒壁厚为 2 mm、容积约为 1 L，筒底厚为 5 mm。

(3)烘箱。能使温度控制在(105±5) ℃。

(4)其他。漏斗(或铝制料勺)、直尺、浅盘等。

3)试验步骤

(1)制备试样。用浅盘装样品约 3 L，在温度为(105±5) ℃烘箱中烘干至恒重，取出并冷却至室温，再用 5 mm 孔径的筛子过筛，分成大致相等的两份备用。试样烘干后如有结块，应在试验前先予捏碎。

(2)松散堆积密度测定。取试样一份，用漏斗或铝制料勺，将它徐徐装入容量筒(漏斗口或料勺距容量筒筒口不应超过 50 mm)，直至试样装满并超出容量筒筒口。然后用直尺将多余的试样沿筒口中心线向两个相反方向刮平，称其质量(m_2)。

(3)紧密堆积密度测定。取试样一份，分两层装入容量筒。装完一层后，在筒底垫放一根直径为 10 mm 的钢筋，将筒按住，左右交替颠击两边地面各 25 下，然后再装入第二层。第二层装满后用同样方法颠实(但筒底所垫钢筋的方向应与第一层放置方向垂直)。两层装完并颠实后，加料直至试样超出容量筒筒口，然后用直尺将多余的试样沿筒口中心线向两个相反方向刮平，称其质量(m_2)。

4)试验结果计算及评定

松散堆积密度 ρ_l(kg/m³)及紧密堆积密度 ρ_c(kg/m³)，按下式计算(精确至 10 kg/m³)：

$$\rho_l(\rho_c)=\frac{m_2-m_1}{V}\times 1\ 000 \tag{11-18}$$

式中，m_1 为容量筒的质量(kg)；m_2 为容量筒和砂的总质量(kg)；V 为容量筒容积(L)。

以两次试验结果的算术平均值作为测定值。

4.砂子的含泥量试验

1)试验目的

测定粗砂、中砂、细砂的含泥量,为评定砂的质量提供依据。

2)主要仪器设备

(1)天平。称量为 1 000 g,感量为 1 g。

(2)筛。孔径为 0.080 mm 及 1.25 mm 筛各一个。

(3)鼓风烘箱。能使温度控制在(105±5) ℃。

(4)洗砂用的容器及烘干用的浅盘等。

3)试验步骤

(1)制备试样。将样品在潮湿状态下用四分法缩分至约 1 100 g,置于温度为(105±5) ℃的烘箱中烘干至恒重,冷却至室温后,立即称取各为 400 g(m_0)的试样两份备用。

(2)取烘干的试样一份置于容器中,并注入饮用水,使水面高出砂面约 150 mm,充分拌混均匀后浸泡 2 h,然后用手在水中淘洗试样,使尘屑、淤泥和黏土与砂粒分离,并使之悬浮或溶于水中。缓缓地将浑浊液倒入 1.25 mm 及 0.080 mm 的套筛(1.25 mm 筛放置在上面)中,滤去小于 0.080 mm 的颗粒。试验前筛子的两面应先用水润湿,在整个试验过程中应注意避免砂粒丢失。

(3)再次加水于筒中,重复上述过程,直到筒内洗出的水清澈为止。

(4)用水冲洗剩留在筛上的细粒。并将 0.080 mm 筛放在水中来回摇动,以充分洗除小于 0.080 mm 的颗粒。然后将两只筛上剩留的颗粒和筒中已经洗净的试样一并装入浅盘,置于温度为(105±5) ℃的烘箱中烘干至恒重,取出来冷却至室温后,称试样的质量(m_1)。

4)试验结果计算及评定

砂的含泥量 ω_c 应按下式计算(精确至 0.1%):

$$\omega_c=\frac{m_0-m_1}{m_0}\times 100\% \tag{11-19}$$

式中,m_0 为试验前的烘干试样质量(g);m_1 为试验后的烘干试样质量(g)。

以两个试样试验结果的算术平均值作为测定值。两个结果的差值超过 0.5%时,应重新取样进行试验。

11.4.3 粗骨料检测

1.石子的筛分析试验

1)试验目的

通过筛分测定碎石或卵石的颗粒级配,以便于选择优质粗集料,达到节约水泥和改善混凝土性能的目的。

2)主要仪器设备

(1)试验筛。孔径为 100 mm、80.0 mm、63.0 mm、50.0 mm、40.0 mm、31.5 mm、25.0 mm、20.0 mm、16.0 mm、10.0 mm、5.00 mm 和 2.50 mm 的圆孔筛,以及筛的底盘和盖各一只。

(2)天平或案秤。精确至试样量的 0.1%。

(3)烘箱。能使温度控制在(105±5) ℃。

(4)浅盘、摇筛机等。

3)试验步骤

(1)制备试样。试验前,用四分法将样品缩分至略重于表 11-4 所规定的试样所需量,烘干或风干后备用。

表 11-4 筛分析所需试样的最小质量

最大公称粒径/mm	10.0	16.0	20.0	25.0	31.5	40.0	63.0	80.0
试样质量不少于/kg	2.0	3.2	4.0	5.0	6.3	8.0	12.6	16.0

(2)将试样按筛孔大小顺序过筛,当每号筛上筛余层的厚度大于试样的最大粒径值时,应将该号筛上的筛余分成两份,再次进行筛分,直至各筛每分钟的通过量不超过试样总量的 0.1%。

(3)称取各筛筛余的质量,精确至试样总重的 0.1%。在筛上的所有分计筛余量和筛底剩余的总和与筛分前测定的试样总重相比,相差不得超过 1%。

4)试验结果计算与评定

(1)计算分计筛余百分率。由各筛上的筛余量除以试样总重计算得出该号筛的分计筛余百分率(精确至 0.1%)。

(2)计算累计筛余百分率。每号筛计算得出的分计筛余百分率与大于该号筛各筛的分计筛余百分率相加,计算得出其累计筛余百分率(精确至 1%)。

(3)根据各筛的累计筛余百分率,评定该试样的颗粒级配。

2. 石子的表观密度试验

1)仪器设备

(1)液态静力天平。称量为 5 kg,感量为 5 g,其型号及尺寸应能允许在臂上悬挂盛试样的吊篮,并在水中称重。

(2)吊篮。直径和高度均为 150 mm,由孔径为 1~2 mm 的筛网或钻有 2~3 mm 孔洞的耐锈蚀金属板制成。

(3)烘箱。能使温度控制在(105±5) ℃。

(4)温度计。量程 0 ℃~100 ℃。

(5)试验筛。孔径为 5 mm。

(6)其他。带溢流孔的盛水容器、带盖容器、浅盘、刷子和毛巾等。

2)试验步骤

(1)制备试样。试验前,将样品筛去 5 mm 以下的颗粒,并缩分至略重于表 11-5 所规定的数量,刷洗干净后分成两份备用。

表 11-5 表观密度试验所需试样的最小质量

最大粒径/mm	10.0	16.0	20.0	31.5	40.0	63.0	80.0
试样最少质量/kg	2	2	2	3	4	6	6

(2)取一份试样装入吊篮,浸入盛水的容器中,液面至少高出试样表面 50 mm,浸泡 24 h。

(3)移放到称量用的盛水容器中,用上下升降吊篮的方法排除气泡(试样不得露出水面)。吊篮每升降一次约为 1 s,升降高度为 30～50 mm。

(4)测定水温后(此时吊篮应全浸在水中),用天平称取吊篮及试样在水中的质量 m_2。称量时盛水容器中水面的高度由容器的溢流孔控制。

(5)提起吊篮,将试样置于浅盘中,放入 105 ℃的烘箱中烘干至恒重。取出来放在带盖的容器中冷却至室温后,称重 m_0。

(6)称取吊篮在同样温度的水中的质量 m_1,称量时盛水容器的水面高度仍应由溢流孔控制。

3)试验结果计算与评定

表观密度 ρ 应按下式计算(精确至 10 kg/m³):

$$\rho=\left(\frac{m_0}{m_0+m_1-m_2}-\alpha_t\right)\times 1\ 000 \tag{11-20}$$

式中,m_0 为试样的烘干质量(g);m_1 为吊篮在水中的质量(g);m_2 为吊篮及试样在水中的质量(g);α_t 为考虑称量时的水温对表观密度影响的修正系数,见表 11-6。

表 11-6 不同水温下碎石或卵石的表观密度温度修正系数

水温/℃	15	16	17	18	19	20	21	22	23	24	25
α_t	0.002	0.003	0.003	0.004	0.004	0.005	0.005	0.006	0.006	0.007	0.008

以两次试验结果的算术平均值作为测定值。当两次结果的差值大于 20 kg/m³ 时,应重新试验。对颗粒材质不均匀的试样,如两次试验结果之差超过规定时,可取四次测定结果的算术平均值作为测定值。

3.石子的含水率试验

1)主要仪器设备

(1)天平。称量为 5 kg,感量为 5 g。

(2)烘箱。能使温度控制在(105±5) ℃。

(3)浅盘等。

2)试验步骤

(1)取质量约等于表 11-5 所要求的试样,分成两份备用。

(2)将试样置于干净的容器中,称取试样和容器的共重 m_1,并在(105±5) ℃的烘箱中烘干至恒重。

(3)取出试样,冷却后称取试样与容器的共重 m_2。

3)试验结果计算与评定

含水率 ω_{wc} 应按下式计算(精确至 0.1%):

$$\omega_{wc}=\frac{m_1-m_2}{m_2-m_3}\times 100\% \tag{11-21}$$

式中,m_1 为烘干前试样与容器共重(g);m_2 为烘干后试样与容器共重(g);m_3 为容器质量(g)。以两次试验结果的算术平均值作为测定值。

4.石子的吸水率试验

1)主要仪器设备

(1)天平。称量为 5 kg,感量为 5 g。

(2)烘箱。能使温度控制在(105±5) ℃。

(3)试验筛。孔径为 5 mm。

(4)其他。容器、浅盘、金属丝刷和毛巾等。

2)试验步骤

(1)制备试样。试验前，将样品筛去 5 mm 以下的颗粒，然后用四分法缩分至表 11-7 所规定的质量，分成两份，用金属丝刷刷净后备用。

表 11-7 吸水率试验所需试样的最小质量

最大粒径/mm	10.0	16.0	20.0	25.0	31.5	40.0	63.0	80.0
试样最少质量/kg	2	2	4	4	4	4	6	8

(2)取试样一份置于盛水的容器中，使液面高出试样表面 5 mm 左右，24 h 后从水中取出试样，并用拧干的湿毛巾将颗粒表面的水分拭干，即成为饱和面干试样。立即将试样放在浅盘中称重(m_2)，在整个试验过程中，水温须保持在(20±5) ℃。

(3)将饱和面干试样连同浅盘置于(105±5) ℃的烘箱中烘干至恒重。然后取出放入带盖的容器中冷却 0.5～1 h，称取烘干试样与浅盘的总重(m_1)，并称取浅盘的质量(m_3)。

3)试验结果计算与评定

吸水率 ω_{wa} 应按下式计算(精确至 0.01%)：

$$\omega_{wa}=\frac{m_2-m_1}{m_1-m_3}\times 100\% \tag{11-22}$$

式中，m_1 为烘干试样与浅盘共重(g)；m_2 为烘干前饱和面干试样与浅盘共重(g)；m_3 为浅盘质量(g)。以两次试验结果的算术平均值作为测定值。

5.堆积密度、紧密密度和空隙率试验

1)试验目的

石子堆积密度的大小是粗骨料级配优劣和空隙率的重要标志，也是进行混凝土配合比设计的必要依据，还可以用以估计运输工具的数量及存放堆场面积。

2)主要仪器设备

(1)案秤。称量为 50 kg、感量为 50 g 及称量为 100 kg、感量为 100 g 的案秤各一台。

(2)容量筒。金属制成，其规格见表 11-8。

(3)烘箱。能使温度控制在(105±5) ℃。

表 11-8 容量筒的规格要求

碎石或卵石的最大粒径/mm	容量筒容积/L	容量筒规格/mm		筒壁厚度/mm
		内　径	净　高	
10.0、16.0、20.0、25.0	10	208	294	2
31.5、40.0	20	294	294	3
63.0、80.0	30	360	294	4

3)试验步骤

(1)制备试样。试验前，取质量约等于表 11-7 所规定的试样放入浅盘，在(105±5) ℃的

烘箱中烘干，也可以摊在清洁的地面上风干，拌匀后分成两份备用。

(2)堆积密度的测定。取试样一份，置于平整干净的地板上，用平头铁锹铲起试样，使石子自由落入容量筒内。此时，从铁锹的齐口至容量筒上口的距离应保持在 50 mm 左右。装满容量筒并除去凸出筒口表面的颗粒，以合适的颗粒填入凹陷部分，使表面稍凸起部分和凹陷部分的体积大致相等，称取试样和容量筒的共重(m_2)。

(3)紧密密度的测定。取试样一份，分三层装入容量筒。装完一层后，在筒底垫放一根直径为 25 mm 的钢筋，将筒按住并左右交替颠击地面各 25 下，然后装入第二层。第二层装满后，用同样的方法颠实(但筒底所垫钢筋的方向应与第一层放置方向垂直)，然后再装入第三层，颠实。待三层试样装填完毕后，加料直到试样超出容量筒筒口，用钢筋沿筒口边缘滚转，刮下高出筒口的颗粒，用合适的颗粒填平凹处，使表面稍凸起部分和凹陷部分的体积大致相等。称取试样和容量筒的共重(m_2)。

4)试验结果计算

(1)堆积密度 ρ_l 或紧密密度 ρ_c 的计算同砂子的堆积密度。以两次试验结果的算术平均值作为测定值。

(2)空隙率(υ_1、υ_c)分别按下式计算(精确至 1%)：

$$\upsilon_1=(1-\frac{\rho_l}{\rho})\times100\% \tag{11-23}$$

$$\upsilon_c=(1-\frac{\rho_c}{\rho})\times100\%$$

式中，ρ_l 为碎石或卵石的堆积密度(kg/m^3)；ρ_c 为碎石或卵石的紧密密度(kg/m^3)；ρ 为碎石或卵石的表观密度(kg/m^3)。

6.石子的针、片状颗粒含量试验

1)主要仪器设备

(1)天平。称量为 2 kg，感量为 2 g。

(2)案秤。称量为 10 kg，感量为 10 g。

(3)试验筛。孔径分别为 5.00 mm、10.0 mm、16.0 mm、20.0 mm、25.0 mm、31.5 mm、40.0 mm、63.0 mm、80.0 mm，根据需要选用。

(4)其他。针状规准仪和片状规准仪或游标卡尺等。

2)试验步骤

(1)制备试样。试验前，将试样在室内风干至表面干燥，并用四分法缩分至表 11-9 规定的量，称重(m_0)。

表 11-9　针、片状试验所需试样的最小质量

最大粒径/mm	10.0	16.0	20.0	25.0	31.5	40.0 以上
试样最少质量/kg	0.3	1	2	3	5	10

(2)按表 11-10 所规定的粒级用规准仪逐粒对试样进行鉴定，凡颗粒长度大于针状规准仪上相对应间距者，为针状颗粒；厚度小于片状规准仪上相应孔宽者，为片状颗粒。

表 11-10　针、片状试验的粒级划分及其相应的规准仪孔宽或间距　　单位：mm

粒径	5～10	10～16	16～20	20～25	25～31.5	40.0 以上
片状规准仪上相对应的孔宽	3	5.2	7.2	9	11.3	14.3
片状规准仪上相对应的间距	18	31.2	43.2	54	67.8	85.8

(3)粒级大于 40 mm 的碎石或卵石可用卡尺鉴定其针片状颗粒，卡尺卡口的设定宽度应符合表 11-11 的规定。

表 11-11　粒级大于 40 mm 的颗粒卡尺卡口的设定宽度　　单位：mm

粒级	40～63	63～80
鉴定片状颗粒的卡口宽度	20.6	28.6
鉴定针状颗粒的卡口宽度	123.6	171.6

(4)称量由各粒级挑出的针状和片状颗粒的总重(m_1)。

3)试验结果计算

碎石或卵石中针、片状颗粒含量 ω_p 应按下式计算(精确至 0.1%)：

$$\omega_p = \frac{m_1}{m_0} \times 100\% \tag{11-24}$$

式中，m_1 为试样中所含针、片状颗粒的总重(g)；m_0 为试样总重(g)。

7. 石子的含泥量试验

1)主要仪器设备

(1)案秤。称量为 10 kg，感量为 10 g。对最大粒径小于 15 mm 的碎石或卵石应用称量为 5 kg，感量为 5 g 的天平。

(2)烘箱。能使温度控制在(105±5) ℃。

(3)试验筛。孔径为 1.25 mm 及 0.080 mm 筛各一个。

(4)容器。容积约为 10 L 的瓷盘或金属盒。

(5)浅盘。

2)试验步骤

(1)制备试样。试验前，将试样用四分法缩分为表 11-12 所规定的量，并置于温度为(105±5) ℃的烘箱内烘干至恒重，冷却至室温后分成两份备用。

表 11-12　含泥量试验所需试样的最小质量

最大粒径/mm	10.0	16.0	20.0	25.0	31.5	40.0	63.0	80.0
试样最少质量/kg	2	2	6	6	10	10	20	20

(2)称取试样一份(m_0)装入容器中摊平，并注入饮用水，使水面高出石子表面 150 mm；用手在水中淘洗颗粒，使尘屑、淤泥和黏土与较低粗颗粒分离，并使之悬浮或溶解于水。缓缓地将浑浊液倒在 125 mm 及 0.080 mm 的套筛上，滤去小于 0.080 mm 的颗粒。试验前筛

子的两面应先用水湿润。在整个试验过程中应注意避免大于 0.080 mm 的颗粒丢失。

(3)再次加水于容器中,重复上述过程,直至洗出的水清澈为止。

(4)用水冲洗剩留在筛上的细粒,并将 0.080 mm 筛放在水中(使水面略高出筛内颗粒)来回摇动,以充分洗除小于 0.080 mm 的颗粒。然后,将两只筛上剩留的颗粒和筒中已洗净的试样一并装入浅盘,置于温度为(105±5) ℃的烘箱中烘干至恒重。取出冷却至室温后,称取试样的质量(m_1)。

3)试验结果计算与评定

含泥量 ω_c 应按式(11-19)计算。以两个试样试验结果的算术平均值作为测定值。如果两次结果的差值超过 0.2%,应重新取样进行试验。

8. 石子的压碎指标试验

1)主要仪器设备

(1)压力试验机。荷载为 300 kN。

(2)压碎指标值测定仪。

2)试验步骤

(1)制备试样。标准试样一律应采用 10~20 mm 的颗粒,并在气干状态下进行试验。试验前,先将试样筛去 10 mm 以下及 20 mm 以上的颗粒,再用针状和片状规准仪剔除其针状和片状颗粒,然后称取每份 3 kg 的试样 3 份备用。

(2)置圆筒于底盘上,取试样一份,分两层装入筒内。每装完一层试样后,在底盘下面垫放一直径为 10 mm 的圆钢筋,将筒按住,左右交替颠击地面各 25 下。第二层颠实后,试样表面距盘底的高度应控制在 100 mm 左右。

(3)整平筒内试样表面,把加压头装好(注意应使加压头保持平正),放到试验机上,在 160~300 s 内均匀地加荷到 200 kN,稳定 5 s,然后卸荷,取出测定筒。倒出筒中的试样称其质量(m_0),用孔径为 2.50 mm 的筛筛除被压碎的细粒,称量剩留在筛上的试样质量(m_1)。

3)试验结果计算与评定

碎石或卵石的压碎指标值 δ_a 应按下式计算(精确至 0.1%):

$$\delta_a=\frac{m_0-m_1}{m_0}\times 100\% \tag{11-25}$$

式中,m_0 为试样的质量(g);m_1 为压碎试验后筛余的试样质量(g)。

以三次试验结果的算术平均值作为压碎指标测定值。

11.4.4 混凝土拌合物的和易性测定

1. 混凝土拌和方法

普通混凝土拌合物的拌和方法有人工拌和法和机械拌和法两种。

1)人工拌和

(1)按所定配合比称取各材料试验用量,以干燥状态为准。

(2)将拌板和拌铲用湿布润湿后,将砂倒在拌板上,然后加入水泥,用拌铲自拌板一端翻拌至另一端。如此反复,直至充分混合、颜色均匀,再加入石子翻拌混合均匀。

(3)将干混合料堆成锥形,在中间作一凹槽,将已量好的水,倒入一半左右(不要使水流出),仔细翻拌,然后徐徐加入剩余的水,继续翻拌,每翻拌一次,用铲在混合料上铲切一次,至拌和均匀为止。

(4)拌和时力求动作敏捷,拌和时间自加水时算起,应符合标准规定:拌和体积为 30 L 以下时为 4~5 min;拌和体积为 30~50 L 时为 5~9 min;拌和体积为 51~75 L 时为 9~12 min。

(5)拌好后,应立即做和易性试验或试件成型。从开始加水时起,全部操作须在 30 min 内完成。

2)机械搅拌

(1)按所定配合比称取各材料试验用量,以干燥状态为准。

(2)按配合比称量的水泥、砂、水及少量石预拌一次,使水泥砂浆先黏附满搅拌机的筒壁,倒出多余的砂浆,以免影响正式搅拌时的配合比。

(3)依次将称好的石子、砂和水泥倒入搅拌机内,干拌均匀,再将水徐徐加入,全部加料时间不得超过 2 min,加完水后,继续搅拌 2 min。

(4)卸出拌合物,倒在拌板上,再经人工拌和 2~3 次。

(5)拌好后,应立即做和易性试验或试件成型。从开始加水时起,全部操作须在 30 min 内完成。

2.坍落度与坍落扩展度法测和易性

1)使用条件

坍落度试验适用于坍落度值不小于 10 mm,骨料最大粒径不大于 40 mm 的混凝土拌合物稠度测定。

2)主要仪器设备

(1)坍落度筒。由薄钢板或其他金属制成的圆台形筒,筒壁厚 2~3 mm。在坍落筒外 2/3 高度处按两个把手,下端两侧焊脚踏板。

(2)捣棒。直径 16 mm、长 650 mm 的钢棒,端部应磨圆。

(3)其他。搅拌机、台秤、量筒、天平、拌铲、拌板、钢尺、装料漏斗、抹刀等。

3)试验步骤

(1)润湿坍落度筒及铁板,在坍落度内壁和铁板上应无明水。铁板应放置在坚实水平面上,并把筒放在铁板中心,然后用脚踩住两边的脚踏板,坍落度筒在装料时应保持固定的位置。筒顶部加上漏斗,放在铁板上,双脚踩住脚踏板。

(2)把混凝土试样用小铲分三层均匀地装入筒内,每层高度约为筒高的 1/3。每层用捣棒插捣 25 次,插捣应沿螺旋方向由外向中心进行,各次插捣应在截面上均匀分布。插捣筒边混凝土时,捣棒可以稍稍倾斜。插捣底层时,捣棒应贯穿整个深度。插捣第二层和顶层时,捣棒应插透本层至下一层的表面。浇灌顶层时,混凝土应灌到高出筒口。插捣过程中,如混凝土沉落到低于筒口,则应随时添加。顶层插捣完后,刮去多余的混凝土,并用抹刀抹平。

(3)清除筒边底板上的混凝土后,垂直平稳地提起坍落度筒。坍落度筒的提离过程应在 5~10 s 内完成;从开始装料到提坍落度筒的整个过程应不间断地进行,并应在 150 s 内完成。

4)试验结果评定

提起坍落度筒后，测量筒高与坍落后混凝土试体最高点之间的高度差，即为该混凝土拌合物的坍落度值，精确至 1 mm(如图 11-3 所示)。坍落度筒提离后，如混凝土发生崩塌或一边剪坏现象，则应重新取样另行测定；如第二次试验仍有上述现象，则表明该混凝土的和易性不好，应予记录备查。

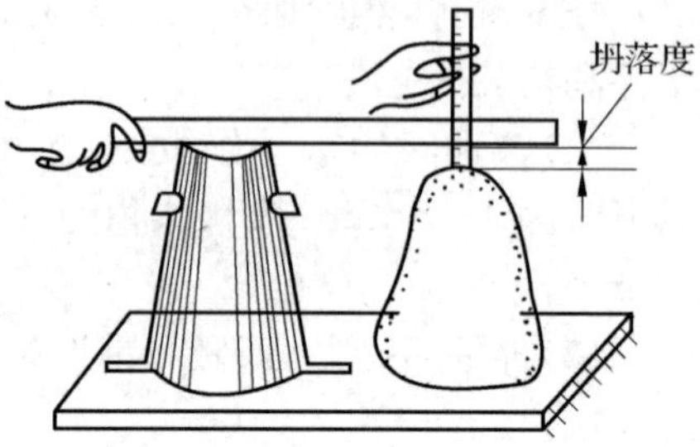

图 11-3　混凝土拌合物坍落度仪器

黏聚性的检查方法是用捣棒在已坍落的混凝土锥体侧面轻轻敲打，如果锥体逐渐下沉，则表示黏聚性良好；如果锥体倒塌、部分崩裂或出现离析现象，则表示黏聚性不好。保水性的检查方法是在坍落度筒提起后，如有较多的稀浆从底部析出，锥体部分的混凝土也因失浆而骨料外露，则表示保水性不好；如无稀浆或仅有少量稀浆自底部析出，则表示保水性良好。

当混凝土拌合物的坍落度大于 220 mm 时，用钢尺测量混凝土扩展后最终的最大直径和最小直径，在两直径之差小于 50 mm 的条件下，其算术平均值为坍落扩展度值，否则，此次试验无效。如果发现粗骨料在中央集堆或边缘有水泥浆析出，则表示此混凝土拌合物的抗离析性不好，应予记录。混凝土拌合物和坍落扩展度值以毫米为单位，测量精确至 1 mm，结果表达修约至 5 mm。

3. 维勃稠度法

1)使用条件

本方法适用于骨料的最大粒径不大于 40 mm，维勃稠度在 5～30 s 之间的混凝土拌合物稠度测定；坍落度不大于 50 mm 或干硬性混凝土的稠度测定。

2)实验原理

测量混凝土拌合物由圆锥体被振动至透明圆盘的底面完全被水泥浆布满的瞬间所经历的时间，即为该混凝土拌合物的维勃稠度。流动性较小者，振动时间较长，维勃稠度值较大。

3)维勃稠度试验步骤

(1)将维勃稠度仪放置在坚实水平面上，用湿布把容器、坍落度筒、喂料斗内壁及其他用具润湿。

(2)将喂料斗提到坍落度筒上方扣紧，校正容器位置，使其中心与喂料中心重合，然后拧紧固定螺丝。

(3)把按要求取样或制作的混凝土拌合物试样用小铲分三层经喂料斗均匀地装入筒内。

(4)把喂料斗转离，垂直地提起坍落度筒，此时应注意不使混凝土试体产生横向的扭动。

(5)把透明圆盘转到混凝土圆台顶面，放松测杆螺丝，降下圆盘，使其轻轻接触到混凝土顶面。

(6)拧紧定位螺丝，并检查测杆螺丝是否已经完全放松。

(7)在开启振动台的同时用秒表计时，当振动到透明圆盘的底面被水泥浆布满的瞬间停止计时，关闭振动台。

(8)由秒表读出时间即为该混凝土拌合物的维勃稠度值，精确至 1 s。

11.4.5 混凝土抗压强度的测定

1.试验目的

测定混凝土立方体的抗压强度，根据试验结果判断材料的质量，确定、校核混凝土配合比，并为控制施工质量提供依据。

2.试验设备

(1)压力试验机。压力试验机除满足液压式压力实验机中的技术要求外，其测量精度应为±1%，试件破坏荷载应大于压力机全量程的20%，且小于压力机全量程的80%，并具有加荷速度指示装置或加荷控制装置，能均匀、连续地加荷。压力机应具有有效期内的计量检定证书。

(2)振动台。振动台应符合《混凝土试验用振动台》(JG/T 245—2009)中技术要求的规定，并应具有有效期内的计量检定证书。

(3)试模。100 mm ×100 mm×100mm、150 mm× 150 mm×150mm、200 mm×200 mm×200 mm三种试模。应定期对试摸进行自检，自检周期宜为三个月。

(4)其他。钢尺、钢制捣棒、小铁铲、镘刀等。

3.试件制作

(1)将试模擦拭干净并在内表面涂一层矿物油脂。混凝土抗压强度试验一般以3个试件为一组，每一组试件所用的混凝土拌合物应从同一次拌和成的拌合物中取出。

(2)所有试件应在取样后立即制作。试件成型方法应视混凝土稠度而定。一般坍落度小于70 mm的混凝土，用振动台振实，大于70 mm的用捣棒人工捣实。

4.试件的养护

试件的养护方法有标准养护和与构件同条件养护两种方法。

(1)采用标准养护的试件成型后应立即用不透水的薄膜覆盖表面，在温度为(20±5) ℃的环境中静止1～2个昼夜，然后编号拆模。拆模后立即放入温度为(20±2) ℃、相对湿度为95%以上的标准养护室中养护，或在温度为(20±2) ℃的不流动的Ca(OH)2饱和溶液中养护。养护试件应放在支架上，间隔10～20 mm，试件表面应保持潮湿，并不得被水直接冲淋，至试验龄期28 d。

(2)同条件养护试件的拆模时间可与实际构件的拆模时间相同，拆模后，试件仍需保持同条件养护。

5.抗压强度的测定

(1)试件从养护地点取出后，应及时进行试验并将试件表面与上下承压板面擦干净。

(2)将试件安放在试验机的下压板或垫板上，试件的承压面应与成型时的顶面垂直。试件的中心应与试验机下压板的中心对准，开动试验机，当上压板与试件或钢垫板接近时，调整球座，使接触均衡。

(3)在试验过程中应连续均匀地加荷，当混凝土强度等级小于C30时，加荷速度取每秒0.3～0.5 MPa；当混凝土强度等级大于C30且小于C60时，取每秒0.5～0.8 MPa；当混凝土强度等级大于C60时，取每秒0.8～1.0 MPa。

(4)当试件接近破坏开始急剧变形时，应停止调整试验机油门，直至破坏，并记录破坏荷载。

6.试验结果计算与评定

1)混凝土立方体抗压强度计算

混凝土立方体抗压强度按下式计算：

$$f=\frac{F}{A} \tag{11-26}$$

式中，f为混凝土立方体试件抗压强度(MPa)，精确至0.1 MPa；F为试件破坏荷载(N)；A为试件承压面积(mm^2)。

测试题

2)评定

(1)以三个试件测定值的算术平均值作为该组试件的强度值，精确至0.1 MPa。

(2)三个测定值中的最大值或最小值中如有一个与中间值的差值超过中间值的15%时，则把最大及最小值一并舍去，取中间值作为该组试件的抗压强度值。

(3)如最大值和最小值与中间值的差值均超过中间值的15%，则该组试件的试验结果无效。

(4)当混凝土强度等级小于C60时，用非标准试件测得的强度值均应乘以尺寸换算系数，其值对200 mm×200 mm×200 mm试件为1.05；对100 mm×100 mm×100 mm试件为0.95。当混凝土强度等级不小于C60时，易采用标准试件，使用非标准试件时，尺寸换算系数应由试验确定。

11.5 砂浆拌合物性能检测

11.5.1 现场取样及试样制备

1.砂浆拌合物取样

(1)建筑砂浆试验用料应从同一盘砂浆或同一车砂浆中取样。取样量不应少于试验所需量的4倍。

(2)当施工过程中进行砂浆试验时，砂浆取样方法应按相应的施工验收规范执行，并宜在现场搅拌点或预拌砂浆卸料点的至少3个不同部位及时取样。对于现场取样的试样，试验前应人工搅拌均匀。

(3)从取样完毕到开始进行各项性能试验，不宜超过15 min。

2.试样的制备

(1)在实验室制备砂浆试样时，所用原材料应提前24 h运入室内。拌和时，实验室的温度应保持在(20±5) ℃。当需要模拟施工条件下所用的砂浆时，所用原材料的温度宜与施工现场保持一致。

(2)试验所用原材料应与现场使用材料一致。砂应通过 4.75 mm 筛。

(3)在实验室拌制砂浆时,材料用量应以质量计。水泥、外加剂、掺合料等的称量精度应为±0.5%,细骨料的称量精度应为±1%。

(4)在试验室搅拌砂浆时应采用机械搅拌,搅拌机应符合现行行业标准《试验用砂浆搅拌机》(JG/T 3033—1996)的规定,搅拌的用量宜为搅拌机容量的 30%~70%,搅拌时间不应少于 120 s。掺有掺合料和外加剂的砂浆,其搅拌时间不应少于 180 s。

11.5.2 砂浆稠度测定

1.试验目的

测定砂浆稠度,以确定配合比。施工过程中控制砂浆稠度,是为了控制用水量,达到保证砂浆质量的目的。

2.主要仪器设备

(1)砂浆稠度测定仪由试锥、容器和支座三部分组成。试锥由钢材或铜材制成,锥高为 145 mm,锥底直径为 75 mm,试锥连同滑杆的质量为(300±2) g;盛砂浆的容器由钢板制成,筒高为 180 mm,锥底内径为 150 mm;支座分底座、支架及稠度显示三个部分,由铸铁、钢及其他金属制成。

(2)钢制捣棒,直径为 10 mm,长为 350 mm,端部磨圆。

(3)其他。台秤、砂浆拌和锅、铁铲和秒表等。

3.试验步骤

(1)将试锥、容器表面用湿布擦净,用少量润滑油轻擦滑杆,保证滑杆能自由滑动。

(2)将砂浆拌合物一次装入盛浆容器,使砂浆表面约低于容器口 10 mm,用捣棒插捣 25 次(前 12 次需插到筒底),然后轻击容器 5~6 下,使砂浆表面平整,随后将容器置于稠度测定仪的底座上。

(3)放松制动螺丝,使试锥尖端与砂浆表面接触,拧紧制动螺丝,使齿条测杆下端接触滑杆上端,并将指针对准零点。

(4)拧开制动螺丝,使锥体自由落入砂浆中,同时按动秒表计时,待 10 s 立即拧紧固定螺丝,使齿条测杆下端接触滑杆上端,从刻度盘上读出下层深度(精确至 1 mm)即为砂浆的稠度值。

(5)砂浆试样不得重复使用,重新测定时应重取新的试样。

4.试验结果评定

稠度试验结果应以两次测定值的算术平均值为测定值,计算精确至 1 mm。两次测定值之差如大于 20 mm,则应另取样搅拌后重新测定。

5.试验要点及注意事项

(1)往盛浆容器中装入砂浆试样前,一定要将砂浆翻拌均匀、干稀一致。

(2)试验时应将刻度盘牢牢固定在相应位置,不得有松动,以免影响检测精度。

(3)到工地检查砂浆稠度时,如砂浆稠度仪不便携带,可携带试锥,在工地找其他容器装置砂浆做简易测定，用钢尺量测砂浆稠度。

11.5.3 砂浆分层度测定

1.试验目的

分层度试验是为了测定砂浆拌合物在运输、停放、使用过程中的保水能力，即离析、泌水等内部组分的稳定性，分层度是评定砂浆质量的重要指标。

2.试验设备

(1)砂浆分层度测定仪，用金属板制成，内径为150 mm，上节无底，高度为200 mm，下节带底净高为100 mm，由连接螺柱在两侧连接，上、下层连接处需加宽到3～5 mm，并设有橡胶垫圈。

(2)砂浆稠度仪、木锤、拌和锅等。

3.试验步骤

(1)将砂浆拌合物按砂浆稠度试验方法测定稠度。

(2)将稠度试验后的砂浆重新拌和均匀，一次装入分层度筒内，用木锤在分层度试验筒四周距离大致相等的四个不同地方轻击1～2下，如砂浆沉落到分层度筒口以下，则应随时添加砂浆，然后刮去多余的砂浆，并用抹刀抹平表面。

(3)静置30 min后，去掉上层200 mm砂浆，剩余的100 mm砂浆倒出来放在拌和锅内重新拌和均匀，再按稠度试验方法测定其稠度。前后两次测得的稠度之差即为该砂浆的分层度值(cm)。

4.试验结果评定

取两次试验结果的算术平均值作为砂浆的分层度值。

11.5.4 砂浆立方体抗压强度测定

1.试验目的

测定砂浆立方体的抗压强度，评定砂浆的强度等级。

2.主要仪器设备

(1)试模。尺寸为70.7 mm×70.7 mm×70.7 mm的带底试模，试模的内表面应机械加工，其不平度应为每100 mm不超过0.05 mm。组装后各相邻面的不垂直度不应超过±0.5°。

(2)压力试验机。精度应为1%，试件破坏荷载值应不小于压力机全量程的20%，且不应大于全量程的80%。

(3)垫板。试验机上、下压板及试件之间可垫以钢垫板，其尺寸应大于试件的承压面，其不平度应为每100 mm不超过0.02 mm。

(4)振动台。空载中台面的垂直振幅应为(0.5±0.05) mm，空载频率应为(50±3) Hz，空载台面振幅均匀度不应大于10%，一次试验应至少能固定3个试模。如其技术参数与混凝土试验振动台的技术参数基本一致，则混凝土振动台即可使用。

(5)钢制捣棒。直径为10 mm，长度为350 mm，端部磨圆。

3.试件制作

(1)试块数量。立方体抗压强度试验中，每组试块数量由6块变为3块。

(2)试模的准备工作。应采用黄油等密封材料涂抹试模的外接缝，试模内应涂刷薄层机油或隔离剂，应将拌制好的砂浆一次性装满砂浆试模。

(3)成型方法根据稠度确定，当稠度大于50 mm时，宜采用人工插捣成型；当稠度小于等于50 mm时，宜采用振动台振实成型，这是由于当稠度小于等于50 mm时人工插捣较难密实且人工插捣宜留下插孔，影响强度结果。成型方式的选择以充分密实、避免离析为原则。

①人工插捣。应采用捣棒均匀地由边缘向中心按螺旋方式插捣25次，在插捣过程中当砂浆沉落低于试模口时，应随时添加砂浆，可用油灰刀插捣数次，并用手将试模一边抬高5～10 mm各振动5次，砂浆应高出试模顶面6～8 mm。

②机械振动。将砂浆一次装满试模，放置到振动台上，振动时试模不得跳动，振动5～10 s或持续到表面泛浆为止，不得过振。

(4)待表面水分稍干后，再将高出试模部分的砂浆沿试模顶面刮去并抹平。采用钢底模后因底模材料不吸水，表面出现麻斑状态的时间会较长，为避免砂浆沉缩、试件表面高于试模，一定要在出现麻斑状态时再将高出试模部分的砂浆沿试模顶面刮去并抹平。

4.试件养护

试件制作后应在温度为(20±5) ℃的环境下静置(24±2) h，对试件进行编号、拆模。当气温较低或者砂浆凝结时间大于24 h时，可适当延长时间，但不应超过2 d。水泥砂浆、混合砂浆试件拆模后应统一立即放入温度为(20±3) ℃、相对湿度为90%以上的标准养护室中养护。养护期间，试件彼此间隔不得小于10 mm，而混合砂浆、湿拌砂浆试件上面应覆盖塑料布，防止有水滴在试件上。标准养护时间应从加水搅拌开始，标准养护龄期为28 d，非标准养护龄期一般为7 d或14 d。

5.试验步骤

(1)试件从养护地点取出后应及时进行试验，试验前应将试件擦拭干净，检查其外观是否完整并测量尺寸，计算试件的承压面积。当实测尺寸与公称尺寸之差不超过1 mm时，可按照公称尺寸进行计算。

(2)将试件安放在试验机的下压板上，试件的承压面应与成型时的顶面垂直，试件中心应与试验机下压板中心对准。开动试验机，当上压板与试件接近时，调整球座，使接触面均衡受压。承压试验应连续而均匀地加荷，加荷速度应为0.5～1.5 kN/s；砂浆强度不大于5 MPa时，宜取下限，当试件接近破坏而开始迅速变形时，停止调整试验机油门，直至试件破坏，然后记录破坏荷载。

6.实验结果计算与评定

砂浆立方体抗压强度应按下式进行计算：

$$f_{m,cu}=\frac{N_u}{A} \tag{11-27}$$

式中，$f_{m,cu}$为砂浆立方体试件抗压强度（MPa）；N_u 为试件破坏荷载（N）；A 为试件承压面积（mm^2）

砂浆立方体抗压强度试验的结果按下列要求确定。

（1）应以三个试件测值的算术平均值作为该组试件的砂浆立方体抗压强度平均值，精确到 0.1 MPa。

（2）三个测定值中的最大值或最小值中如有一个与中间值的差值超过中间值的 15%时，则把最大值及最小值一并舍去，取中间值作为该组试件的抗压强度值。

（3）如最大值和最小值与中间值的差值均超过中间值的 15%，则该组试件的试验结果无效。

11.6 建筑钢材性能检测

11.6.1 一般规定

建筑工程在使用钢材之前，必须要进行性能检测，经检测合格后方可使用，检测不合格的钢材不允许使用到工程中。

1.取样

1）热轧钢筋

（1）组批规则。以同一牌号、同一炉罐号、同一规格、同一交货状态，不超过 60 t 为一批。

（2）取样方法。在切取试样时，应将钢筋端头的 500 mm 去掉后再切取。

①拉伸检验。任选两根钢筋切取两个试样，试样长为 500 mm。

②冷弯检验。任选两根钢筋切取两个试样，试样长度按下式计算：

$$L=1.55\times(a+d)+140 \tag{11-28}$$

式中，L 为试样长度（mm）；a 为钢筋公称直径（mm）；d 为弯曲试验的弯心直径（mm）。

2）低碳钢热轧圆盘条

（1）组批规则。以同一牌号、同一炉罐号、同一品种、同一尺寸、同一交货状态，不超过 60 t 为一批。

（2）取样方法。在切取试样时，应将钢筋端头的 500 mm 去掉后再切取。

①拉伸检验。任选一盘，从该盘的任一端切取一个试样，试样长为 500 mm。

②弯曲检验。任选两盘，从每盘的任一端各切取一个试样，试样长为 200 mm。

3）冷拔低碳钢丝

（1）组批规则。甲级钢丝逐盘检验。乙级钢丝以同直径 5 t 为一批任选三盘检验。

（2）取样方法。从每盘上任一端截去不少于 500 mm 后，再取两个试样一个拉伸，一个反复弯曲，拉伸试样长为 500 mm，反复弯曲试样长为 200 mm。

4）冷轧带肋钢筋

（1）冷轧带肋钢筋的力学性能和工艺性能应逐盘检验，从每盘任一端截去 500 mm 以后，取两个试样，拉伸试样长为 500 mm，冷弯试样长为 200 mm。

(2)对成捆供应的 550 级冷轧带肋钢筋应逐捆检验。从每捆中的同一根钢筋上截取两个试样，其中，拉伸试样长为 500 mm，冷弯试样长为 250 mm。如果检验结果中有一项达不到标准规定，则应从该捆钢筋中取双倍试样进行复验。

2. 试验条件

(1)试验温度。试验应在 10 ℃～35 ℃的温度下进行，如温度超出这一范围，则应在试验记录和报告中注明。

(2)夹持方法。应使用楔形夹头、螺纹夹头、套环夹头等合适的夹具夹持试样。

3. 试验结果修约

数值修约的方法遵循《数值修约规则与极限数值的表示和判定》(GB/T 8170—2008)的规定。

11.6.2 钢筋的拉伸性能检测

1. 试验目的

掌握钢筋拉伸试验，将钢筋拉至断裂以便测定钢筋的屈服强度、抗拉强度、伸长率，作为检验和评定钢筋强度等级的主要技术依据。

2. 主要仪器设备

拉力试验机、标距打点机、千分尺、游标尺、钢板尺。

3. 试验步骤

(1)取样。如图 11-4 所示，用两个或一系列等分小冲点打点机或细画线标出试件原始标距，标记不应影响试样断裂，对于脆性试样和小尺寸试样，建议用快干墨水或带色涂料标出原始标距。如平行长度比原始标距长许多(如不经机加工试样)，则需标出相互重叠的几组原始标记。

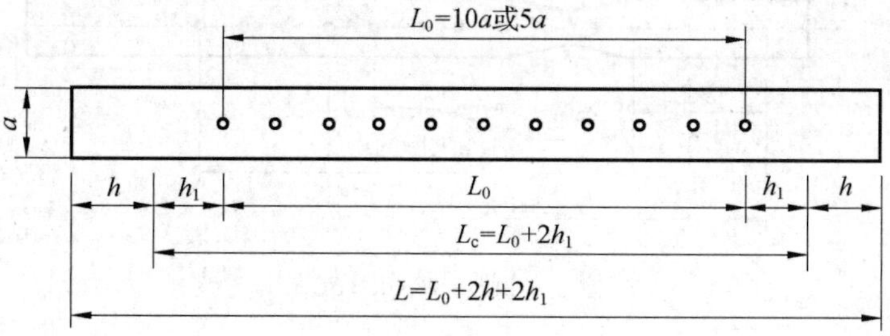

图 11-4　钢筋拉伸试验试件

(2)调整试验机测力度盘的指针，使其对准零点，并拨动副指针，使之与主指针重合。

(3)将试件固定在试验机夹具内，开动试验机开始拉伸，屈服前应力增加速度为 10 MPa/s；屈服后只需测定抗拉强度时，试验机活动夹头在荷载下的移动速度不宜大于 0.5 L/min，直到试件拉断。L 为两夹具头之间的距离。

(4)在拉伸过程中，测力度盘的指针停止转动时的恒定荷载或指针回转后的最小荷载，即为所求的屈服点荷载 F_{el}(N)。屈服强度的计算公式为：

$$R_{el}=\frac{F_{el}}{A} \tag{11-29}$$

式中，A 为试件横截面积(mm^2)；R_{el}为屈服强度(N/mm^2)。

(5)试件拉断读出最大荷载 F_m(N)，抗拉强度 R_m(N/mm^2)的计算公式为：

$$R_m=\frac{F_m}{A} \tag{11-30}$$

式中，A 为试件横截面积(mm^2)。

(6)断后伸长率(A)的测定。应使用分辨率大于 0.1 mm 的量具或测量装置测定断后标距(L_1)，准确到±0.25 mm。如规定的最小断后伸长率小于 5%，建议采用特殊方法进行测定。

①直测法。如拉断处到最邻近标距端点的距离大于 $L_0/3$ 时，直接测量标距两端点间的距离。

②移位法。如拉断处到最邻近标距端点的距离小于或等于 $L_0/3$ 时，则按下述方法测定 L_1：在长段上从拉断处取基本等于短格数得 B 点，接着取等于长段所余格数的 1/2 得 C 点；或者取所余格数分别减 1 与加 1 的 1/2 得 C 和 C_1 点。移位后的 L_1 分别为 $AB+2BC$ 和 $AB+BC+BC_1$，如图 11-5 所示。

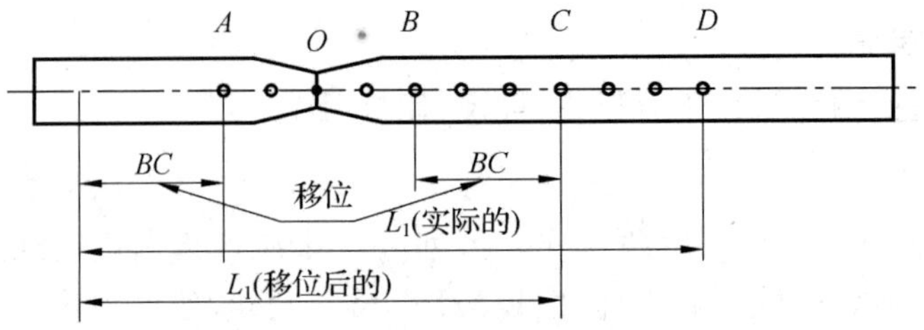

(a) $L_1=AB+2BC$

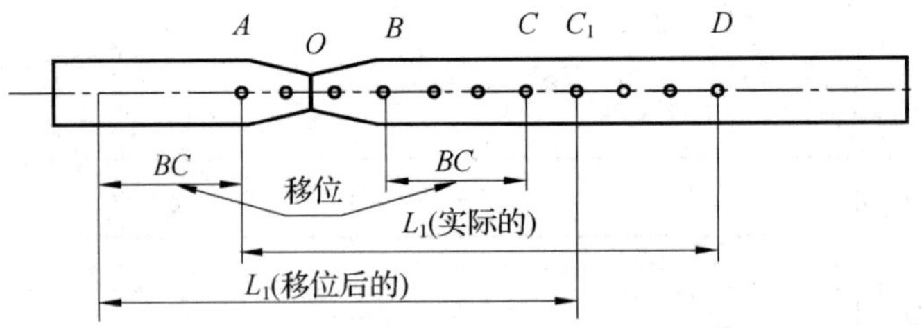

(b) $L_1=AB+BC+BC_1$

图 11-5 移位法量算断后标距

断后伸长率的计算公式为：

$$A=\frac{L_1-L_0}{L_1}\times 100\% \tag{11-31}$$

(7)最大力总伸长率(A_{gt})的测定。在用引伸计得到的力-延伸曲线图上测定最大力时的总延伸(ΔL_m)，最大力总伸长率的计算公式为：

$$A_{gt}=\frac{\Delta L_m}{L_e}\times 100\% \tag{11-32}$$

从最大力时的总延伸 ΔL_m 中扣除弹性延伸部分即得到最大力时的非比例延伸，将其除以引伸计标距得最大力非比例伸长率(A_g)。

4. 试验结果判定与处理

(1)两组试验的数据均满足相应的规定要求时，可判定合格。

(2)在拉伸试验的两根试件中，若其中一根试件的屈服点、抗拉强度和伸长率 3 个指标中有一个指标达不到钢筋标准中规定的数值，或在冷弯试验中，有一根试件不符合标准要求，均应取双倍钢筋制作试件进行复验。

(3)如果试件断在标距外或断在机械刻划的标距的标记上，且断后伸长率小于规定最小值，则判定试验结果无效，应重做同样数量试件的试验。

11.6.3 钢筋的弯曲性能检测

1. 试验目的

掌握钢筋弯曲试验，钢筋弯心直径弯曲 180°后钢筋受弯曲部分表面不得产生裂纹、起层鳞落和断裂，为施工现场提供正确的试验数据。

2. 试验设备

(1)压力机或万能试验机。

(2)具有足够硬度的不同直径的一组冷弯压头。

3. 试验步骤

(1)如图 11-6 所示，将试样放置于两个支点上，试件轴线应与弯曲压头轴线垂直，弯曲压头在两支座之间的中点处，对试件连续缓慢施加压力使其弯曲。

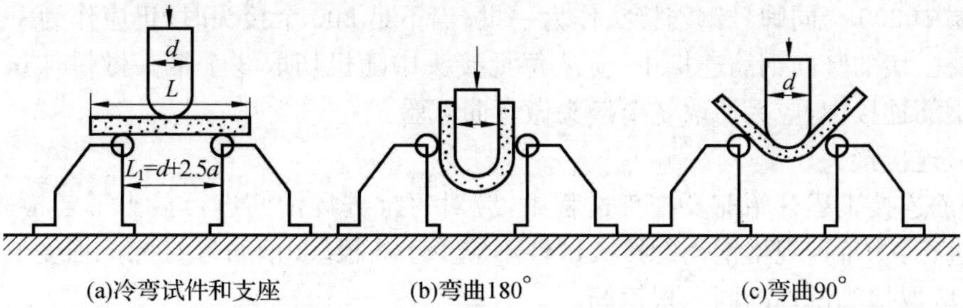

图 11-6 钢筋冷弯试验装置及试验过程示意图

(2)开动试验机，对试件匀速施加荷载，直到试样弯曲到规定的角度或出现裂纹、裂缝、裂断为止。

(3)卸载，关闭试验机，取下试件进行结果评定。

4. 试验结果判定

(1)按有关标准规定检查试件弯曲外表面，若无肉眼可见裂纹应评定为试样冷弯试验合格。

(2)相关产品标准规定的弯曲角度认为是最小值,弯曲半径认为是最大值。

11.6.4 钢筋的焊接性能检测

1.钢筋焊件取样

根据《钢筋焊接及验收规程》(JGJ 18—2012)、《钢筋机械连接技术规程》(JGJ 107—2010)和《钢筋焊接接头试验方法标准》(JGJ/T 27—2001),对钢筋焊件的取样规定如下。

1)钢筋闪光对焊接头取样规定

(1)在同一台班内,由同一焊工完成的300个同牌号、同直径钢筋焊接接头应作为一批。当同一台班内焊接的接头数量较少,可在一周之内累计计算;累计仍不足300个接头,应按一批计算。

(2)力学性能检验时,应从每批接头中随机切取6个试件,其中3个做拉伸试验,3个做弯曲试验。

2)钢筋电弧焊接头取样规定

(1)在现浇混凝土结构中,应以300个同牌号、同型式接头作为一批;在房屋结构中,应在不超过二楼层中300个同牌号、同型式接头作为一批。每批随机切取3个接头,做拉伸试验。

(2)在装配式结构中,可按生产条件制作模拟试件,每批3个,做拉伸试验。

3)钢筋电渣压力焊接头取样规定

在现浇混凝土结构中,应以300个同牌号钢筋接头作为一批;在房屋结构中,应在不超过二楼层中300个同牌号钢筋接头作为一批;当不足300个接头时,仍应作为一批。每批接头中随机切取3个试件做拉伸试验。

4)钢筋气压焊接头取样规定

(1)在现浇混凝土结构中,应以300个同牌号钢筋接头作为一批;在房屋结构中,应在不超过二楼层中300个同牌号钢筋接头作为一批;当不足300个接头时,仍应作为一批。

(2)在柱、墙的竖向钢筋连接中,应从每批接头中随机切取3个接头做拉伸试验;在梁、板的水平钢筋连接中,应另切取3个接头做弯曲试验。

5)机械连接接头

(1)钢筋连接工程开始前及施工过程中,应对每批进场钢筋进行接头工艺检验,取样按以下规定进行:①每种规格钢筋的接头试件不应少于3根;②钢筋母材抗拉强度试件不应少于3根,且应取接头试件的同一根钢筋。

(2)接头的现场检验按验收批进行。同一施工条件下采用同一批材料的同等级、同型式、同规格接头,以500个为一个验收批进行检验与验收,不足500个也作为一个验收批。对接头的每一验收批,必须在工程结构中随机截取3个试件作单向拉伸试验。

6)试件长度

(1)拉伸试件的最小长度应符合表11-13的要求。

表 11-13　拉伸试件的最小长度

接头型式		试件最小长度/mm
电弧焊	双面搭接、双面帮条	$8d+L_h+240$
	单面搭接、单面帮条	$5d+L_h+240$
闪光对焊、电渣压力焊、气压焊		$8d+240$

注：L_h 为帮条长度或搭接长度。

(2)钢筋帮条或搭接长度应符合表 11-14 的要求。

表 11-14　钢筋帮条或搭接长度

钢筋牌号	焊接型式	帮条长度或搭接长度 L_h
HPB235	单面焊	$\geqslant 8d$
	双面焊	$\geqslant 4d$
HRB335 HRB400 RRB400	单面焊	$\geqslant 10d$
	双面焊	$\geqslant 5d$

2.钢筋焊件拉伸、冷弯性能检测

焊件拉伸和冷弯的试验步骤与钢筋相似。焊件拉伸试验只检测焊件的抗拉强度。

3.焊件试验结果评定

1)钢筋焊接接头拉伸试验结果评定

当试验结果中有 2 个试件的抗拉强度小于钢筋规定的抗拉强度，或 3 个试件均在焊缝或热影响区发生脆性断裂时，则规定该批接头为不合格品。

当试验结果中有 1 个试件的抗拉强度小于规定值，或 2 个试件在焊缝或热影响区发生脆性断裂，其抗拉强度均小于钢筋规定抗拉强度的 1.10 倍时，应进行复验。

复验时，应再切取 6 个试件。复查结果，当仍有 1 个试件的抗拉强度小于规定值，或有 3 个试件断于焊缝或热影响区呈脆性断裂，其抗拉强度小于钢筋规定抗拉强度的 1.10 倍时，则该批接头为不合格品。

当接头试件虽断于焊缝或热影响区，呈脆性断裂，但其抗拉强度大于或等于钢筋规定抗拉强度的 1.10 倍时，可按断于焊缝或热影响区之外，以延性断裂同等对待。

2)钢筋焊接接头冷弯试验结果评定

当弯至 90°的试验结果中有 2 个或 3 个试件的外侧(含焊缝和热影响区)未发生破裂，应评定该接头弯曲试验合格。

当 3 个试件均发生破裂，则判定该批接头为不合格品。当有 2 个试件均发生破裂，应进行复检。复检时，应该切取 6 个试件，当复检结果中有 3 个试件均发生破裂时，应判定该接头为不合格品。

当试件外侧横向裂纹的宽度达到 0.5 mm 时，应该认定其已经破裂。

11.7　墙体材料性能检测

11.7.1　普通砌墙砖检测

1. 主要仪器设备

(1)液压式压力试验机:型号为 YE-200A,量程为 0～500 kN、0～1 000 kN,最小分辨率为 1 kN、2 kN、4 kN。

(2)砖用卡尺,分度值为 0.5 mm,如图 11-7 所示。

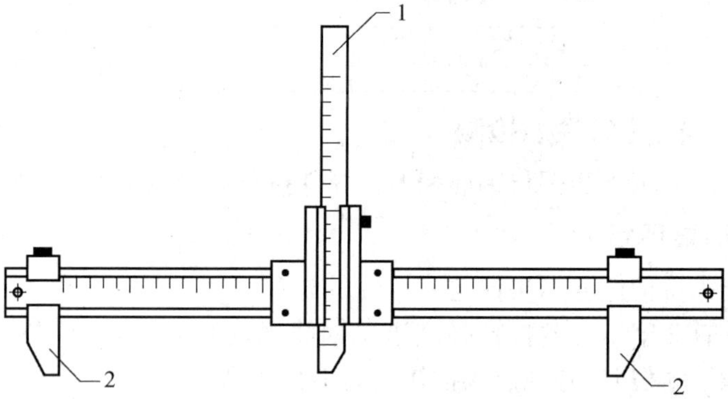

图 11-7　砖用卡尺

1—垂直尺;2—支脚

(3)钢直尺,分度值为 1 mm。

2. 抽样方法及样本大小

(1)每 1 万块为一批,不足 1 万块也为一批。

(2)用机械随机抽样法抽取 50 块进行外观质量和尺寸偏差的检验,从外观质量合格的砌墙砖样中按随机抽样法抽取 3 组 9 块做强度试验,3 组 9 块做干体积密度试验,3 组 9 块做干燥收缩试验。

3. 检验方法

1)砌墙砖的外观质量和尺寸偏差检查

(1)尺寸测量。长度、高度、宽度分别在两个对应面的端部测量,各量 2 个尺寸,如图 11-8 所示。当被测处有缺损或凸出时,可在其旁边测量,但应选择不利的一侧,精确至 0.5 mm。

(2)缺棱掉角。缺棱或掉角个数通过目测完成;测量砌块破坏部分对砌块的长、高、宽三个方向的投影尺寸。缺棱掉角测量示意图如图 11-9 所示。空心砖内壁残缺及肋残缺尺寸以长度方向的投影尺寸来度量。

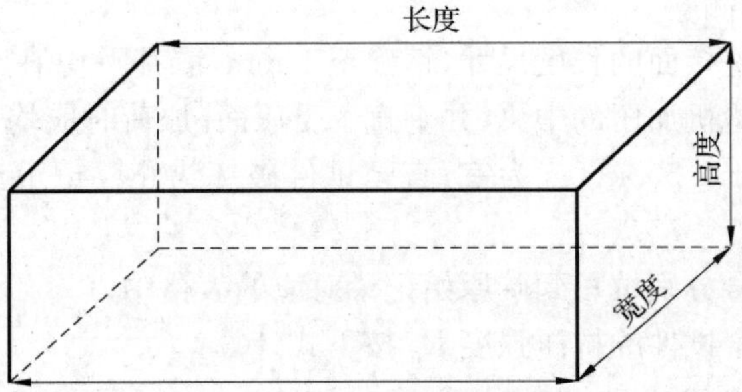

图 11-8　尺寸测量示意图

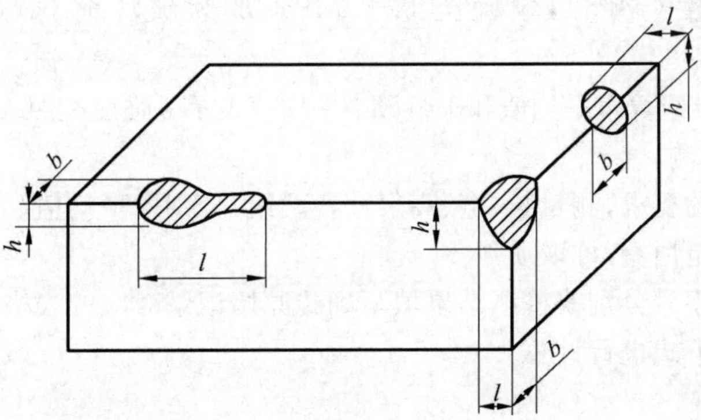

图 11-9　缺棱掉角测量示意图

(3)平面弯曲。弯曲分别在大面和条面上检测,但不应将因杂质或碰上造成的凹陷计算在内。测量弯曲面的最大缝隙尺寸,如图 11-10 所示。

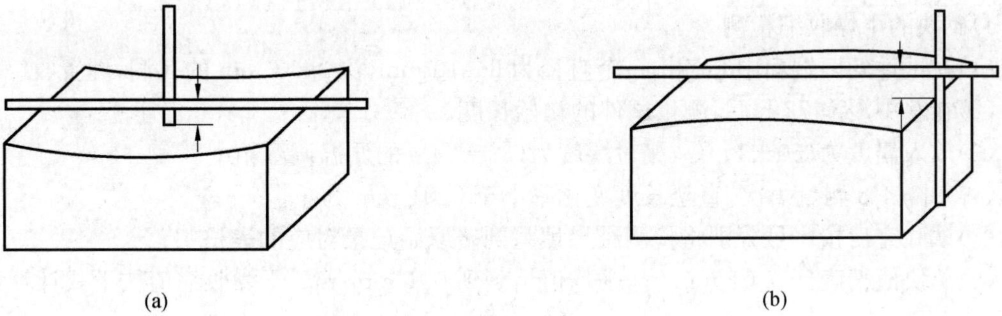

图 11-10　平面弯曲测量示意图

(4)裂纹。裂纹分为长度方向、宽度方向和水平方向 3 种。裂纹条数,目测;长度以所在面最大的投影尺寸为准,如图 11-9 中 l。若裂纹从一面延伸至另一面,则以两个面上的投影尺寸之和为准,如图 11-9 中的$(b+h)$和$(l+h)$。

(5)爆裂、黏膜和损坏深度。将钢尺平放在砌块表面,用钢卷尺垂直于钢尺,测量其最大深度。

(6)目测砌块表面油污,表面疏松、层裂。

(7)试验完后按序号分别将检测结果填写到砖原始记录对应的表格中,按照表 11-15 进行判定。

2)砌墙砖的强度检测

(1)测量每个试件连接面的长度尺寸,精确至 1 mm,取其平均值,受荷面积以 cm^2 计。

(2)将试件放在试验机加压的中央,并垂直于受压面,加荷时应均匀平稳,不能发生冲击或振动,加荷速度以(2±0.5) kN/s 为宜,直至试件破坏为止。记下读数,试验完毕后应及时关闭电源,清除杂物。

(3)试验完后按序号分别填写到砖原始记录对应的表格中。

(4)参数计算。每个试件的抗压强度 R_p 按下式计算:

$$R_p=\frac{P}{F} \tag{11-33}$$

式中,R_p 为抗压强度(MPa),精确至 0.1 MPa;P 为破坏荷载(N);F 为试件受压面积(mm^2)。

(5)试验结果以 3 组算术平均值和 1 组最小平均值表示。强度按照表 7-13 规定评定等级。

3)砌块的密度检测

(1)按尺寸偏差的要求,测量长、宽、高尺寸各两组,分别取平均值。

(2)将试件烘干至恒重,称取质量。

(3)试验完后按序号分别将检测结果填写到砖原始记录对应的表格中。

(4)体积密度按下式进行计算:

$$\rho=\frac{G_0}{LBH}\times10^9 \tag{11-34}$$

式中,ρ 为体积密度,精确到 0.1 kg/m^3;G_0 为试件干质量(kg);L 为试件长度(mm);B 为试件宽度(mm);H 为试件高度(mm)。

(5)试验结果以 3 组算术平均值表示。按照表 7-1 规定评定级别。

4)砌块的干燥收缩检测

(1)在试件的两端面中心各钻一个直径为 6～10 mm,深为 13 mm 的孔洞,埋置收缩头。

(2)在水中浸泡 72 h 后,测量试件的初始长度。

(3)放入温度为(50±1) ℃,相对湿度为(30±2)%的调温调湿箱中。

(4)每隔 4 d 测量 1 次,直至长度变化率小于 0.01 mm 为止。

(5)试验完后按序号分别将检测结果填写到砖原始记录对应的表格中。

(6)单块值精确到 0.01 mm/m,平均值精确到 0.1 mm/m。干燥收缩值按下式计算:

$$S=\frac{L_1-L_2}{L_0-M_0-L_1-L}\times1\ 000 \tag{11-35}$$

式中,S 为干燥收缩值(mm/m);L_1 为试件初始长度(mm);L_2 为试件干燥后长度(mm);L_0 为标准杆长度(mm);M_0 为百分表的原点(mm);L 为两个试件收缩头之和(mm)。

(7)砌块干燥收缩按照规定评定。

11.7.2 混凝土小型空心砌块抗压强度检测

1.试验目的

规范检测细则的编制,为检测工作的正确进行提供依据。适用于轻集料混凝土小型空心砌块的检测。

2. 试验依据

轻集料混凝土小型砌块强度等级参数的大小及允许变化范围参照表11-15，应符合《轻集料混凝土小型空心砌块》(GB/T 15229—2011)规定的强度等级。

表11-15　轻集料混凝土小型砌块强度等级表

强度等级	抗压强度/MPa		密度等级范围/(kg/m³)
	平均值	最小值	
MU2.5	≥2.5	2.0	≤800
MU3.5	≥3.5	2.8	≤1 000
MU5.0	≥5.0	4.0	≤1 200
MU7.5	≥7.5	6.0	≤1 200 ≤1 300
MU10.0	≥10.0	8.0	≤1 200 ≤1 400

3. 主要仪器设备

(1)钢板(不小于10 mm厚)或玻璃板(不小于6 mm厚)，平面应大于440 mm×240 mm。

(2)300T液压式万能试验机(YAW-3000型、量程为0～3 000 kN)。试验机的示值相对误差不大于±1%，最大破坏荷载应为20%～80%，分度值为2 kN。

(3)其他。水平尺、机油、牛皮纸。

4. 试件抽样

(1)按《混凝土小型空心砌块试验方法》(GB/T 4111—1997)规定的方法，按随机抽样法取样(即按预先确定好的方案，每几垛在垛上的某一部位随机取几块)。

(2)材料检验40块，同厂、同一规格、同一强度等级，每1万块为一批，不足1万块也为一批。

(3)5块用作该砖抗压强度试验。

5. 试验步骤

(1)处理5块试件坐浆面，使之相互平行的面，平整的面向上，在钢板上涂抹一层机油，或铺一层湿纸，然后铺一层1份质量的325号以上的硅酸盐水泥和2份细砂，加入适量的水调成砂浆，将试件坐浆面湿润后平稳地压入砂浆层内，使砂浆层尽可能均匀，厚度为3～5 mm。刮出、压出多余的砂浆，静置24 h后，再按上述方法处理试件的铺浆面。用水平尺调制水平，直至砂浆层平而均匀，厚度达到3～5 mm。在温度10 ℃以上不通风的室内养护3 d后再做抗压试验。

(2)将试样分别编写序号，并测量每个试件连接面或受压面的长、宽尺寸各2个，分别取其平均值，精确至1 mm。将试件平放在加压板的中央，垂直于受压面加荷，加荷时应均匀平稳，不得发生冲击或振动。加荷速度以2～6 kN/s为宜，直至试件破坏为止，记录最大破坏荷载。试验结果以抗压强度的计算平均值和单块最小值表示，精确至0.1 MPa。

检测过程中如果出现异常情况和意外情况，应根据质量保证体系依次处理，并妥善保留好有问题的试样。

(3)检测后清理好现场,关闭电源,将设备恢复到原来状态,保养设备并填写好设备使用记录。

6.试验结果评定

试验完后按序号分别将检测结果填写到砖原始记录对应的表格中,并根据 GB/T 15229—2011 计算该砖的各项技术指标,判定检测结果。

11.7.3 陶瓷砖检测

1.试验目的

规范检测细则的编制,为检测工作的正确进行提供依据。适用于陶瓷砖的检测。

2.主要仪器设备

平整度仪、恒温干燥箱、电子计数天平、台秤(感量为 5 g)、蒸煮箱、电子抗折机、游标卡尺。

3.试件的取样

以同一厂家同种产品,同一级别、同一规格大于 5 000 m^2 为一批,不足 5 000 m^2 也按一批计。

4.试验步骤

(1)准备好试样 10 块,清理表面,并注写编号。

(2)将编号的试样置于 105 ℃～110 ℃鼓风干燥箱中干燥至恒量,除去粉尘后,称其干质量 m_0。将干燥试样浸水 24 h,水温为 10 ℃～30 ℃。取出试样将表面水分拭去,立即称量,称量时试样毛细孔渗出于称盘中水的质量亦应计入吸水质量中,所得质量为浸泡 24 h 的湿质量 m_{24}。再将浸泡 24 h 后的湿试样侧立放入蒸煮箱的篦子板上,试样间距不得小于 10 mm,注入清水,箱内水面应高于试样表面 50 mm,加热至沸腾,沸煮 3 h。饱和系数试验煮沸 5 h,停止加热,冷却至常温。按规定称量沸煮 3 h 的湿质量 m_3 和沸煮 5 h 的湿质量 m_5。吸水率以 5 块试样的算术平均值表示,精确至 1%;饱和系数以 5 块的算术平均值表示,精确至 0.01。

(3)关掉电源,清理现场,保养设备,填写好设备使用记录。

5.试验结果判定

检测结果按《陶瓷砖试验方法 第 3 部分:吸水率、显气孔率、表观相对密度和容重的测定》(GB/T 3810.3—2006)来判定。检测过程中如果出现异常情况和意外情况,按质量保证体系依次处理,并将有问题的试样妥善保管。

11.8 防水材料性能检测

11.8.1 沥青针入度测定

石油沥青的针入度以标准针在一定的荷载、时间及温度条件下垂直穿入沥青试样的深度来表示,单位为 1/10 mm。除非另行规定,否则标准针、针连杆与附加砝码的总质量为

(100±0.05) g,温度为(25±0.1) ℃,时间为5 s。特定试验可采用的其他条件见表11-16。

表11-16 针入度特定试验条件规定

温度/℃	荷重/N	时间/s
0	2	60
4	2	60
46	0.5	5

注:特定试验,报告中应注明试验条件。

1.试验目的

建筑工程中使用的沥青,在常温下大都是固体或半固体状态,可以通过测定沥青的针入度来判断沥青材料的黏稠程度,并以针入度为其主要技术指标来评定沥青的牌号。针入度越大,沥青材料的黏稠度越小,沥青材料越软。

2.主要仪器设备

(1)针入度仪。针连杆的质量为(47.5±0.05) g,针和针连杆的总质量为(50±0.05) g。

(2)标准针。标准针应由硬化回火的不锈钢制造,针应装在一个黄铜或不锈钢的金属箍中,针露在外面的长度应为40～50 mm,金属箍的直径为(3.20±0.05) mm,长度为(38±1) mm,针应牢固地装在箍里,针尖及针的任何其余部分均不得偏离箍轴1 mm以上,针箍及其附件的总质量为(2.50±0.05) g,每个箍针上打印单独的标志号码。

(3)试样皿。金属或玻璃的圆柱形平底皿,尺寸如下:针入度小于200时,直径为55 mm,深度为35 mm;针入度为200～350时,直径为55～75 mm,深度为45～70 mm;针入度为350～500时,直径为55 mm,深度为70 mm。

(4)恒温水浴。容量不小于10 L,能保持温度在试验温度的±0.1 ℃范围内。

(5)温度计。液体玻璃温度计,刻度范围为0 ℃～50 ℃,分度值为0.1 ℃。

(6)平底玻璃皿。容量不小于350 mL,深度要没过最大的样品皿。内设一个不锈钢三角支架,以保证试样皿稳定。

(7)其他。计时器、温度计等。

3.试验准备

(1)加热样品时不断搅拌以防局部过热,直到样品能够流动。焦油沥青的加热温度不超过软化点60 ℃,石油沥青不超过软化点90 ℃。

(2)将试样倒入预先选好的两个试样皿中,试样深度应大于预计针入深度的10 mm。

(3)松松地盖住试样皿以防灰尘落入,在15 ℃～30 ℃的室温下冷却,然后将针插入针连杆中固定,按试验条件放好砝码。然后将两个试样皿和平底玻璃皿一起放入恒温水浴中,水面应没过试样表面10 mm以上。在规定的试验温度下冷却,小试样皿恒温1.0～1.5 h,大试样皿恒温1.5～2.0 h。

4.试验步骤

(1)调节针入度仪使之水平,检查针连杆和导轨,以确认无水和其他外来物,无明显摩擦。用三聚乙烯或其他溶剂将标准针擦干净,再用干净的布擦干,然后将针连杆固定,按试验条件放好砝码。

(2)将已恒温到试验温度的试样皿和平底玻璃皿取出,放置在针入度仪的平台上。慢慢放下针连杆,使针尖刚刚接触到试样的表面,需要时可用放置在适合位置的光源来观察。拉下活杆,使其与针连杆顶端相接触,调节针入度仪上的表盘指针读数,使其为零。

(3)手紧压按钮,同时启动秒表,使标准针自由下落穿入沥青试样中,到规定时间停止按压,使标准针停止移动。

(4)拉下活杆,使其与针连杆顶端接触,此时表盘指针的读数即为试样的针入度,准确至0.5 mm(0.1 mm),用1/10 mm表示。

(5)同一试样至少重复测定3次,每一试验点的距离和试验点与试样皿边缘的距离都不得小于10 mm。每次实验前都应将试样和平底玻璃皿放入恒温水浴中,每次测定都要用干净的针。当针入度超过200时,每个试样至少用3根标准针,每次试验用的针留在试样中,直到3次平行试验完成后再将标准针取出。针入度小于200时可将针取下用合适的溶剂擦净后继续使用。

5.试验结果评定

以3次测定针入度的平均值作为试验结果,取至整数。3次测定的针入度值相差不应大于表11-16中的数值。如果误差超过了这一范围,则可利用第二个样品重复试验。如果结果再次超过允许值,则取消所有的试验结果,重新进行试验。

11.8.2 沥青延度测定

1.试验目的

延度也是评定牌号的技术指标。通过对沥青延度的测定,了解沥青塑性的大小,即沥青产生变形而不破坏的能力。本方法适用于测定石油沥青的延度,也适用于测定煤焦油沥青的延度。试验温度一般为(25±0.5) ℃,拉伸的速度为(5±0.25) cm/min。

2.主要仪器设备

(1)试件模具。试件模具由黄铜制造,由两个弧形端模和两个侧模组成。

(2)恒温水浴。容量至少为10 L,能保持试验温度变化不大于0.1 ℃,试件浸入水中深度不得小于100 mm,水浴中设置带孔搁架以支撑试件,搁架距水浴容器底部不得小于50 mm。

(3)延度仪。将试件持续浸没于水中,能保持规定的试验温度及按照规定以(5±0.25) cm/min的速度拉伸试件。启动时应无明显振动。

(4)温度计。0 ℃~50 ℃,分度值为0.1 ℃和0.5 ℃的各一支。

(5)金属网。筛孔为0.3~0.5 mm。

(6)隔离剂。以质量计,由两份甘油和一份滑石粉调制而成。

(7)支撑板。金属板或玻璃板,一面必须磨光至表面粗糙度为R_a0.63。

3.试验准备

(1)将隔离剂拌和均匀,涂于支撑板表面和铜模的内表面,将模具组装在支撑板上。

(2)加热样品直到完全变成液体能够流动。石油沥青样品加热至流动温度的时间不超过30 min,其加热温度不超过石油沥青预计软化点90 ℃;煤焦油沥青样品加热至流动温度的时间不超过30 min,其加热温度不超过煤焦油沥青预计软化点60 ℃。把熔化了的样品过筛，在充分搅拌之后倒入模具中，在倒样时使试样呈细流状，自模的一端至另一端往返倒入，使试样略高出模具，将试件在空气中冷却 30～40 min，然后放在规定温度的水浴中保持 30 min取出，用热的刮刀或铲将高出模具的沥青刮去，使试样与模具齐平。

(3)将支撑板、模具和试件一起放入恒温水浴中，并在试验温度下保持 85～95 min，然后从板上取下试件，拆掉侧模，立即进行拉伸试验。

4.试验步骤

(1)把保温后的试件连同底板移入延度仪的水槽中，然后将盛有试样的试模自玻璃板上取下，将模具两端的孔分别套在试验仪器的柱上，以一定的速度拉伸，直到试件拉伸断裂。拉伸速度允许误差在±5%以内，测量试件从拉伸到断裂所经过的距离。试验时，试件距水面和水底的距离不小于 25 mm，并且要使温度保持在规定温度的±0.5 ℃的范围内。

(2)如果沥青浮于水面或沉入槽底，则试验不正常，应使用乙醇或氯化钠调整水的密度，使沥青材料既不浮于水面又不沉入槽底。

(3)正常的试验应将试样拉成锥形，直至在断裂时实际横断面面积接近于零，如果 3 次试验得不到正常结果，则报告在该条件下无法测定延度。

5.试验结果评定

若 3 个试件测定值在其平均值的 5%内，取平行测定 3 个结果的平均值作为测定结果；若 3 个试件测定值不在其平均值的 5%以内，但其中两个较高值在平均值的 5%之内，则去掉最低测定值，取两个较高值的平均值作为测定结果，否则重新测定。

11.8.3 沥青软化点测定

1.试验目的

软化点是表示沥青温度稳定性的指标，也是评定沥青牌号的技术指标之一。通过软化点的测定，可以知道沥青的黏性和塑性随温度升高而改变的程度。本方法适用于以环球法测定软化点范围在 30 ℃～157 ℃的石油沥青、煤焦油沥青或液体石油沥青经蒸馏或乳化沥青破乳蒸发后残留物的试样。当软化点在 30 ℃～80 ℃内时，用蒸馏水作为加热介质；当软化点在 80 ℃～157 ℃内时，用甘油作为加热介质。

2.主要仪器设备

(1)试样环。两只黄铜或不锈钢制成的环。

(2)支撑板。扁平光滑的黄铜板，其尺寸约为 50 mm×75 mm。

(3)钢球。两个直径为 9.5 mm 的钢球，每个质量为(3.50±0.05) g。

(4)钢球定位器。用于使钢球定位于试样中央。

(5)恒温浴槽。控温的准确度为 0.5 ℃。

(6)环支撑架和支架。支撑架用于支撑两个水平位置的环，支撑架上的肩环的底部距离下支撑板的上表面为 25 mm，下支撑板的下表面距离浴槽底部为(16±3) mm。

(7)温度计。测温范围为 30 ℃～180 ℃，最小分度值为 0.5 ℃的全浸式温度计。温度计应悬于支架上，使得水银球底部与环底部水平，其距离在 13 mm 以内，但不要接触环或支撑架，不允许使用其他温度计代替。

(8)其他。刀、筛(筛孔为 0.3～0.5 mm)等。

3.试验准备

(1)所有石油沥青试样的准备和测试必须在 6 h 内完成,煤焦油沥青必须在 4.5 h 内完成。加热试样时不断搅拌以防止局部过热,直到样品变得流动,小心搅拌以免气泡进入样品中。石油沥青样品加热至倾倒温度的时间不超过 2 h,其加热温度不超过预计沥青软化点 110 ℃;煤焦油沥青样品加热至倾倒温度的时间不超过 30 min,其加热温度不超过煤焦油沥青预计软化点 55 ℃。如果重复试验,不能重新加热样品,应在干净的容器中用新鲜样品制备试样。

(2)若估计软化点在 120 ℃以上,应将黄铜环与支撑板预热至 80 ℃～100 ℃,然后将黄铜环放到涂有隔离剂的支撑板上,否则会出现沥青试样从黄铜环中完全脱落的现象。

(3)向每个环中倒入略过量的石油沥青试样,让试件在室温下至少冷却 30 min。对于在室温下较软的样品,应将试件在低于预计软化点 10 ℃以上的环境中冷却 30 min。从开始倒试样时起至完成试验的时间不得超过 240 min。

(4)当试样冷却后,用稍加热的小刀或刮刀彻底地刮去多余的沥青,使得每一个圆片饱满且和环的顶部齐平。

4.试验步骤

(1)选择加热介质,新沸煮过的蒸馏水适于软化点为 30 ℃～80 ℃的沥青,起始加热介质温度应为(5±1) ℃。甘油适于软化点为 80 ℃～157 ℃的沥青,起始加热介质的温度应为(30±1) ℃。为了进行比较,所有软化点低于 80 ℃的沥青应在水浴中测定,而高于 80 ℃的在甘油浴中测定。

(2)把仪器放在通风橱内并配置两个样品环、钢球定位器,并将温度计插入合适的位置,将浴槽装满加热介质,并使各仪器处于适当位置。用镊子将钢球置于浴槽底部,使其同支架的其他部位达到相同的起始温度。

(3)如果有必要,将浴槽置于冰水中,或小心加热并维持适当的起始浴温达 15 min,并使仪器处于适当位置,注意不要沾污浴液。再次用镊子从浴槽底部将钢球夹住并置于定位器中。

(4)从浴槽底部加热使温度以恒定的速率 5 ℃/min 上升。试验期间不能取加热速率的平均值,但在 3 min 后,升温速度应达到(5±0.5) ℃/min,若温度上升的速率超过此限定范围,则此试验失败。

(5)当两个试环的球刚触及下支撑板时,分别记录温度计所显示的温度。无须对温度计的浸没部分进行校正。

5.试验结果

取两个温度值的平均值作为测定结果(沥青的软化点)。如果两个温度值的差值超过 1 ℃,则应重新试验。

11.8.4 防水材料外观尺寸试验

1.主要仪器设备

(1)台秤。最小分度值为 0.2 kg。

(2)卷尺。最小分度值为 1 mm。

(3)钢板尺。最小分度值为 1 mm。

(4)厚度计。单位压力为 0.02 MPa,分度值为 0.01 mm,直径为 10 mm。

2.试验方法

1)面积

(1)抽取成卷卷材放在平面上,小心地展开卷材,保证与平面完全接触。

(2)在整卷卷材宽度方向的两个 1/3 处进行长度测定,记录结果,精确到 10 mm。

(3)在距卷材两端头各(1±0.01) mm 处进行宽度测定,记录结果,精确到 1 mm。

(4)以长度和宽度的平均值相乘得到卷材的面积,精确到 0.01 m^2。

2)厚度

(1)保证卷材和测量装置的测量面没有污染,在开始测量前检查测量装置的零点,在所有测量结束后再测量一次。

(2)在测量厚度时,使测量装置下足慢慢落下以避免试件变形。在卷材宽度方向均匀分布 10 点测量并记录厚度,最边的测量点应距卷材边缘 100 mm。

(3)对于细砂面防水卷材,去除测量处表面的砂粒再测量卷材厚度;对矿物粒料防水卷材,在卷材留边处,距边缘 60 mm 处去除砂粒后在长度 1 m 范围内测量卷材的厚度。

3)单位面积质量

称取每卷卷材卷重,根据面积检测得到的面积,计算单位面积质量(kg/m^2)。

4)外观

抽取成卷卷材放在平面上,小心地展开卷材,用肉眼检查整个卷材上、下表面有无气泡、裂纹、孔洞或裸露斑、疙瘩或任何其他能观察到的缺陷存在。

11.8.5 防水材料不透水性试验

1.主要仪器设备

不透水仪、定时钟。

2.试验步骤

(1)根据《建筑防水卷材试验方法 第 10 部分:沥青和高分子防水卷材 不透水性》(GB/T 328.10—2007)的要求制备测试样品。

(2)向仪器水箱注满洁净水,水温为(23±5) ℃。

(3)放松夹脚,启动油泵,使夹脚活塞带动夹脚上升。

(4)排净水缸内的空气,然后水缸活塞将水从水箱吸入水缸,完成水缸的充水过程。水缸储满水后,同时向 3 个试座充水,3 个试座充满水并接近溢出时,关闭试座阀门。

(5)再次通过水箱向水缸充水。

(6)安装试件,将 3 块试件分别置于 3 个透水盘试座上,使涂盖材料的薄弱一面接触水面,将“O”形密封圈固定在试座槽内,试件上盖上压盖,通过夹脚使试件压紧在试座上,如产生压力影响结果,可泄水减压。

(7)打开试座进水阀,通过水缸向透水盘底座继续注水,当压力表达到指定压力时,停止加压,关闭进水阀和油泵,开始计时,随时观察是否有渗水现象,记录开始渗水时间。在规定时间出现其中一块或两块有渗漏时，必须立即关闭相应试座进水阀，保证其余试件继续测试。

（8）试验达到规定时间后，卸压取样，启动油泵，夹脚上升后即可取出试件，关闭油泵和仪器。

3. 试验结果评定

所有试件在规定时间内不透水则认为不透水性检测通过。

11.8.6 防水材料耐热度试验

1. 试验目的

通过测定防水卷材在温度升高时的抗流动性，来检测试验卷材的上表面和下表面在规定温度或连续在不同温度测定的耐热性极限，从而检验产品的耐热性能。

2. 主要仪器设备

（1）鼓风烘箱。在试验范围内最大温度波动为±2 ℃。

（2）热电偶。连接到外面的温度计，在规定范围内能测量到±1 ℃。

（3）悬挂装置。至少 100 mm 宽。

（4）光学测量装置（如读数放大镜）。刻度至少为 0.1 mm。

（5）金属圆插销的插入装置。内径约为 4 mm。

3. 试件制备

1）弹性体改性沥青防水卷材或塑性体改性沥青防水卷材

（1）抽样。抽样按照《建筑防水卷材试验方法 第 1 部分：沥青和高分子防水卷材 抽样规则》(GB/T 328.1—2007)进行。矩形试件尺寸为(115±1) mm×(100±1) mm，均匀地在试样宽度方向裁取试件，长边是卷材的纵向。试件应距卷材边缘 150 mm 以上，试件从卷材的一边开始连续编号，卷材上表面和下表面应标记。

（2）去除任何非持久层，适宜的方法是常温下用胶带粘在上面，冷却到接近假设的冷弯温度，然后从试件上撕去胶带。另一方法是用压缩空气吹（压力约为 0.5 MPa，喷嘴直径约为 0.5 mm）。假若上面的方法不能除去保护膜，可用火焰烤，保证用最少的时间破坏膜而不损伤试件。

（3）在试件纵向的横断面一边，将上表面和下表面的大约 15 mm 一条的涂盖层去除直至胎体，若卷材有超过一层的胎体，则去除涂盖料直到另外一层胎体。在试件的中间区域的涂盖层也从上表面和下表面的两个接近处去除，直至胎体。为此，可采用热刮刀或类似装置小心地去除涂盖层而不损坏胎体。将两个内径约为 4 mm 的插销在裸露区域穿过胎体，轻轻敲打试件去除表面浮着的矿物料或表面材料。然后将标记装置放在试件两边，插入插销定位于中心位置，在试件表面整个宽度方向沿着直边用记号笔垂直画一条线（宽度约为 0.5 mm），操作时试件平放。

试件试验前至少放置在(23±2) ℃的平面上 2 h，相互之间不要接触或粘住。有必要时，将试件分别放在硅纸上防止黏结。

2）改性沥青聚乙烯胎防水卷材

（1）抽样。抽样按照《建筑防水卷材试验方法 第 1 部分：沥青和高分子防水卷材 抽样规则》(GB/T 328.1—2007)进行。矩形试件尺寸为(100±1) mm×(50±1) mm，均匀地在试验宽度方向裁取试件，长边是卷材的纵向。试件应距卷材边缘 150 mm 以上，试件从卷材的一边开始连续编号，卷材上表面和下表面应标记。

(2)试件制备。去除任何非持久层，适宜的方法是常温下用胶带粘在上面，冷却到接近假设的冷弯温度，然后从试件上撕去胶带。另一方法是用压缩空气吹[压力约为 0.5 MPa (5 bar)，喷嘴直径约为 0.5 mm]。假若上面的方法不能除去保护膜，可用火焰烤，即用最少的时间破坏膜而不损伤试件。

(3)试件试验前至少在(23±2) ℃平放 2 h，相互之间不要接触或粘住。有必要时，将试件分别放在硅纸上防止粘住。

4. 试验步骤

1)弹性体改性沥青防水卷材或塑性体改性沥青防水卷材

(1)烘箱预热到试验温度，温度通过与试件中心同一位置的热电偶控制。整个试验期间，试验区域的温度波动不超过±2 ℃。

(2)规定温度下耐热性的测定。制备一组 3 个试件，露出的胎体处用悬挂装置夹住，不要夹到涂盖层。必要时，用不粘层(如硅纸)包住两面，便于在使用结束时除去夹子。

(3)制备好的试件垂直悬挂在烘箱的相同高度，间隔至少 30 mm。此时烘箱的温度不能下降太多，开关烘箱门放入试件的时间不超过 30 s。放入试件后的加热时间为(120±2)min，自由悬挂冷却至少 2 h。然后除去悬挂装置，在试件两面画第二个标记，用光学测量装置在每个试件的两面测量两个标记底部间最大距离 ΔL，精确到 0.1 mm。

2)改性沥青聚乙烯胎防水卷材

(1)烘箱预热到试验温度，温度通过与试件中心同一位置的热电偶控制。整个试验期间，试验区域的温度波动不超过±2 ℃。

(2)规定温度下耐热性的测定。制备一组 3 个试件，分别在距试件短边一端 10 mm 处的中心打一小孔，用细铁丝或回形针穿过，将试件垂直悬挂在规定温度烘箱的相同高度，间隔至少 30 mm。此时烘箱的温度不能下降太多，开关烘箱门放入试件的时间不超过 30 s。放入试件后加热时间为(120±2) min。

(3)加热周期结束后将试件从烘箱中取出，相互之间不要接触，目测观察并记录试件表面的涂盖层有无滑动、流淌、滴落、集中性气泡(指破坏涂盖层原形的密集气泡)。

5. 试验结果处理

对于弹性体改性沥青防水卷材或塑性体改性沥青防水卷材，耐热度按上述试验，在此温度下，卷材上表面和下表面的滑动平均值不超过 2.0 mm，则认为合格。对于改性沥青聚乙烯胎防水卷材，在规定温度下加热 2 h 后，取出试样及时观察并记录试件表面有无涂盖层滑动和集中性气泡。

一组三个试件都应符合要求。

11.8.7 拉力及最大拉力时延伸率试验

1. 主要仪器设备

(1)拉力试验机。测量范围为 0～1 000 N(或 0～2 000 N)，最小读数为 5 N，夹具宽度不小于 5 cm。

(2)量尺。精度为 1 mm。

2.试件制备

(1)整个拉伸试验应制备两组试件,一组纵向 5 个试件,一组横向 5 个试件。

(2)试件在试样上距边缘 100 mm 以上用模板或用裁刀任意裁取,矩形试件宽为(50±0.5) mm,长为(200 mm+2×夹持长度);或矩形试件宽为(50±0.5) mm,长为(70 mm+2×夹持长度),长度方向为试验方向。

(3)试件表面的非持久层应去除。试件在试验前在(23±2) ℃和相对湿度(30%～70%)的条件下至少放置 20 h。

3.试验步骤

(1)将试件紧紧地夹在拉伸试验机的夹具中,注意试件长度方向的中线与试验机夹具中心在一条线上。夹具间距离为(200±2) mm 或 70 mm,为防止试件从夹具中滑移应作标记。为防止试件产生松弛,推荐加载不超过 5 N 的力。

(2)试验在(23±2) ℃下进行,夹具移动的恒定速度为(100±10) mm/min。

(3)连续记录拉力和对应的夹具(或引伸计)间的距离。分别取纵向、横向 5 个试件的平均值作为拉力及延伸率。

4.试验结果计算及评定

弹性体改性沥青防水卷材或塑性体改性沥青防水卷材的断裂延伸率按下式计算:

$$L=\frac{L_1-200}{200}\times 100 \tag{11-36}$$

式中,L 为试件断裂时的伸长率(%);L_1 为试件断裂时夹具间的距离(mm);200 为拉伸前夹具间的距离(mm)。

改性沥青聚乙烯胎防水卷材的断裂延伸率按下式计算:

$$L=\frac{L_1-70}{70}\times 100 \tag{11-37}$$

式中,70 为拉伸前夹具间的距离(mm)。

弹性体改性沥青防水卷材按《弹性体改性沥青防水卷材》(GB 18242—2008)进行评定,塑性体改性沥青防水卷材按《塑性体改性沥青防水卷材》(GB 18243—2008)进行评定,改性沥青聚乙烯胎防水卷材按《改性沥青聚乙烯胎防水卷材》(GB 18967—2009)进行评定。

11.8.8 低温柔度

1.主要仪器设备

(1)低温制冷仪。范围为−30 ℃～0 ℃,控温精度为±2 ℃。

(2)半导体温度计。量程为−40 ℃～30 ℃,精度为 0.5 ℃。

(3)柔度棒。半径为 15 mm、25 mm。

2.试件制备

(1)矩形试件的尺寸为(150±1) mm×(25±1) mm,试件从试样宽度方向上均匀地裁取，长边在卷材的纵向。试件裁取时应距卷材边缘不少于 150 mm，试件应从卷材的一边开始做连续的记号，同时标记卷材的上表面和下表面。

(2)去除表面的任何保护膜，适宜的方法是常温下用胶带粘在上面，冷却到接近假设的冷弯温度，然后从试件上撕去胶带。另一方法是用压缩空气吹。假如上面的方法不能除去保护膜，可用火焰烤，以用最少的时间破坏膜而不损伤试件。

(3)试件试验前应在(23±2) ℃的平板上放置至少 4 h，并且相互之间不能接触，也不能粘在板上(可以用硅纸垫)。试件表面的松散颗粒应用手轻轻敲打除去。

3. 试验步骤

(1)在开始所有试验前，两个圆筒间的距离应按试件厚度调节，即弯曲轴直径+2 mm+两倍试件的厚度。然后将装置放入已冷却的液体中，并且圆筒的上端在冷冻液面下约10 mm，弯曲轴在下面的位置。弯曲轴的直径根据产品的不同可以为 20 mm、30 mm、50 mm。

(2)冷冻液达到规定的试验温度，误差不超过 0.5 ℃，试件放于支撑装置上，且在圆筒的上端，保证冷冻液完全浸没试件。试件放入冷冻液达到规定温度后，开始保持在该温度 1 h±5 min。半导体温度计的位置靠近试件，检查冷冻液温度，然后试验。

(3)两组各 5 个试件，全部试件在规定的温度处理后，一组做上表面试验，另一组做下表面试验。试件放置在圆筒和弯曲轴之间，试验面朝上，然后设置弯曲轴以(360±40) mm/min 速度顶着试件向上移动，试件同时绕轴弯曲。轴移动的终点在圆筒上面(30±1) mm 处。试件的表面明显露出冷冻液，同时液面也因此下降。

(4)在完全弯曲过程 10 s 内，在适宜的光源下用肉眼检查试件有无裂纹，必要时，用辅助光学装置帮助。假若有一条或更多的裂纹从涂盖层深入到胎体层，或完全贯穿无增强卷材，即存在裂缝。一组 5 个试件应分别试验检查。假若装置的尺寸满足，可同时试验几组试件。

4. 试验结果评定

弹性体改性沥青防水卷材按《弹性体改性沥青防水卷材》(GB 18242—2008)进行评定，塑性体改性沥青防水卷材按《塑性体改性沥青防水卷材》(GB 18243—2008)进行评定。

思考与练习

1. 砂浆立方体的抗压强度检测的试件有什么要求？
2. 砂浆稠度测定的试验要点及注意事项有哪些？
3. 简述钢筋焊接接头拉伸试验结果的评定方法。
4. 简述塑性体改性沥青防水卷材的检测方法及评定标准。

附录　试验报告

水泥试验报告

工程名称		试验编号	
发出日期		委托日期	
委托单位		建设单位	
使用部位		出厂合格证号	
生产厂厂名		水泥品种及强度等级/级	
出厂日期		试验日期	
进场数量/t		销售单位	
送样人		监理工程师	

一、细度：80 μm方孔筛余______%或比表面积______ m^2/kg

二、凝结时间：初凝__________ min

终凝__________ min

三、安定性：用试饼法、雷氏法________　保水率______%

四、强度

类　别	龄　期											
	3 d			—			28 d			快测		
抗折强度/MPa												
				—						—		
抗压强度/MPa												
				—						—		

结论：

单位工程技术负责人使用意见：

签章：

试验单位：　负责人：　审核人：　试验人：

注：钢筋混凝土结构、预应力混凝土结构中严禁使用含氯化物的水泥。

砂浆抗压强度试验报告

工程名称		试验编号	
建设单位		委托单位	
委托日期		发出日期	
使用部位			

砂浆品种		稠度/mm		设计强度等级	
养护方法		养护平均温度/℃		砌筑工程量	
水泥试验编号		品种		强度等级	
水泥生产厂家		砂子细度模数		砂子产地	

成型日期		试压日期	
试件送试人		监理工程师	

砂浆配合比通知单

试件编号	试件规格/(mm×mm×mm)	受压面积/mm^2	28 d强度/MPa		强度代表值/MPa	养护期间平均温度/℃	按温度换算后的标准强度/MPa	占设计强度百分率/%
	70.7×70.7×70.7	4 998.49				—	—	

结论：

单位工程技术负责人意见：

签章：

试验单位：　　负责人：　　审核人：　　试验人：

砂子试验报告

工程名称		试验编号	
建设单位		委托单位	
委托日期		发出日期	

砂子产地		砂子类别		进厂数量/m^3	

送样人		监理工程师	
细度模数(μ_f)		颗粒级配	

筛孔尺寸/mm	0.16	0.315	0.630	1.25	2.50	5.00	10.00
累计筛余/%							—

检验项目	标准要求	检验结果	检测项目	标准要求	检验结果
含泥量/%			三氧化硫含量/%		
泥块含量/%			表观密度/(kg/m^3)		
有机物含量/%			堆积密度/(kg/m^3)		
云母含量/%			空隙率/%		
轻物质含量/%			坚固性质量损失/%		

结论:
单位工程技术负责人使用意见: 签章:
试验单位: 负责人: 审核人: 试验人:

注:1. 有抗冻要求的混凝土、砂中云母含量不应大于 1.0%,含泥量不应大于 1.0%。

2. 有腐蚀性介质作用或经常处于水位变化地区地下结构或有抗疲劳、耐磨、抗冲击要求的混凝土,其坚固性质量损失率应小于 8%。

3. 配制混凝土时宜优先选用 2 区砂,采用 1 区砂应提高砂率,采用 3 区砂宜适当降低砂率。

混凝土抗压强度试验报告

<table>
<tr><td colspan="3">工程名称</td><td colspan="3"></td><td colspan="2">试验编号</td><td></td></tr>
<tr><td colspan="3">建设单位</td><td colspan="3"></td><td colspan="2">委托单位</td><td></td></tr>
<tr><td colspan="3">委托日期</td><td colspan="3"></td><td colspan="2">发出日期</td><td></td></tr>
<tr><td colspan="3">施工部位</td><td colspan="3"></td><td colspan="2">设计强度等级</td><td></td></tr>
<tr><td colspan="3">试件规格/mm^3</td><td colspan="3"></td><td colspan="2">坍落度(工作度)/mm</td><td></td></tr>
<tr><td colspan="3">搅拌方法</td><td colspan="3"></td><td colspan="2">捣固方法</td><td></td></tr>
<tr><td colspan="3">工程量</td><td colspan="3"></td><td colspan="2">养护方法和温度</td><td></td></tr>
<tr><td colspan="3">成型日期</td><td colspan="3"></td><td colspan="2">试压日期</td><td></td></tr>
<tr><td colspan="3">试件制作人</td><td colspan="3"></td><td colspan="2">监理工程师</td><td></td></tr>
<tr><td colspan="3">配合比通知单编号</td><td colspan="6"></td></tr>
<tr><td rowspan="2">试件编号</td><td rowspan="2">受压面积/mm^2</td><td rowspan="2">龄期/d</td><td colspan="4">抗压强度/MPa</td><td rowspan="2" colspan="2">占设计强度/%</td></tr>
<tr><td>1</td><td>2</td><td>3</td><td>强度代表值</td></tr>
<tr><td></td><td></td><td></td><td></td><td></td><td></td><td></td><td colspan="2"></td></tr>
<tr><td colspan="9">结论：</td></tr>
<tr><td colspan="9">单位工程技术负责人意见：

签章：</td></tr>
<tr><td colspan="9">试验单位：　　负责人：　　审核人：　　试验人：</td></tr>
</table>

注：同条件养护试验应附测温记录。

钢筋试验报告

工程名称		试验编号	
建设单位		委托单位	
委托日期		发出日期	

钢筋牌号		抗震等级		钢筋级别	
使用部位		强度等级		进场数量/t	
出厂合格证号		产地或厂名		经销单位	
送样人		监理工程师			

试件编号	规格/mm	力学性能				工艺性能		反向弯曲 正弯 90° 反向 20° d=(　)a	R_m^0/R_{eL}^0	R_{eL}/R_{eL}^0
						冷弯				
		屈服点 R_{el} /MPa	抗拉强度 R_m /MPa	伸长率 A /%	最大力总伸长率 A_{gt}/%	180° d=(　)a	结果			

试件编号	化学成分/%						
	碳(C)	硅(Si)	锰(Mn)	钒(V)	钛(Ti)	磷(P)	硫(S)

结论：

单位工程技术负责人意见：

签章：

试验单位：　　负责人：　　审核人：　　试验人：

注：1. 有较高要求的抗震结构钢筋实测抗拉强度与实测屈服强度之比 R_m^0/R_{eL}^0 不小于 1.25。

2. 有较高要求的抗震结构钢筋实测屈服强度与屈服强度特征值之比 R_{eL}/R_{eL}^0 不大于 1.30。

3. 有较高要求的抗震结构钢筋的最大力总伸长率 A_{gt} 不小于标准要求。

钢筋焊接试验报告

工程名称		试验编号	
建设单位		委托单位	
委托日期		发出日期	
使用部位		焊件性质	
出厂合格证号		母材试验单号	

焊工姓名		技术等级		焊工合格证号	

送样人		监理工程师	

试件编号	钢材牌号	强度等级规格	焊接方法	焊接形式长度/mm	焊条或焊剂牌号	抗拉强度/MPa	弯曲		断裂情况及离焊缝口距离/mm
							( )° $d=(\ )a$	结果	

结论：

单位工程技术负责人意见：

签章：

试验单位： 负责人： 审核人： 试验人：

碎(卵)石试验报告

工程名称		试验编号	
建设单位		委托单位	
委托日期		发出日期	

产地		类别		规格/mm	

级配要求		进场数量/m^3	
送样人		监理工程师	

筛孔尺寸/mm	2.5	5	10	16	20	25	31.5	40	50	63	80	100
颗粒级配累计筛余/%												

检验项目	标准要求	检验结果	检验项目	标准要求	检验结果
表观密度/(kg/m^3)			堆积密度/(kg/m^3)		
空隙率/%			含泥量/%		
有机物含量/%			泥块含量/%		
针片状颗粒/%			强度压碎指标/%		
坚固性质量损失/%			碱活性/%		
SO_3 含量/%					

结论：

单位工程技术负责人意见：

签章：

试验单位： 负责人： 审核人： 试验人：

注：如发现有颗粒状硫酸盐或硫化物杂质时应做 SO_3 检验。对重要工程的混凝土所使用的石子应进行碱活性检验。

天然大理石建筑板材试验报告

工程名称		试验编号	
建设单位		委托单位	
委托日期		发出日期	
产品名称		规格及颜色	
产地		进场数量/m^2	
使用部位			

序号	检测项目		指标	实测值	检测结果
1	体积密度/(g/cm^3)	≥	2.56		
2	吸水率/%	≤	0.50		
3	干燥压缩强度/MPa	≥	100.0		
4	干燥弯曲强度/MPa	≥	8.0		
5	水饱和弯曲强度/MPa	≥	8.0		
结论					
备注					

单位工程技术负责人意见：

签章：

试验单位：　　负责人：　　审核人：　　试验人：

烧结普通砖试验报告

工程名称		试验编号	
建设单位		委托单位	
委托日期		发出日期	
使用部位		产地或厂名	
出厂强度等级及品级		出厂合格证编号	
规格/mm^3		进场数量/万块	
送样人		监理工程师	

抗压强度/MPa				抗风化性能(冻融后)			泛霜	石灰爆裂
序号	取值	序号	取值	序号	外观状态	单块干质量损失%	程度	点数与最大破坏尺寸
1		6		1				
2		7		2				
3		8		3				
4		9		4				
5		10		5				
评定	$\overline{f}=$ $\sigma=$ $f_k=$			评定				

结论：

试验单位： 负责人： 审核人： 试验人：

防水材料试验报告

工程名称			试验编号		
建设单位			委托单位		
委托日期			发出日期		
产品名称		使用部位		品种标号	
生产厂或经销单位			进场数量/m^2		
送样人			监理工程师		

试验项目	试验结果	结果

结论：

单位工程技术负责人意见：

签章：

试验单位： 负责人： 审核人： 试验人：

参 考 文 献

[1] 王辉.建筑材料与检测[M].北京:北京大学出版社,2011.
[2] 赵华玮.建筑材料应用与检测[M].北京:中国建筑工业出版社,2011.
[3] 孙家国,叶琳,张冬梅.建筑材料与检测[M].郑州:黄河水利出版社,2011.
[4] 宋岩丽.建筑材料与检测[M].2版.北京:人民交通出版社,2013.
[5] 王长荣,李雯霞.建筑材料与检测[M].天津:天津大学出版社,2012.
[6] 钱晓倩,詹树林,金南国.建筑材料 [M].北京:中国建筑工业出版社,2009.
[7] 卢经杨,解恒参,朱超.建筑材料与检测[M].北京:中国建筑工业出版社,2010.
[8] 李念国,吝杰,蒋红.建筑材料与检测[M].北京:中国水利水电出版社,2011.